信号処理のための線形代数入門

特異値解析から機械学習への応用まで

関原 謙介［著］

Linear Algebra for Multivariate Signal Processing and Machine Learning

共立出版

まえがき

線形代数はデジタルデータとアルゴリズムの時代に，多くの分野で現象や考え方を記述する共通言語として重要な学問分野となっている[1)]．筆者の研究分野である信号処理と機械学習においてもいろいろな手法が線形代数を用いて導出され，線形代数の言葉で記述されている．

しかし，その重要性にもかかわらず，研究開発の現場で活躍するエンジニアの多くが線形代数に対して一種の「苦手意識」を持っているのも事実であろう．筆者は共立出版から『統計的信号処理』と『ベイズ信号処理』の2冊を出版し，これらの本の内容に関して企業のエンジニアや研究開発者と接することも多いが，そのような交流を通して，実は，「線形代数の言葉で記述されている」ことが，信号処理や機械学習を学ぼうとする多くの人たちに対して，かえって高い敷居となっていることに気づかされることも多い．

線形代数は，ほとんどの大学では，入学直後の教養課程での授業となっている．したがって，大方の学生にとって線形代数の重要さについてはっきりとした認識を持つ以前に，この重要な分野についての授業を受けるわけである．しかも，その授業は往々にして，理論体系の一般性に（過度に）重きを置いて行われ，定理と証明が延々と続く中で「今何を目指しているのか」がわからなくなるような退屈なものである．多くの学生は単位を落とさない程度に適当に勉強して，単位を取った後は大半のことは忘れてしまうのが普通であろう．そして，大学院での研究，あるいは企業で研究や開発に携わったときに，線形代数を「使える道具」として身に付けていることがいかに重要であるかを思い知り，「もっとまじめに勉強しておけばよかった」と後悔す

---

1) 経済学者のブライアン・アーサーは次のように述べている．「これまでテクノロジーを前進させてきたのは物理学である．20 世紀には物理的な世界を理解しようとして微分方程式に代表される連続変数の数学（微積分学）を使っていた．今日，テクノロジーを前進させているのはデータとアルゴリズムであり，それらのベースとなっているのが離散数学（線形代数）である．」W. ブライアン・アーサー『テクノロジーとイノベーション—進化/生成の理論』（みすず書房）より抜粋．ただし括弧内は筆者の挿入．

ることになるのである.

本書は,この「後悔している」人たちを想定する読者として書いた本である.すなわち,読者としては,大学院生や実際の現場で働く技術者で,特に信号処理や機械学習といった分野を学ぼうとしていて,線形代数を使った記述にむずかしさやもどかしさを感じている人たちを想定している.線形代数については全く知らないわけではなく,昔の授業の痕跡は頭の中にあるが,明快に整理された知識ではなく,何とか線形代数を道具として使いこなしたいと考えている人たちが対象とする読者である.

本書の執筆に際しては,まず,線形代数の体系の中から知っておかなければならない項目を選別した.高度に発達した数値計算ソフトウェアを用いるのが当たり前となった現在では,道具としての線形代数を考えた場合,事柄の重要度は以前とは変わりつつある.例えば,あるデータの共分散行列の固有値や特異値を計算するとしよう.この場合でも特異値や固有値の計算法そのものは(計算は数値計算ソフトウェアが実行してくれるため)もはや重要ではない.重要なのは,そこで得られた固有値や特異値,あるいは特異値ベクトル等がどんな意味を持っているのか,つまり,それらがデータのどんな特性を表しているのか,を考えることができることである.

このような考え方に沿って,以下のとおりに本書を構成した.まず,第1章では,本書を読み進めるのに必要最低限の基礎的な線形代数の知識を整理してまとめた.第2章では,線形代数の応用において極めて重要な行列の特異値展開について述べる.特異値展開は,多くの教科書では後の方に書かれていて,いくつもの章を読んで行きやっとたどり着くことができるのが普通であるが,本書では第2章で特異値展開まで一気に説明する.第3章ではベクトル空間について述べる.この章で述べる基底・次元および行列の4つの部分空間は線形代数の応用上重要なものである.

第4章以降は,線形代数の現実世界への具体的な応用例について解説した.現実世界の問題を線形な現象としてモデル化し,問題を線型方程式に落とし込むことはよく行われることであるが,そこで出会う方程式は方程式の数と未知数の数が異なる場合がほとんどである.第4章では,そのような方程式でどのようにして「妥当な」解を得るかを説明する.

第5章から第7章は,第3章で述べた行列の4つの部分空間の実世界への応用を説明する．対象となるのは多数のセンサーで空間に分布した波動を同時計測するセンサーアレイ信号処理と呼ばれる分野で，第 5 章と第 6 章は計測データの信号とノイズの分離に関するもの，第 7 章は計測データから信号源を推定する問題に関するものである．センサーアレイ信号処理は，最近では次世代携帯電話の 5G 通信規格に取り入れられ身近なものになりつつある．

第 8 章ではガウス確率モデルを用いたベイズ機械学習の基礎を説明する．ベイズ機械学習も線形代数を縦横に用いる分野であり，そこで定番として用いられる考え方を解説した．第 9 章では，本書で述べた代表的な方法について，コンピュータシミュレーションにより有効性を示す．コンピュータシミュレーションに用いたコードは，共立出版のホームページ (https://www.kyoritsu-pub.co.jp/bookdetail/9784320086494) に公開してある．

本書は，筆者の友人である Srikantan S. Nagarajan 氏と Hagai Attias 氏との共同研究における議論が基になっている．ここに深く感謝する次第である．また，筆者の共同研究者で，株式会社リコーの工藤究氏，森瀬博史氏，小池暢人氏，三坂好央氏には入稿前の原稿に目を通していただき数々のご教示をいただいた．深く感謝申し上げる．共立出版の日比野元氏には，前著に続き本書でも，企画の段階からご助力いただいた．また，同社の髙橋萌子氏には原稿の校正で大変尽力いただいた．御両者に深く感謝申し上げる．

本書が，線形代数を学びなおす読者の手助けに少しでもなれば喜びである．

2019 年 10 月

関原謙介

目　次

第1章　ベクトルと行列

本章では，ベクトルと行列に関する基本的な事柄と計算規則についてまとめる．これらは本書を読み進めるために最低限必要な知識である．なお，本書では，特に断らない限りベクトルや行列の成分は実数と仮定する．すなわち，実数値のベクトルと行列のみを取り扱う．

1.1　行列に関する基礎的な事柄

1.1.1　行列の定義

M 個の行と N 個の列からなる数の並び

$$\boldsymbol{A} = \begin{bmatrix} a_{11} & \cdots & a_{1N} \\ \vdots & \ddots & \vdots \\ a_{M1} & \cdots & a_{MN} \end{bmatrix} \tag{1.1}$$

を $M \times N$ の行列 (matrix) と呼ぶ．本書では行列を，この $\boldsymbol{A}$ のように太字・イタリック体の大文字で表す．$\boldsymbol{A}$ が $M \times N$ の行列であることを，$\boldsymbol{A} \in \mathbb{R}^{M \times N}$ と表す．ここで，$\mathbb{R}^{M \times N}$ は実数値の $M \times N$ 行列の集合を表す．また，記号「$\in$」は左側に書かれている $\boldsymbol{A}$ が右側に書かれている集合の要素であることを意味する．式 (1.1) における a_{ij} は $\boldsymbol{A}$ の (i, j) 位置の成分[1]を表す．$i = j$ である a_{ij} を対角成分，$i \neq j$ である a_{ij} を非対角成分と呼ぶ．本書では，行列 $\boldsymbol{A}$ の (i, j) 成分を $[\boldsymbol{A}]_{ij}$ とする表記も用いる．式 (1.1) の場合，$[\boldsymbol{A}]_{ij} = a_{ij}$ である．式 (1.1) における行列 $\boldsymbol{A}$ の行と列を入れ替えた行列を，行列 $\boldsymbol{A}$ の転置行列 (transpose) と呼び $\boldsymbol{A}^T$ で表す．すなわち，

[1] a_{ij} は (i, j) 位置の要素であるともいう．

$$\boldsymbol{A}^T = \begin{bmatrix} a_{11} & \cdots & a_{M1} \\ \vdots & \ddots & \vdots \\ a_{1N} & \cdots & a_{NM} \end{bmatrix} \tag{1.2}$$

である．当然ながら，$\boldsymbol{A} \in \mathbb{R}^{M \times N}$ であるので $\boldsymbol{A}^T \in \mathbb{R}^{N \times M}$ である．ここで，$\boldsymbol{A}^T = \boldsymbol{A}$ が成り立つとき，$\boldsymbol{A}$ を実対称行列，あるいは単に対称行列 (symmetric matrix) と呼ぶ．

1.1.2　列ベクトルと行ベクトル

列が１列のみの行列を列ベクトル (column vector)，行が１行のみの行列を行ベクトル (row vector) と呼ぶ．本書では太字イタリック体の子文字でベクトルを表す．M 行１列の場合の列ベクトル $\boldsymbol{x}$ は，

$$\boldsymbol{x} = \begin{bmatrix} x_1 \\ \vdots \\ x_M \end{bmatrix} \tag{1.3}$$

と表される．列ベクトルを成分を明示して書く必要がある場合に，式 (1.3) のように書くのは縦のスペースが必要なので，文章中では転置行列を用いて $\boldsymbol{x} = [x_1, \ldots, x_M]^T$ と書くこともよく行われる．列ベクトルは $\boldsymbol{x} \in \mathbb{R}^{M \times 1}$ と表す．また，１行 N 列の行ベクトルを $\boldsymbol{y}$ とすれば，

$$\boldsymbol{y} = [y_1, \ldots, y_N] \tag{1.4}$$

と表される．やはり，$\boldsymbol{y} \in \mathbb{R}^{1 \times N}$ である．列ベクトルであるか行ベクトルであるかを明示しなくても問題がない場合は $\boldsymbol{x} \in \mathbb{R}^M$ や $\boldsymbol{y} \in \mathbb{R}^N$ と書かれる．ここで，$\mathbb{R}^M$ は実数の要素が M 個のベクトルの集合を意味する．さらに，１行１列の行列，つまり単一の数をスカラーと呼ぶ．本書ではスカラーは太字でない大文字あるいは小文字のイタリック体で表す．

1.1.3　正方行列

行と列の数の等しい行列は正方行列 (square matrix) と呼ばれる．正方行列において，

$$\boldsymbol{T} = \begin{bmatrix} a_{11} & 0 & \cdots & 0 \\ \vdots & \ddots & \ddots & \vdots \\ \vdots & & \ddots & 0 \\ a_{M1} & \cdots & \cdots & a_{MM} \end{bmatrix} \tag{1.5}$$

を下三角行列 (lower triangular matrix)，また，

$$\boldsymbol{T} = \begin{bmatrix} a_{11} & \cdots & \cdots & a_{1M} \\ 0 & \ddots & & \vdots \\ \vdots & \ddots & \ddots & \vdots \\ 0 & \cdots & 0 & a_{MM} \end{bmatrix} \tag{1.6}$$

を上三角行列 (upper triangular matrix) と呼ぶ．また，両者を総称して三角行列 (triangular matrix) と呼ぶ．本書では，三角行列は $\boldsymbol{T}$ と表記する．

正方行列で非対角成分がすべてゼロの行列を対角行列 (diagonal matrix) と呼ぶ．対角行列は対角成分のみで一意に決まる行列であるため対角成分を要素とするベクトル $\boldsymbol{a}$ を用いて $\boldsymbol{A} = \mathrm{diag}(\boldsymbol{a})$ とする書き方もよく用いられる．つまり $\boldsymbol{a} = [a_1, \ldots, a_M]$ であれば

$$\boldsymbol{A} = \mathrm{diag}(\boldsymbol{a}) = \begin{bmatrix} a_1 & \cdots & 0 \\ \vdots & \ddots & \vdots \\ 0 & \cdots & a_M \end{bmatrix} \tag{1.7}$$

である．三角行列で $\boldsymbol{T} = \boldsymbol{T}^T$ の関係があれば，その三角行列は対角行列である．

すべての対角要素が 1 である対角行列を単位行列 (identity matrix) と呼ぶ．本書では単位行列は $\boldsymbol{I}$ で表す．すなわち，

$$\boldsymbol{I} = \begin{bmatrix} 1 & \cdots & 0 \\ \vdots & \ddots & \vdots \\ 0 & \cdots & 1 \end{bmatrix} \tag{1.8}$$

である[2)].

正方行列 $\boldsymbol{A}$ において $\boldsymbol{A}$ の対角成分の和をトレースと呼び，$\mathrm{tr}(\boldsymbol{A})$ と表す．式 (1.1) で表された $\boldsymbol{A}$ において $M = N$ の場合，

$$\mathrm{tr}(\boldsymbol{A}) = \sum_{j=1}^{M} a_{jj}$$

である．

1.1.4　行列の和と積

2 つの行列 $\boldsymbol{A}$ と $\boldsymbol{B}$ において，$\boldsymbol{A}$ と $\boldsymbol{B}$ の (i, j) 要素をそれぞれ a_{ij} と b_{ij} とする．$\boldsymbol{A}$ と $\boldsymbol{B}$ の和は，

$$[\boldsymbol{A} + \boldsymbol{B}]_{ij} = [\boldsymbol{A}]_{ij} + [\boldsymbol{B}]_{ij} = a_{ij} + b_{ij} \tag{1.9}$$

として定義される．和が定義されるためには，2 つの行列 $\boldsymbol{A}$ と $\boldsymbol{B}$ は行と列の数が同じでなければならない．行列 $\boldsymbol{A}$ とスカラー定数 c との積は

$$[c\boldsymbol{A}]_{ij} = c[\boldsymbol{A}]_{ij} = ca_{ij} \tag{1.10}$$

として定義される．つまり行列のすべての要素に共通に定数 c を乗じる．

2 つの行列 $\boldsymbol{A}$ と $\boldsymbol{B}$ において，$\boldsymbol{A}$ と $\boldsymbol{B}$ の積は，

$$[\boldsymbol{AB}]_{ij} = \sum_{\ell=1}^{N} a_{i\ell} b_{\ell j} \tag{1.11}$$

として定義される．ここで，$\boldsymbol{A} \in \mathbb{R}^{M \times N}$ および $\boldsymbol{B} \in \mathbb{R}^{N \times K}$ とした．計算結果 $\boldsymbol{AB}$ は $M \times K$ の行列，すなわち，$\boldsymbol{AB} \in \mathbb{R}^{M \times K}$ となる．$\boldsymbol{A}$ と $\boldsymbol{B}$ の積が定義されるためには $\boldsymbol{A}$ の列数と $\boldsymbol{B}$ の行数が一致していなくてはならない．本書においては，行列の演算を書き表す場合に，行列のサイズはその演算が可能なように適切に定義されているとする．

単位行列 $\boldsymbol{I}$ に関して $\boldsymbol{AI} = \boldsymbol{A}$ あるいは $\boldsymbol{IA} = \boldsymbol{A}$ が成り立つ．ただし，$\boldsymbol{A} \in \mathbb{R}^{M \times N}$ の場合，$\boldsymbol{AI} = \boldsymbol{A}$ であれば $\boldsymbol{I} \in \mathbb{R}^{N \times N}$ でなければならないし，

2) 単位行列のサイズを明示したい場合には，$M \times M$ の単位行列を $\boldsymbol{I}_M$ と書く場合もある．

$\boldsymbol{IA} = \boldsymbol{A}$ であれば $\boldsymbol{I} \in \mathbb{R}^{M\times M}$ でなければならない．しかし，単位行列のサイズを明示しなくても誤解を生じることはまずないので，本書でも単位行列のサイズは必要な場合以外は明示しない．

1.1.5　逆行列と直交行列

$\boldsymbol{A}$ が正方行列 ($\boldsymbol{A} \in \mathbb{R}^{M\times M}$) の場合，行列 $\boldsymbol{X}$ ($\boldsymbol{X} \in \mathbb{R}^{M\times M}$) を用いて，

$$\boldsymbol{AX} = \boldsymbol{I} \quad \text{および} \quad \boldsymbol{XA} = \boldsymbol{I} \tag{1.12}$$

が成立するとき $\boldsymbol{X}$ を $\boldsymbol{A}$ の逆行列と呼ぶ．$\boldsymbol{A}$ の逆行列は $\boldsymbol{A}^{-1}$ と表される．すなわち，$\boldsymbol{X} = \boldsymbol{A}^{-1}$ である．式 (1.12) の第 2 の条件 $\boldsymbol{XA} = \boldsymbol{I}$ は第 1 の条件 $\boldsymbol{AX} = \boldsymbol{I}$ から導出できる [**問題 1.2**]．また，逆行列は必ず 1 つに定まる [**問題 1.3**]．

任意の正方行列に対して必ずしも逆行列が存在するとは限らない．逆行列が存在するとき，$\boldsymbol{A}$ は正則行列，可逆行列あるいは非特異行列 (non-singular matrix) と呼ばれる．また，逆行列が存在しないとき，$\boldsymbol{A}$ は非正則行列あるいは特異行列 (singular matrix) と呼ばれる．本書では，逆行列が存在する行列を非特異行列，逆行列が存在しない行列を特異行列との呼び方で統一する．

逆行列の議論は線型方程式の解と密接に関連している．$\boldsymbol{x}$ ($\boldsymbol{x} \in \mathbb{R}^{M}$) を未知数を成分とする列ベクトル，$\boldsymbol{A}$ ($\boldsymbol{A} \in \mathbb{R}^{M\times M}$) を方程式の係数を成分に持つ行列とすれば，線形方程式 $\boldsymbol{Ax} = \boldsymbol{0}$ に関して次の事実が存在する．

1. もし，$\boldsymbol{x} \neq \boldsymbol{0}$ であり $\boldsymbol{Ax} = \boldsymbol{0}$ ならば，$\boldsymbol{A}$ は特異行列である．また，$\boldsymbol{A}$ が特異行列であれば $\boldsymbol{Ax} = \boldsymbol{0}$ を満たす非零の解，つまり $\boldsymbol{x} \neq \boldsymbol{0}$ である解 $\boldsymbol{x}$ が存在する．

2. もし，$\boldsymbol{x} \neq \boldsymbol{0}$ であり $\boldsymbol{A}$ が非特異行列であるならば，$\boldsymbol{Ax} \neq \boldsymbol{0}$ である．$\boldsymbol{A}$ が非特異行列であるならば，$\boldsymbol{Ax} = \boldsymbol{0}$ であれば必ず $\boldsymbol{x} = \boldsymbol{0}$ である[3]．このとき線形方程式 $\boldsymbol{Ax} = \boldsymbol{0}$ は自明な解 $\boldsymbol{x} = \boldsymbol{0}$ のみを持つ．

証明は以下のとおりである．

[3] ここで，$\boldsymbol{x} = \boldsymbol{0}$ なる解を線形方程式 $\boldsymbol{Ax} = \boldsymbol{0}$ に対する自明な解と呼ぶ．$\boldsymbol{x} = \boldsymbol{0}$ であれば $\boldsymbol{Ax} = \boldsymbol{0}$ はどんな $\boldsymbol{A}$ でも成り立つ．つまり意味のない解である．

証明　**項目 1**：もし $\boldsymbol{A}$ が非特異行列であるならば，逆行列 $\boldsymbol{A}^{-1}$ が存在する．すると，$\boldsymbol{Ax} = \boldsymbol{0}$ の両辺に $\boldsymbol{A}^{-1}$ を乗じて，$\boldsymbol{A}^{-1}\boldsymbol{Ax} = \boldsymbol{A}^{-1}\boldsymbol{0} = \boldsymbol{0}$ となるので $\boldsymbol{x} = \boldsymbol{0}$ を得る．これは仮定 $\boldsymbol{x} \neq \boldsymbol{0}$ と矛盾する．したがって，$\boldsymbol{A}$ は特異行列である．項目 1 の後半は 1.4 節で証明する．項目 2 の証明は [**問題 1.4**] の解答を参照のこと．（証明終）

正方行列 $\boldsymbol{A}$ に対して

$$\boldsymbol{A}^T\boldsymbol{A} = \boldsymbol{I} \quad \text{すなわち} \quad \boldsymbol{A}^T = \boldsymbol{A}^{-1} \tag{1.13}$$

が成立する場合に，$\boldsymbol{A}$ を直交行列 (orthogonal matrix) と呼ぶ．また，式 (1.13) が成り立てば，必ず $\boldsymbol{AA}^T = \boldsymbol{I}$ も成り立つ [**問題 1.5**].

1.2　行列式に関する基礎的な事柄

1.2.1　行列式の定義

行列式を定義するための準備として，整数の並べ替えについて説明する．1 から M までの整数を並べたものを $(1, 2, \ldots, M)$ と表し，これを整数列と呼ぶ．この整数列を並べ替えた結果を $p = (p_1, p_2, \ldots, p_M)$ と表す．例として 1 から 3 までの整数による整数列 $(1, 2, 3)$ を考える．この整数列は以下の 6 通りに並べ替えることができる．$p(1) = (1, 2, 3)$，$p(2) = (1, 3, 2)$，$p(3) = (2, 1, 3)$，$p(4) = (2, 3, 1)$，$p(5) = (3, 1, 2)$，$p(6) = (3, 2, 1)$.

ここで，何回の並べ替えでもとの並び $(1, 2, 3)$ に戻るかという回数を考えよう．もとの並び $(1, 2, 3)$ に戻るのに偶数回の並べ替えが必要であれば，p は偶置換，奇数回の並べ替えが必要であれば，p は奇置換であるという．ここで，並べ替えのパリティと呼ばれる $\sigma(p)$ を

$$\sigma(p) = \begin{cases} +1 & p\ \text{は偶置換の場合} \\ -1 & p\ \text{は奇置換の場合} \end{cases} \tag{1.14}$$

として定義する．上の 3 つの整数列の例では $\sigma(p(1)) = 1$，$\sigma(p(2)) = -1$，$\sigma(p(3)) = -1$，$\sigma(p(4)) = 1$，$\sigma(p(5)) = 1$，$\sigma(p(6)) = -1$ である．これは例えば，$p(1)$ に関しては並べ替えはゼロなので $\sigma(p(1)) = +1$ である．$p(2)$

に関しては 2 と 3 を並べ替えればよいので 1 回であり $\sigma(p(2)) = -1$．$p(5)$ に関しては 3 と 1 をまず並べ替えて，次に，2 と 3 を並べ替える必要があるため並べ替えが 2 回必要であり $\sigma(p(5)) = +1$ である．

この並べ替えのパリティを用いて，行列式 (determinant) を，正方行列 $\boldsymbol{A}$ $(\boldsymbol{A} \in \mathbb{R}^{M \times M})$ に対して，

$$\det(\boldsymbol{A}) = \sum_{p} \sigma(p) a_{1p_1} a_{2p_2} \cdots a_{Mp_M} \tag{1.15}$$

と定義する．上式で $\det(\boldsymbol{A})$ は $\boldsymbol{A}$ の行列式を意味する記号であり，$|\boldsymbol{A}|$ という書き方も用いられる．実際にはこの定義式を用いて行列式を計算することはほとんどないが，この定義式で計算を行ってみよう．2×2 の行列 $\boldsymbol{A}$ の行列式は，$p(1) = (1, 2)$，$p(2) = (2, 1)$ とすれば $\sigma(p(1)) = 1$，$\sigma(p(2)) = -1$ であるので，

$$\det(\boldsymbol{A}) = \begin{vmatrix} a_{11} & a_{12} \\ a_{21} & a_{22} \end{vmatrix} = a_{11}a_{22} - a_{12}a_{21}$$

である．3×3 の行列の場合は，

$$\begin{aligned} \det(\boldsymbol{A}) &= \begin{vmatrix} a_{11} & a_{12} & a_{13} \\ a_{21} & a_{22} & a_{23} \\ a_{31} & a_{32} & a_{33} \end{vmatrix} \\ &= a_{11}a_{22}a_{33} - a_{11}a_{23}a_{32} - a_{12}a_{21}a_{33} \\ &\quad + a_{12}a_{23}a_{31} + a_{13}a_{21}a_{32} - a_{13}a_{22}a_{31} \end{aligned} \tag{1.16}$$

となる．

1.2.2　行列式の持つ特性

行列式には以下のような特性がある．証明は他書を参照されたい．

1. $\boldsymbol{A}$ $(\boldsymbol{A} \in \mathbb{R}^{M \times M})$ に対して $\det(\boldsymbol{A}) = \det(\boldsymbol{A}^T)$．すなわち，転置の操作に対して値は変わらない．
2. $\boldsymbol{A}$ $(\boldsymbol{A} \in \mathbb{R}^{M \times M})$ および $\boldsymbol{B}$ $(\boldsymbol{B} \in \mathbb{R}^{M \times M})$ に対して，$\det(\boldsymbol{AB}) = \det(\boldsymbol{A})\det(\boldsymbol{B})$ である．すなわち，行列の積の行列式は個々の行列の

行列式の積となる.

3. $\boldsymbol{A}$ ($\boldsymbol{A} \in \mathbb{R}^{M\times M}$) に対して $\det(\boldsymbol{A}) \neq 0$ の場合（そしてこの場合のみ）, $\boldsymbol{A}$ は非特異行列（正則行列）である．また反対に，$\det(\boldsymbol{A}) = 0$ の場合，そしてこの場合のみ $\boldsymbol{A}$ は特異行列である．また，このことから，線形方程式 $\boldsymbol{Ax} = \boldsymbol{0}$ ($\boldsymbol{A} \in \mathbb{R}^{M\times M}$, $\boldsymbol{x} \in \mathbb{R}^{M}$) が自明でない解 ($\boldsymbol{x} \neq \boldsymbol{0}$) を持つとき $\det(\boldsymbol{A}) = 0$ である.
4. 非特異行列 $\boldsymbol{A}$ ($\boldsymbol{A} \in \mathbb{R}^{M\times M}$) に対して，$\det(\boldsymbol{A}^{-1}) = \det(\boldsymbol{A})^{-1}$ である．以上のことから，直交行列 $\boldsymbol{A}$ ($\boldsymbol{A} \in \mathbb{R}^{M\times M}$) に対して，$\det(\boldsymbol{A}^{-1}) = \pm 1$ も簡単に導出できる.
5. 対角行列

$$\boldsymbol{A} = \mathrm{diag}(\boldsymbol{a}) = \begin{bmatrix} a_1 & \cdots & 0 \\ \vdots & \ddots & \vdots \\ 0 & \cdots & a_M \end{bmatrix}$$

に対して，$\det(\boldsymbol{A}) = a_1 a_2 \cdots a_M$ である．すなわち，対角行列の行列式は対角成分をすべて掛け合わせた積に等しい．したがって，単位行列の行列式は $\det(\boldsymbol{I}) = 1$ である.

1.3　ベクトルに関する基礎的な事柄

1.3.1　内積，外積およびノルム

列ベクトルおよび行ベクトルに関する性質を見ていこう.

$$\boldsymbol{a} = \begin{bmatrix} a_1 \\ a_2 \\ \vdots \\ a_M \end{bmatrix}, \qquad \boldsymbol{b} = \begin{bmatrix} b_1 \\ b_2 \\ \vdots \\ b_M \end{bmatrix} \tag{1.17}$$

のように 2 つの列ベクトル $\boldsymbol{a}$ と $\boldsymbol{b}$ を定義する．列ベクトル間の内積 $\boldsymbol{a}^T\boldsymbol{b}$ はスカラーとなる．つまり，

$$\boldsymbol{a}^T\boldsymbol{b} = \begin{bmatrix} a_1 & a_2 & \dots & a_M \end{bmatrix} \begin{bmatrix} b_1 \\ b_2 \\ \vdots \\ b_M \end{bmatrix} = \sum_{j=1}^{M} a_j b_j \tag{1.18}$$

である．また $\boldsymbol{a}\boldsymbol{b}^T$ は外積と呼ばれ行列となる．すなわち，

$$\boldsymbol{a}\boldsymbol{b}^T = \begin{bmatrix} a_1 \\ a_2 \\ \vdots \\ a_M \end{bmatrix} \begin{bmatrix} b_1 & b_2 & \dots & b_M \end{bmatrix} = \begin{bmatrix} a_1b_1 & a_1b_2 & \cdots & a_1b_M \\ a_2b_1 & a_2b_2 & \cdots & a_2b_M \\ \vdots & \vdots & \ddots & \vdots \\ a_Mb_1 & a_Mb_2 & \cdots & a_Mb_M \end{bmatrix} \tag{1.19}$$

である．上式から

$$\mathrm{tr}\left(\boldsymbol{a}\boldsymbol{b}^T\right) = \boldsymbol{a}^T\boldsymbol{b} = \sum_{j=1}^{M} a_j b_j \tag{1.20}$$

が成り立つことがわかる．また，ベクトルのノルムを

$$\|\boldsymbol{a}\| = \sqrt{\boldsymbol{a}^T\boldsymbol{a}} = \sqrt{\mathrm{tr}\left(\boldsymbol{a}\boldsymbol{a}^T\right)} = \sqrt{\sum_{j=1}^{M} a_j^2} \tag{1.21}$$

と定義する．

1.3.2 行列の列ベクトルおよび行ベクトルによる表記

行列 $\boldsymbol{A}$ ($\boldsymbol{A} \in \mathbb{R}^{M\times N}$) において，各列は $M \times 1$ の列ベクトルである．したがって，$\boldsymbol{A}$ はこれら列ベクトルを用いて

$$\boldsymbol{A} = \begin{bmatrix} a_{11} & \cdots & a_{1N} \\ \vdots & \ddots & \vdots \\ a_{M1} & \cdots & a_{MN} \end{bmatrix} = [\boldsymbol{a}_1, \boldsymbol{a}_2, \dots, \boldsymbol{a}_N] \tag{1.22}$$

と表すことができる．ここで，$\boldsymbol{a}_j$ は j 番目の列に対応した列ベクトルで $\boldsymbol{a}_j = [a_{1j}, a_{2j}, \dots, a_{Mj}]^T$ である．全く同様に，$\boldsymbol{A}$ を行ベクトルで表せば，

$$\boldsymbol{A} = \begin{bmatrix} a_{11} & \cdots & a_{1N} \\ \vdots & \ddots & \vdots \\ a_{M1} & \cdots & a_{MN} \end{bmatrix} = \begin{bmatrix} \boldsymbol{\alpha}_1 \\ \boldsymbol{\alpha}_2 \\ \vdots \\ \boldsymbol{\alpha}_M \end{bmatrix} \tag{1.23}$$

となる．ここで，$\boldsymbol{\alpha}_j$ は j 番目の行ベクトルで $\boldsymbol{\alpha}_j = [a_{j1}, a_{j2}, \ldots, a_{jN}]$ である．式 (1.23) にあるような行列の行ベクトル表記は文章中では縦のスペースの節約のため $\boldsymbol{A} = [\boldsymbol{\alpha}_1^T, \boldsymbol{\alpha}_2^T, \ldots, \boldsymbol{\alpha}_M^T]^T$ と書かれる場合がある．行列を列ベクトルおよび行ベクトルで表すことにより，行列計算を見通しよく行うことができる．

1.4　ベクトルの線形独立および直交性

1.4.1　ベクトルの線形結合と線形独立

複数個の（ゼロでない）ベクトル $\boldsymbol{u}_1, \boldsymbol{u}_2, \ldots, \boldsymbol{u}_r$ に対して，それぞれを定数倍して足し合わせ，新しいベクトル $\boldsymbol{x}$ を作る操作，すなわち

$$\boldsymbol{x} = c_1\boldsymbol{u}_1 + c_2\boldsymbol{u}_2 + \cdots + c_r\boldsymbol{u}_r$$

をベクトル $\boldsymbol{u}_1, \boldsymbol{u}_2, \ldots, \boldsymbol{u}_r$ の線形結合 (linear combination) と呼ぶ．ここで，$c_1, c_2, \ldots, c_r$ はスカラー定数である．線形代数において極めて重要な概念である線形独立について説明する．ベクトル $\boldsymbol{u}_1, \boldsymbol{u}_2, \ldots, \boldsymbol{u}_r$ に対して，その線形結合がゼロとなる，すなわち

$$c_1\boldsymbol{u}_1 + c_2\boldsymbol{u}_2 + \cdots + c_r\boldsymbol{u}_r = \boldsymbol{0} \tag{1.24}$$

が成立するのが $c_1 = c_2 = \cdots = c_r = 0$ の場合のみであるとき，ベクトル $\boldsymbol{u}_1, \boldsymbol{u}_2, \ldots, \boldsymbol{u}_r$ は線形独立 (linear independent) であるという．また，$c_1 = c_2 = \cdots = c_r = 0$ の場合以外で，$\boldsymbol{u}_1, \boldsymbol{u}_2, \ldots, \boldsymbol{u}_r$ の線形結合がゼロとなるとき，これらのベクトルは線形従属であるという．反対に，$\boldsymbol{u}_1, \boldsymbol{u}_2, \ldots, \boldsymbol{u}_r$ が線形従属であれば，$\boldsymbol{u}_1, \boldsymbol{u}_2, \ldots, \boldsymbol{u}_r$ の少なくとも 1 つのベクトルは，他のベクトルの線形結合で表される．これは以下のように示すことができる．

今，$\boldsymbol{u}_1, \boldsymbol{u}_2, \ldots, \boldsymbol{u}_r$ が線形従属であれば，どれかの定数がノンゼロである．今，$c_1 \neq 0$ であるとすれば，式 (1.24) より

$$\boldsymbol{u}_1 = -(c_2/c_1)\boldsymbol{u}_2 - \cdots - (c_r/c_1)\boldsymbol{u}_r \tag{1.25}$$

が成り立つ．この場合，$\boldsymbol{u}_1$ が他の $\boldsymbol{u}_2, \ldots, \boldsymbol{u}_r$ の線形結合で表されている．つまり，「ベクトル $\boldsymbol{u}_1, \boldsymbol{u}_2, \ldots, \boldsymbol{u}_r$ が線形独立である．」とは，$\boldsymbol{u}_1, \boldsymbol{u}_2, \ldots, \boldsymbol{u}_r$ のどのベクトルも他のベクトルの線形結合では表すことができないということを意味する．

正方行列 $\boldsymbol{A}$ $(\boldsymbol{A} \in \mathbb{R}^{M \times M})$ を列ベクトルを用いて $\boldsymbol{A} = [\boldsymbol{a}_1, \boldsymbol{a}_2, \ldots, \boldsymbol{a}_M]$ と表す．このとき次の事実がある．

1. 正方行列 $\boldsymbol{A}$ は列ベクトル $\boldsymbol{a}_1, \boldsymbol{a}_2, \ldots, \boldsymbol{a}_M$ が線形独立なら非特異行列であり逆行列を持つ．また，$\boldsymbol{A}$ が非特異行列であれば，その列ベクトル $\boldsymbol{a}_1, \boldsymbol{a}_2, \ldots, \boldsymbol{a}_M$ は線形独立である．

証明は以下のとおりである．

証明　線形方程式 $\boldsymbol{Ax} = \boldsymbol{0}$ は列ベクトルを用いて，

$$\boldsymbol{Ax} = [\boldsymbol{a}_1, \ldots, \boldsymbol{a}_M] \begin{bmatrix} x_1 \\ \vdots \\ x_M \end{bmatrix} = x_1\boldsymbol{a}_1 + \cdots + x_M\boldsymbol{a}_M = \boldsymbol{0} \tag{1.26}$$

となる．もし $\boldsymbol{a}_1, \boldsymbol{a}_2, \ldots, \boldsymbol{a}_M$ が線形独立であれば式 (1.26) が満たされるためには，必ず $x_1 = \cdots = x_M = 0$ つまり $\boldsymbol{x} = \boldsymbol{0}$ でなければならない．したがって，1.1.5 項の項目 2 より，$\boldsymbol{A}$ は非特異行列である．また，非特異行列であれば，$\boldsymbol{Ax} = \boldsymbol{0}$ を満たす解 $\boldsymbol{x}$ は $\boldsymbol{x} = \boldsymbol{0}$ のみである．したがって，式 (1.26) から，列ベクトル $\boldsymbol{a}_1, \boldsymbol{a}_2, \ldots, \boldsymbol{a}_M$ は線形独立である．　（証明終）

さらに，1.1.5 項の項目 1 の後半「$\boldsymbol{A}$ が特異行列であれば $\boldsymbol{Ax} = \boldsymbol{0}$ を満たす $\boldsymbol{x} \neq \boldsymbol{0}$ である解 $\boldsymbol{x}$ が存在する」を証明しよう．

証明（1.1.5 項　項目 1）：$\boldsymbol{A}$ が特異行列であれば，$\boldsymbol{a}_1, \boldsymbol{a}_2, \ldots, \boldsymbol{a}_M$ は線形独立ではない．したがって，

$$\boldsymbol{Ax} = x_1\boldsymbol{a}_1 + \cdots + x_M\boldsymbol{a}_M = \boldsymbol{0}$$

は $x_1 = \cdots = x_M = 0$ 以外の解を持つ．すなわち，$\boldsymbol{x} \neq \boldsymbol{0}$ である解 $\boldsymbol{x}$ が存在する．（証明終）

1.4.2　ベクトルの正規直交性

複数のベクトル $\boldsymbol{u}_1, \boldsymbol{u}_2, \ldots, \boldsymbol{u}_r$ に対して，任意の異なる2個のベクトル $\boldsymbol{u}_i$ と $\boldsymbol{u}_j$ $(i \neq j)$ の内積がゼロ，すなわち $\boldsymbol{u}_i^T\boldsymbol{u}_j = 0$ であるときベクトル $\boldsymbol{u}_1, \boldsymbol{u}_2, \ldots, \boldsymbol{u}_r$ は直交系をなしているという．さらにベクトルのノルム（式(1.21)）が1に規格化されているとき，ベクトル $\boldsymbol{u}_1, \boldsymbol{u}_2, \ldots, \boldsymbol{u}_r$ は正規直交系をなしているという．直交系あるいは正規直交系をなすベクトルはもちろん線形独立である．

任意の r 個の線形独立なベクトル $\boldsymbol{x}_1, \boldsymbol{x}_2, \ldots, \boldsymbol{x}_r$ $(\boldsymbol{x}_j \in \mathbb{R}^M,\ j = 1, \ldots, r)$ から r 個の正規直交するベクトルを作り出すことが可能である．具体的には $\boldsymbol{x}_1$ に対して，$\boldsymbol{u}_1 = \boldsymbol{x}_1/\|\boldsymbol{x}_1\|$ として，

$$\boldsymbol{\xi}_2 = \boldsymbol{x}_2 - (\boldsymbol{u}_1^T\boldsymbol{x}_2)\boldsymbol{u}_1$$

を計算する．この $\boldsymbol{\xi}_2$ を規格化して $\boldsymbol{u}_2 = \boldsymbol{\xi}_2/\|\boldsymbol{\xi}_2\|$ とする．すると $\boldsymbol{u}_1^T\boldsymbol{u}_2 = 0$ である．さらに，

$$\boldsymbol{\xi}_3 = \boldsymbol{x}_3 - (\boldsymbol{u}_1^T\boldsymbol{x}_3)\boldsymbol{u}_1 - (\boldsymbol{u}_2^T\boldsymbol{x}_3)\boldsymbol{u}_2$$

を計算して，$\boldsymbol{u}_3 = \boldsymbol{\xi}_3/\|\boldsymbol{\xi}_3\|$ とする．$\boldsymbol{u}_3^T\boldsymbol{u}_1 = 0$ および $\boldsymbol{u}_3^T\boldsymbol{u}_2 = 0$ は簡単に確認できる．さらに，

$$\boldsymbol{\xi}_4 = \boldsymbol{x}_4 - (\boldsymbol{u}_1^T\boldsymbol{x}_4)\boldsymbol{u}_1 - (\boldsymbol{u}_2^T\boldsymbol{x}_4)\boldsymbol{u}_2 - (\boldsymbol{u}_3^T\boldsymbol{x}_4)\boldsymbol{u}_3$$

を計算して，$\boldsymbol{u}_4 = \boldsymbol{\xi}_4/\|\boldsymbol{\xi}_4\|$ とする．ここでも $\boldsymbol{u}_4^T\boldsymbol{u}_1 = 0$, $\boldsymbol{u}_4^T\boldsymbol{u}_2 = 0$ および $\boldsymbol{u}_4^T\boldsymbol{u}_3 = 0$ は簡単に確認できる．以上の計算を $\boldsymbol{u}_r$ を得るまで繰り返す．得られた結果が正規直交系 $\boldsymbol{u}_1, \boldsymbol{u}_2, \ldots, \boldsymbol{u}_r$ である．以上で述べた方法はグラム・シュミット (Gram Schmidt) の直交化法と呼ばれる．

式(1.13)で定義した直交行列とは，列ベクトルが正規直交系をなす行列

である．実際，$\boldsymbol{A}$ ($\boldsymbol{A} \in \mathbb{R}^{M \times M}$) の列ベクトルが正規直交系をなしていれば

$$\boldsymbol{A}^T \boldsymbol{A} = \begin{bmatrix} \boldsymbol{a}_1^T \\ \vdots \\ \boldsymbol{a}_M^T \end{bmatrix} [\boldsymbol{a}_1, \ldots, \boldsymbol{a}_M] = \begin{bmatrix} \boldsymbol{a}_1^T \boldsymbol{a}_1 & \ldots & \boldsymbol{a}_1^T \boldsymbol{a}_M \\ \vdots & \ddots & \vdots \\ \boldsymbol{a}_M^T \boldsymbol{a}_1 & \ldots & \boldsymbol{a}_M^T \boldsymbol{a}_M \end{bmatrix} = \boldsymbol{I} \quad (1.27)$$

となる．

1.5 行列に関する計算規則

1.5.1 基本的な計算規則

行列に関して以下のような計算規則が存在する．行列の和に関しては結合則と分配則が成り立つ．すなわち，行列 $\boldsymbol{A}$, $\boldsymbol{B}$ および $\boldsymbol{C}$ に関して，

$$\boldsymbol{A} + \boldsymbol{B} = \boldsymbol{B} + \boldsymbol{A} \quad (1.28)$$

$$(\boldsymbol{A} + \boldsymbol{B}) + \boldsymbol{C} = \boldsymbol{A} + (\boldsymbol{B} + \boldsymbol{C}) \quad (1.29)$$

である．行列の和とスカラーの積に関しては分配則が成り立つ．すなわち，

$$c(\boldsymbol{A} + \boldsymbol{B}) = c\boldsymbol{A} + c\boldsymbol{B} \quad (1.30)$$

$$(c + d)\boldsymbol{A} = c\boldsymbol{A} + d\boldsymbol{A} \quad (1.31)$$

である．行列の積に関しては結合則が成り立つ．

$$(\boldsymbol{A}\boldsymbol{B})\boldsymbol{C} = \boldsymbol{A}(\boldsymbol{B}\boldsymbol{C}) \quad (1.32)$$

行列の和と積に関しては分配則が成り立つ．

$$(\boldsymbol{A} + \boldsymbol{B})\boldsymbol{C} = \boldsymbol{A}\boldsymbol{C} + \boldsymbol{B}\boldsymbol{C} \quad (1.33)$$

$$\boldsymbol{A}(\boldsymbol{B} + \boldsymbol{C}) = \boldsymbol{A}\boldsymbol{B} + \boldsymbol{A}\boldsymbol{C} \quad (1.34)$$

ただし，行列の積に関しては交換則は成立しない．$\boldsymbol{A} \in \mathbb{R}^{M \times M}$ および $\boldsymbol{B} \in \mathbb{R}^{M \times M}$ とすれば積 $\boldsymbol{A}\boldsymbol{B}$ も $\boldsymbol{B}\boldsymbol{A}$ も定義できるが，一般的には $\boldsymbol{A}\boldsymbol{B} \neq \boldsymbol{B}\boldsymbol{A}$ である．

転置行列に関しては，c はスカラーとして

$$(\boldsymbol{A}^T)^T = \boldsymbol{A} \tag{1.35}$$

$$(c\boldsymbol{A})^T = c\boldsymbol{A}^T \tag{1.36}$$

$$(\boldsymbol{A}+\boldsymbol{B})^T = \boldsymbol{A}^T + \boldsymbol{B}^T \tag{1.37}$$

$$(\boldsymbol{A}\boldsymbol{B})^T = \boldsymbol{B}^T\boldsymbol{A}^T \tag{1.38}$$

が成り立つ．逆行列に関しては，

$$(\boldsymbol{A}^{-1})^{-1} = \boldsymbol{A} \tag{1.39}$$

$$(c\boldsymbol{A})^{-1} = \frac{1}{c}\boldsymbol{A}^{-1} \tag{1.40}$$

$$(\boldsymbol{A}\boldsymbol{B})^{-1} = \boldsymbol{B}^{-1}\boldsymbol{A}^{-1} \tag{1.41}$$

$$(\boldsymbol{A}^T)^{-1} = \left(\boldsymbol{A}^{-1}\right)^T \tag{1.42}$$

が成り立つ．ここで，転置の場合とは異なり，

$$(\boldsymbol{A}+\boldsymbol{B})^{-1} \neq \boldsymbol{A}^{-1} + \boldsymbol{B}^{-1} \tag{1.43}$$

であることに注意されたい．また，転置と逆行列計算は可換であり，

$$(\boldsymbol{A}^{-1})^T = (\boldsymbol{A}^T)^{-1} \tag{1.44}$$

が成り立つ．

行列 $\boldsymbol{A}$ のトレースに関して，

$$\mathrm{tr}(\boldsymbol{A}\boldsymbol{B}) = \mathrm{tr}(\boldsymbol{B}\boldsymbol{A}) \tag{1.45}$$

が成り立つ．また，

$$\mathrm{tr}(\boldsymbol{A}+\boldsymbol{B}) = \mathrm{tr}(\boldsymbol{A}) + \mathrm{tr}(\boldsymbol{B}) \tag{1.46}$$

である．$\boldsymbol{x}$ を列ベクトル，$\boldsymbol{A}$ を正方行列とすると，式 (1.20) から

$$\boldsymbol{x}^T\boldsymbol{A}\boldsymbol{x} = \mathrm{tr}(\boldsymbol{A}\boldsymbol{x}\boldsymbol{x}^T) \tag{1.47}$$

が成り立つ．

1.5.2　分割された行列に関する計算規則

行列について，例えば

$$\boldsymbol{A} = \left[\begin{array}{cc|ccc} A_{11} & A_{12} & A_{13} & A_{14} & A_{15} \\ A_{21} & A_{22} & A_{23} & A_{24} & A_{25} \\ \hline A_{31} & A_{32} & A_{33} & A_{34} & A_{35} \\ A_{41} & A_{42} & A_{43} & A_{44} & A_{45} \\ A_{51} & A_{52} & A_{53} & A_{54} & A_{55} \end{array}\right] = \begin{bmatrix} \boldsymbol{B} & \boldsymbol{C} \\ \boldsymbol{D} & \boldsymbol{E} \end{bmatrix} \tag{1.48}$$

のように部分行列 (submatrix) を使って表すことはしばしば行われる．式 (1.48) では部分行列 $\boldsymbol{B}$，$\boldsymbol{C}$，$\boldsymbol{D}$，$\boldsymbol{E}$ は

$$\boldsymbol{B} = \begin{bmatrix} A_{11} & A_{12} \\ A_{21} & A_{22} \end{bmatrix} \quad \boldsymbol{C} = \begin{bmatrix} A_{13} & A_{14} & A_{15} \\ A_{23} & A_{24} & A_{25} \end{bmatrix}$$

$$\boldsymbol{D} = \begin{bmatrix} A_{31} & A_{32} \\ A_{41} & A_{42} \\ A_{51} & A_{52} \end{bmatrix} \quad \boldsymbol{E} = \begin{bmatrix} A_{33} & A_{34} & A_{35} \\ A_{43} & A_{44} & A_{45} \\ A_{53} & A_{54} & A_{55} \end{bmatrix}$$

と定義されている．このように部分行列によって分割された行列 (partitioned matrix) の計算規則について見てみよう．式 (1.48) で定義された行列 $\boldsymbol{A}$ に以下のように分割された行列 $\boldsymbol{S}$

$$\boldsymbol{S} = \left[\begin{array}{cc} S_{11} & S_{12} \\ S_{21} & S_{22} \\ \hline S_{31} & S_{32} \\ S_{41} & S_{42} \\ S_{51} & S_{52} \end{array}\right] = \begin{bmatrix} \boldsymbol{X} \\ \boldsymbol{Y} \end{bmatrix} \tag{1.49}$$

を乗じる場合を考えよう．この場合，

$$\begin{bmatrix} \boldsymbol{B} & \boldsymbol{C} \\ \boldsymbol{D} & \boldsymbol{E} \end{bmatrix} \begin{bmatrix} \boldsymbol{X} \\ \boldsymbol{Y} \end{bmatrix} = \begin{bmatrix} \boldsymbol{BX} + \boldsymbol{CY} \\ \boldsymbol{DX} + \boldsymbol{EY} \end{bmatrix} \tag{1.50}$$

が成り立つ．すなわち，行列が部分行列に分割されている場合，部分行列をスカラー要素と見なして行列の乗算を行うことができる．行列の転置につい

ても

$$\begin{bmatrix} \boldsymbol{B} & \boldsymbol{C} \\ \boldsymbol{D} & \boldsymbol{E} \end{bmatrix}^T = \begin{bmatrix} \boldsymbol{B}^T & \boldsymbol{D}^T \\ \boldsymbol{C}^T & \boldsymbol{E}^T \end{bmatrix} \tag{1.51}$$

が成り立つ．すなわち部分行列をスカラー要素と見て転置行列を作り，さらに各部分行列を転置すればよい．

最もよく使われる分割は列ベクトルによる分割である．例えば，2つの行列 $\boldsymbol{A}$ と $\boldsymbol{X}$ が 4×4 の行列とする．$\boldsymbol{A}$ を列ベクトルで表すと，

$$\boldsymbol{A} = \begin{bmatrix} A_{11} & A_{12} & A_{13} & A_{14} \\ A_{21} & A_{22} & A_{23} & A_{24} \\ A_{31} & A_{32} & A_{33} & A_{34} \\ A_{41} & A_{42} & A_{43} & A_{44} \end{bmatrix} = [\boldsymbol{a}_1, \boldsymbol{a}_2, \boldsymbol{a}_3, \boldsymbol{a}_4] \tag{1.52}$$

となる．行列 $\boldsymbol{A}$ と対角行列の乗算は

$$[\boldsymbol{a}_1, \boldsymbol{a}_2, \boldsymbol{a}_3, \boldsymbol{a}_4] \begin{bmatrix} \lambda_1 & 0 & 0 & 0 \\ 0 & \lambda_2 & 0 & 0 \\ 0 & 0 & \lambda_3 & 0 \\ 0 & 0 & 0 & \lambda_4 \end{bmatrix} = [\lambda_1 \boldsymbol{a}_1, \lambda_2 \boldsymbol{a}_2, \lambda_3 \boldsymbol{a}_3, \lambda_4 \boldsymbol{a}_4] \tag{1.53}$$

となる．また，左側から行列 $\boldsymbol{X}$ を乗じる場合，

$$\boldsymbol{X}\boldsymbol{A} = \boldsymbol{X}[\boldsymbol{a}_1, \boldsymbol{a}_2, \boldsymbol{a}_3, \boldsymbol{a}_4] = [\boldsymbol{X}\boldsymbol{a}_1, \boldsymbol{X}\boldsymbol{a}_2, \boldsymbol{X}\boldsymbol{a}_3, \boldsymbol{X}\boldsymbol{a}_4] \tag{1.54}$$

として計算できる．ここで，$\boldsymbol{X}\boldsymbol{a}_j$ は乗算後の行列 $\boldsymbol{X}\boldsymbol{A}$ の j 番目の列ベクトルである．

$\boldsymbol{X}$ の転置行列 $\boldsymbol{X}^T$ の列ベクトル表記を用いて

$$\boldsymbol{X}^T = [\boldsymbol{x}_1, \boldsymbol{x}_2, \boldsymbol{x}_3, \boldsymbol{x}_4] \tag{1.55}$$

と表す．ここで $\boldsymbol{x}_j$ は $\boldsymbol{X}^T$ の j 番目の列ベクトル，すなわち $\boldsymbol{X}$ の j 番目の行ベクトルである．この場合，行列 $\boldsymbol{X}$ と $\boldsymbol{A}$ の積 $\boldsymbol{X}\boldsymbol{A}$ は

$$\boldsymbol{XA} = \begin{bmatrix} \boldsymbol{x}_1^T \\ \boldsymbol{x}_2^T \\ \boldsymbol{x}_3^T \\ \boldsymbol{x}_4^T \end{bmatrix} \begin{bmatrix} \boldsymbol{a}_1 & \boldsymbol{a}_2 & \boldsymbol{a}_3 & \boldsymbol{a}_4 \end{bmatrix} = \begin{bmatrix} \boldsymbol{x}_1^T\boldsymbol{a}_1 & \boldsymbol{x}_1^T\boldsymbol{a}_2 & \boldsymbol{x}_1^T\boldsymbol{a}_3 & \boldsymbol{x}_1^T\boldsymbol{a}_4 \\ \boldsymbol{x}_2^T\boldsymbol{a}_1 & \boldsymbol{x}_2^T\boldsymbol{a}_2 & \boldsymbol{x}_2^T\boldsymbol{a}_3 & \boldsymbol{x}_2^T\boldsymbol{a}_4 \\ \boldsymbol{x}_3^T\boldsymbol{a}_1 & \boldsymbol{x}_3^T\boldsymbol{a}_2 & \boldsymbol{x}_3^T\boldsymbol{a}_3 & \boldsymbol{x}_3^T\boldsymbol{a}_4 \\ \boldsymbol{x}_4^T\boldsymbol{a}_1 & \boldsymbol{x}_4^T\boldsymbol{a}_2 & \boldsymbol{x}_4^T\boldsymbol{a}_3 & \boldsymbol{x}_4^T\boldsymbol{a}_4 \end{bmatrix} \tag{1.56}$$

となる．つまり $\boldsymbol{XA}$ は (i,j) 要素が $\boldsymbol{x}_i^T\boldsymbol{a}_j$ となるような 4×4 の行列となる．また，積 $\boldsymbol{AX}$ も以下のような 4×4 の行列となる．すなわち，

$$\boldsymbol{AX} = \begin{bmatrix} \boldsymbol{a}_1 & \boldsymbol{a}_2 & \boldsymbol{a}_3 & \boldsymbol{a}_4 \end{bmatrix} \begin{bmatrix} \boldsymbol{x}_1^T \\ \boldsymbol{x}_2^T \\ \boldsymbol{x}_3^T \\ \boldsymbol{x}_4^T \end{bmatrix} = \sum_{j=1}^{4} \boldsymbol{a}_j \boldsymbol{x}_j^T \tag{1.57}$$

である．このように行列の部分行列による分割，特に列ベクトルでの分割を用いることにより行列計算を見通しのよいものにできる．

1.6 ベクトルと行列のノルム

1.6.1 ベクトルのノルム

ベクトルや行列に対して，「大きさ」の概念を付与するものがベクトルや行列のノルムである．ベクトルに関してはすでに式 (1.21) においてよく知られた 2 次のノルムを紹介した．式 (1.21) で与えられるノルムは l_2 ノルム，あるいはユークリッドノルムとも呼ばれる．さらに一般的には，p 次のノルム（l_p ノルムとも呼ばれる）が知られており，

$$\|\boldsymbol{a}\|_p = \left[\sum_{j=1}^{N} a_j^p \right]^{1/p} \tag{1.58}$$

と定義される[4)]．式 (1.21) で与えられた 2 次のノルムは式 (1.58) で $p = 2$ とした場合である．

4) p 次のノルムは $\|\cdot\|_p$ と書かれることが多い．ただし，$p = 2$ の場合には単に $\|\cdot\|$ と書かれることが多い．

ベクトルのノルムがベクトルの大きさと解釈可能であるためには以下の条件を満たさなければならない；

1. $\|\boldsymbol{x}\| \geq 0$. ただし，$\|\boldsymbol{x}\| = 0$ となるのは $\boldsymbol{x} = \boldsymbol{0}$ の場合のみ.
2. α をスカラーとして，$\|\alpha\boldsymbol{x}\| = |\alpha|\|\boldsymbol{x}\|$.
3. $\|\boldsymbol{x} + \boldsymbol{y}\| \leq \|\boldsymbol{x}\| + \|\boldsymbol{y}\|$.

式 (1.58) で定義された p 次ノルムの場合に上の 3 条件が満たされている．証明は読者に委ねる.

1.6.2　行列のノルム

ベクトルの l_2 ノルムを行列に直接拡張したものとして，フロベニウスノルム (Frobenius norm) がよく知られている．これは，行列 $\boldsymbol{A}$ $(\boldsymbol{A} \in \mathbb{R}^{M \times N})$ に対して，

$$\|\boldsymbol{A}\|_F = \sqrt{\sum_{i=1}^{M}\sum_{j=1}^{N} a_{i,j}^2} = \sqrt{\mathrm{tr}\,(\boldsymbol{A}^T\boldsymbol{A})} = \sqrt{\mathrm{tr}\,(\boldsymbol{A}\boldsymbol{A}^T)} \qquad (1.59)$$

と定義される．フロベニウスノルムは $\|\cdot\|_F$ と書かれる場合も多い．フロベニウスノルムは，行列の各要素の 2 乗和の平方根であり，「わかり易い」のが長所である．フロベニウスノルムは行列のノンゼロ特異値の 2 乗和の平方根に等しいことを 2.5 節で示す.

行列の「大きさ」を表すには他にも可能性があり，以下に定義されるノルムもよく使われる．すなわち，$\boldsymbol{A}$ $(\boldsymbol{A} \in \mathbb{R}^{M \times N})$ と $\boldsymbol{x}$ $(\boldsymbol{x} \in \mathbb{R}^{N})$ に対して，

$$\|\boldsymbol{A}\| = \max_{\boldsymbol{x}} \|\boldsymbol{A}\boldsymbol{x}\| \quad \text{subject to} \quad \|\boldsymbol{x}\| = 1 \qquad (1.60)$$

である量をノルム $\|\boldsymbol{A}\|$ と定義する．上式の $\|\boldsymbol{A}\boldsymbol{x}\|$ は通常のベクトル l_2 ノルムである．上式は，ノルム 1 に規格化されたベクトル $\boldsymbol{x}$ $(\|\boldsymbol{x}\| = 1)$ により計算された $\|\boldsymbol{A}\boldsymbol{x}\|$ の最大値を，行列 $\boldsymbol{A}$ のノルムと定義することを意味している[5)]．式 (1.60) によるノルムは，実は行列の最大特異値に等しいことを示すことができる．この証明は 2.5 節で述べる.

[5)] この式の「subject to」は制約条件を記述するもので，subject to 以下に書かれた条件を満たす $\boldsymbol{x}$ による $\|\boldsymbol{A}\boldsymbol{x}\|$ の最大値の意味である.

ベクトルの場合と同様に，ノルムが行列の大きさと解釈可能であるためには以下の条件を満たさなければならない；

1. $\|\boldsymbol{A}\| \geq 0$. ただし，$\|\boldsymbol{A}\| = 0$ となるのは $\boldsymbol{A} = \boldsymbol{0}$ の場合のみ.

2. α をスカラーとして，$\|\alpha\boldsymbol{A}\| = |\alpha|\|\boldsymbol{A}\|$.

3. $\|\boldsymbol{A}+\boldsymbol{B}\| \leq \|\boldsymbol{A}\| + \|\boldsymbol{B}\|$.

式 (1.59) あるいは式 (1.60) で定義された行列のノルムでは上の 3 条件が満たされている．証明は読者に委ねる.

問　題

1.1 式 (1.12) において条件 $\boldsymbol{AX} = \boldsymbol{I}$ が成立するとき，$\boldsymbol{X}$ も非特異行列であることを示せ.

1.2 式 (1.12) における第 2 の条件 $\boldsymbol{XA} = \boldsymbol{I}$ を第 1 の条件 $\boldsymbol{AX} = \boldsymbol{I}$ から導出せよ.

1.3 逆行列は必ず 1 つに定まることを示せ.

1.4 1.1.5 項の項目 2 を証明せよ.

1.5 正方行列 $\boldsymbol{A}$ に対して，$\boldsymbol{A}^T\boldsymbol{A} = \boldsymbol{I}$ が成立する場合に，$\boldsymbol{A}$ を直交行列と呼ぶ．直交行列では $\boldsymbol{A}\boldsymbol{A}^T = \boldsymbol{I}$ も成立することを示せ.

1.6 単位行列 $\boldsymbol{I}$ $(\boldsymbol{I} \in \mathbb{R}^{N\times N})$ の列ベクトルを $\boldsymbol{e}_j$ $(j = 1, \ldots, N)$ とすれば $\boldsymbol{I} = \boldsymbol{e}_1\boldsymbol{e}_1^T + \cdots + \boldsymbol{e}_N\boldsymbol{e}_N^T$ を示せ.

第2章　行列の特異値展開

この章では行列の特異値展開を導き，関連した事柄について説明する．特異値展開は線形代数の応用，特に信号処理や画像処理への応用において最も有用な概念である．特異値展開の実世界の問題への応用については第4章以降で説明する．

2.1　行列の固有値と固有ベクトル

2.1.1　定義と基本的な事柄

行列の特異値展開の導入に先立ち，その準備として，まず，行列の固有値と固有ベクトルについて簡略な説明を行う．正方行列 $\boldsymbol{A}$ ($\boldsymbol{A} \in \mathbb{R}^{M \times M}$) に列ベクトル $\boldsymbol{x}$ ($\boldsymbol{x} \in \mathbb{R}^{M}$) を乗じることを考えよう．通常はベクトルに行列を乗じればベクトルは向きが変わってしまうが，向きが変わらずもとのベクトルのスカラー倍となるベクトルが存在する．つまり，

$$\boldsymbol{A}\boldsymbol{x} = \lambda \boldsymbol{x} \tag{2.1}$$

を満たすようなベクトルが存在する．この場合の定数 λ と対応した列ベクトル $\boldsymbol{x}$ を固有値 (eigen value) と固有ベクトル (eigen vector) と呼ぶ．当然ながら固有ベクトルには定数倍の任意性がある [問題 **2.1**].

実際に固有値と固有ベクトルを求めるには，式 (2.1) を変形し，

$$\boldsymbol{A}\boldsymbol{x} - \lambda \boldsymbol{x} = (\boldsymbol{A} - \lambda \boldsymbol{I})\,\boldsymbol{x} = \boldsymbol{0} \tag{2.2}$$

を満たす λ と $\boldsymbol{x}$ を求める．ここで，$\boldsymbol{x} = \boldsymbol{0}$ の解は議論から除外する．式 (2.2) が $\boldsymbol{x} \neq \boldsymbol{0}$ 以外の解を持つためには，1.1.5 項の項目 1 で述べたように，行列 $\boldsymbol{A} - \lambda \boldsymbol{I}$ が特異行列でなければならない．すると，1.2.2 項の項目 3 で述べたように，

$$\det(\boldsymbol{A} - \lambda \boldsymbol{I}) = 0 \tag{2.3}$$

が成立する．

式 (2.3) を固有値の特性方程式と呼び，$\pi(\lambda) = \det(\boldsymbol{A} - \lambda \boldsymbol{I})$ を特性多項式と呼ぶ．特性多項式は $\boldsymbol{A} \in \mathbb{R}^{M \times M}$ であれば λ の M 次の多項式となる．したがって，特性方程式 $\pi(\lambda) = 0$ を解いて，M 個の解が固有値として求まる．さらに，個々の λ に対して，

$$(\boldsymbol{A} - \lambda \boldsymbol{I})\boldsymbol{x} = 0 \tag{2.4}$$

を解いて固有ベクトル $\boldsymbol{x}$ を求める．特性方程式 $\pi(\lambda) = 0$ は M 次の多項式であり，複素数まで含めれば M 個の解が存在するが，M 個の解すべてが実数解となる保証はない．すなわち，実数の範囲では求まる固有値が M 個以下となる可能性がある．一方，もし実数の固有値が求まれば，固有ベクトルを求める線形方程式 (2.4) の係数はすべて実数であるので，その固有値に対応した固有ベクトルは必ず実数ベクトルである[1)]．

2.1.2　固有ベクトルの線形独立性

今，正方行列 $\boldsymbol{A}$ ($\boldsymbol{A} \in \mathbb{R}^{M \times M}$) に対して，特性方程式を解いて固有値として M 個の解を求めたとする．これらの解には同一の重複する解（重根）が存在する可能性もある．重根の存在と固有ベクトルの線形独立性には密接な関係があり，異なる固有値に対応する固有ベクトルは線形独立であることを示すことができる．証明は以下のとおりである．

証明　行列 $\boldsymbol{A}$ の異なる固有値を $\lambda_1, \ldots, \lambda_k$ として，それらに対応した固有ベクトルを $\boldsymbol{x}_1, \ldots, \boldsymbol{x}_k$ とする．証明は背理法を用いる．今，仮に $\boldsymbol{x}_1, \ldots, \boldsymbol{x}_k$ のうち，$\boldsymbol{x}_1, \ldots, \boldsymbol{x}_m$ が線形独立であるが，$\boldsymbol{x}_{m+1}$ は $\boldsymbol{x}_1, \ldots, \boldsymbol{x}_m$ に対して線形独立ではなく，これらの線形結合で表されるとする．つまり，定数 $c_1, \ldots, c_m$ を用いて，

1)式 (2.4) は M 個の未知数を持つ，M 個の線形連立方程式となる．線形連立方程式の係数がすべて実数なら，解も実数となる．

$$\boldsymbol{x}_{m+1} = c_1\boldsymbol{x}_1 + \cdots + c_m\boldsymbol{x}_m \tag{2.5}$$

が成り立つとする．式 (2.5) の両辺に左から $(\boldsymbol{A} - \lambda_{m+1}\boldsymbol{I})$ を乗ずれば，

$$(\boldsymbol{A} - \lambda_{m+1}\boldsymbol{I})\boldsymbol{x}_{m+1} = c_1(\boldsymbol{A} - \lambda_{m+1}\boldsymbol{I})\boldsymbol{x}_1 + \cdots + c_m(\boldsymbol{A} - \lambda_{m+1}\boldsymbol{I})\boldsymbol{x}_m \tag{2.6}$$

を得る．上式の左辺は $(\boldsymbol{A} - \lambda_{m+1}\boldsymbol{I})\boldsymbol{x}_{m+1} = \boldsymbol{0}$ であり，右辺について $\boldsymbol{A}\boldsymbol{x}_k = \lambda_k\boldsymbol{x}_k$ $(k = 1, 2, \ldots m)$ なので結局，

$$\boldsymbol{0} = c_1(\lambda_1 - \lambda_{m+1})\boldsymbol{x}_1 + \cdots + c_m(\lambda_m - \lambda_{m+1})\boldsymbol{x}_m \tag{2.7}$$

を得る．式 (2.7) の右辺において固有値 $\lambda_1, \ldots, \lambda_{m+1}$ は異なると仮定しているので，

$$(\lambda_j - \lambda_{m+1})\boldsymbol{x}_j \neq \boldsymbol{0} \quad (j = 1, \ldots, m)$$

である．したがって，式 (2.7) から $c_1 = \cdots = c_m = 0$ が成立しなければならないが，これは「$\boldsymbol{x}_{m+1}$ が $\boldsymbol{x}_1, \ldots, \boldsymbol{x}_m$ の線形結合で表される」すなわち，「$\boldsymbol{x}_{m+1}$ が $\boldsymbol{x}_1, \ldots, \boldsymbol{x}_m$ と線形従属である」という仮定と矛盾する．したがって，異なる固有値に対応した固有ベクトルは線形独立である．

（証明終）

このことから，次節で述べるように，正方行列の対角化に関する関係式を導くことができる．

2.1.3　行列の対角化

行列 $\boldsymbol{A}$ $(\boldsymbol{A} \in \mathbb{R}^{M \times M})$ の M 個の固有値と固有ベクトルの組を λ_j，$\boldsymbol{x}_j$ $(j = 1, \ldots, M)$ とする．第 1 章で述べた計算規則のうち式 (1.53) と式 (1.54) を用いれば，固有値・固有ベクトルの関係は行列形式で

$$\boldsymbol{A}\left[\boldsymbol{x}_1, \ldots, \boldsymbol{x}_M\right] = \left[\boldsymbol{x}_1, \ldots, \boldsymbol{x}_M\right] \begin{bmatrix} \lambda_1 & 0 & \cdots & 0 \\ 0 & \lambda_2 & \cdots & 0 \\ \vdots & \vdots & \ddots & \vdots \\ 0 & 0 & \cdots & \lambda_M \end{bmatrix} \tag{2.8}$$

となる．

$$\boldsymbol{Q} = \left[\boldsymbol{x}_1, \ldots, \boldsymbol{x}_M\right]$$

とすれば，

$$\boldsymbol{A}\boldsymbol{Q} = \boldsymbol{Q}\boldsymbol{\Lambda} \tag{2.9}$$

を得る．ここで，$\boldsymbol{\Lambda}$ は固有値を対角成分として持つ対角行列，

$$\boldsymbol{\Lambda} = \begin{bmatrix} \lambda_1 & 0 & \cdots & 0 \\ 0 & \lambda_2 & \cdots & 0 \\ \vdots & \vdots & \ddots & \vdots \\ 0 & 0 & \cdots & \lambda_M \end{bmatrix} \tag{2.10}$$

である．固有値がすべて異なり，固有ベクトル $\boldsymbol{x}_1, \ldots, \boldsymbol{x}_M$ が線形独立であるとすれば，$\boldsymbol{Q}$ は非特異行列であるので逆行列が存在する．したがって，

$$\boldsymbol{A} = \boldsymbol{Q}\boldsymbol{\Lambda}\boldsymbol{Q}^{-1} \quad \text{あるいは} \quad \boldsymbol{\Lambda} = \boldsymbol{Q}^{-1}\boldsymbol{A}\boldsymbol{Q} \tag{2.11}$$

と書くことができる．式 (2.11) は行列 $\boldsymbol{A}$ が，その固有ベクトルを列ベクトルとして持つ行列を用いて対角行列に変換できることを示している．行列をその固有ベクトルを用いて対角行列に変換する操作を行列の対角化と呼ぶ．

それでは，どのような行列が対角化可能なのであろうか．上で述べたように，固有値がすべて異なればその行列は対角化可能である．しかし，固有値が重根となる場合には，それら固有値に対応した固有ベクトルは線形独立になる場合もあれば，線形独立とはならない場合もある．このように，ある行列が対角化可能であるかどうかはさらに細かな議論が必要である．そのような議論は他の線形代数の教科書に譲り，本章ではこれ以降の固有値に関する議論を実対称行列 ($\boldsymbol{A} \in \mathbb{R}^{M \times M}$，$\boldsymbol{A}^T = \boldsymbol{A}$) に限定する．実対称行列では，

次節で示すごとく必ず実数の固有値と固有ベクトルが存在し，固有ベクトルは線形独立であり正規直交系をなすように決めることができる．

2.1.4　実対称行列の固有値と固有ベクトル

実対称行列 ($\boldsymbol{A} \in \mathbb{R}^{M\times M}$, $\boldsymbol{A}^T = \boldsymbol{A}$) において固有値と固有ベクトルには，以下に述べる大変便利な性質がある．

1. 固有値は必ず実数となる．

証明　**項目 1**：上付きの $*$ を複素共役を表すものとして，式 (2.1) において両辺に左から $\boldsymbol{x}_j^{T*}$ を乗じれば，

$$\boldsymbol{x}_j^{T*}\boldsymbol{A}\boldsymbol{x}_j = \lambda_j \boldsymbol{x}_j^{T*}\boldsymbol{x}_j = \lambda_j \|\boldsymbol{x}_j\|^2 \tag{2.12}$$

を得る．ここで複素数値をとるベクトルにおいては $\boldsymbol{x}_j^{T*}\boldsymbol{x}_j = \|\boldsymbol{x}_j\|^2$ となることを用いた．一方，式 (2.1) においての転置と複素共役をとり，右から $\boldsymbol{x}_j$ を乗じれば，

$$\boldsymbol{x}_j^{T*}\boldsymbol{A}^{T*}\boldsymbol{x}_j = \lambda_j^* \boldsymbol{x}_j^{T*}\boldsymbol{x}_j = \lambda_j^* \|\boldsymbol{x}_j\|^2 \tag{2.13}$$

を得る．実対称行列であれば $\boldsymbol{A}^{T*} = \boldsymbol{A}$ が成り立つので，式 (2.12) と式 (2.13) の左辺は等しく，結局，

$$\lambda_j = \lambda_j^* \tag{2.14}$$

が成立する．式 (2.14) は固有値 λ_j が実数であることを示している[2)]．

（証明終）

固有値が実数の場合，固有値は大きさの順に番号付けされるのが一般的である．本書でもこの習慣に従う．

2. 固有ベクトルも実数である．　2.1 節ですでに述べたとおり，固有値 λ が実数であれば，固有ベクトルを求めるための線形方程式は係数がす

[2)] 実際，この証明は行列 $\boldsymbol{A}$ が $\boldsymbol{A}^{T*} = \boldsymbol{A}$ の性質を有することを用いている．しかし複素数値行列でも $\boldsymbol{A}^{T*} = \boldsymbol{A}$ の性質を有する行列は存在し，複素エルミート行列と呼ばれる．したがって，固有値が実数であるのは，実対称行列でなくても複素エルミート行列なら成り立つ性質である．

べて実数であるので，得られる解，つまり固有ベクトル $\boldsymbol{x}$ も実数となる[3)]．

3. 固有値が異なれば固有ベクトルは必ず直交する．

証明　項目 **3**：任意の 2 つの固有値が異なると仮定する．つまり，実対称行列 $\boldsymbol{A}$ に対して，$\boldsymbol{Ax} = \lambda\boldsymbol{x}$，$\boldsymbol{Ay} = \mu\boldsymbol{y}$ $(\lambda \neq \mu)$ と仮定する．すると，

$$\lambda\boldsymbol{x}^T\boldsymbol{y} = (\lambda\boldsymbol{x})^T\boldsymbol{y} = (\boldsymbol{Ax})^T\boldsymbol{y} = \boldsymbol{x}^T\boldsymbol{A}^T\boldsymbol{y} = \boldsymbol{x}^T\boldsymbol{Ay} = \mu\boldsymbol{x}^T\boldsymbol{y}$$

が成り立つ．したがって，

$$(\lambda - \mu)\boldsymbol{x}^T\boldsymbol{y} = 0$$

が成り立ち，$\lambda - \mu \neq 0$ であるので $\boldsymbol{x}^T\boldsymbol{y} = 0$，すなわち，異なる 2 つの固有値に対応した固有ベクトル $\boldsymbol{x}$ と $\boldsymbol{y}$ は直交する．　(証明終)

以上，実対称行列では異なる固有値に対応した固有ベクトルは直交することを示したが，実対称行列では，固有値が重根となる場合でも直交する固有ベクトルを見つけることが常に可能である（この証明は長くなるため，あらためて 2.6 節で述べる）．したがって，固有ベクトルには定数倍の任意性があるので，実対称行列では固有ベクトルを正規直交系をなすベクトルとして求めることができる．

実対称行列 $\boldsymbol{A}$ $(\boldsymbol{A} \in \mathbb{R}^{M\times M})$ において固有ベクトルを正規直交系をなすように決めた場合，固有ベクトルからなる行列 $\boldsymbol{Q} = [\boldsymbol{x}_1, \ldots, \boldsymbol{x}_M]$ は直交行列となり，$\boldsymbol{Q}^{-1} = \boldsymbol{Q}^T$ であるので，対角化は

$$\boldsymbol{A} = \boldsymbol{Q\Lambda Q}^T = [\boldsymbol{x}_1, \ldots, \boldsymbol{x}_M]\begin{bmatrix} \lambda_1 & 0 & \cdots & 0 \\ 0 & \lambda_2 & \cdots & 0 \\ \vdots & \vdots & \ddots & \vdots \\ 0 & 0 & \cdots & \lambda_M \end{bmatrix}[\boldsymbol{x}_1, \ldots, \boldsymbol{x}_M]^T \tag{2.15}$$

と表すことができる．式 (2.15) の右辺を計算すれば，結局，行列 $\boldsymbol{A}$ は

3) 複素数成分を持つエルミート行列では固有ベクトルは実数とは限らない．

$$\boldsymbol{A} = \sum_{j=1}^{M} \lambda_j \boldsymbol{x}_j \boldsymbol{x}_j^T \tag{2.16}$$

と表すことができる．式 (2.16) を実対称行列 $\boldsymbol{A}$ のスペクトル展開 (spectral decomposition)，あるいは固有値展開 (eigen decomposition) と呼ぶ[4)]．

2.2　半正定値行列の固有値と固有ベクトル

2.2.1　半正定値行列とは

実対称行列に関しては，固有値が実数であること，正規直交系をなす実数の固有ベクトルを求めることが可能であることを前節では述べた．ここでは行列をさらに半正定値行列に限定し，半正定値行列の固有値と固有ベクトルの性質を説明する．

まず，半正定値行列の定義から説明する．実対称行列 $\boldsymbol{A}$ ($\boldsymbol{A} \in \mathbb{R}^{M \times M}$) において任意の列ベクトル $\boldsymbol{x}$（$\boldsymbol{x} \in \mathbb{R}^M$ ただし $\boldsymbol{x} \neq \boldsymbol{0}$）に対して $\boldsymbol{x}^T \boldsymbol{A} \boldsymbol{x} > 0$ が成立する場合，$\boldsymbol{A}$ を正定値行列 (positive definite matrix) と呼ぶ．さらに，$\boldsymbol{x}^T \boldsymbol{A} \boldsymbol{x} \geq 0$ が成立する場合には，$\boldsymbol{A}$ を半正定値行列 (positive semi-definite matrix) と呼ぶ．$\boldsymbol{A}$ が正定値行列の場合，必ず正の固有値を持つ．$\boldsymbol{A}$ が半正定値行列の場合，その固有値は必ず正またはゼロである．正定値，半正定値行列とも実対称行列であるので M 個の固有ベクトルは正規直交系となるように求めることができる．

任意の実数行列を $\boldsymbol{F}$ ($\boldsymbol{F} \in \mathbb{R}^{M \times N}$) として，$\boldsymbol{A} = \boldsymbol{F}^T \boldsymbol{F}$ とすれば，行列 $\boldsymbol{A}$ ($\boldsymbol{A} \in \mathbb{R}^{N \times N}$) は実対称行列であり，任意の列ベクトル $\boldsymbol{x}$ ($\boldsymbol{x} \in \mathbb{R}^N$) に対して，必ず

$$\boldsymbol{x}^T \boldsymbol{A} \boldsymbol{x} = \boldsymbol{x}^T (\boldsymbol{F}^T \boldsymbol{F}) \boldsymbol{x} = (\boldsymbol{F}\boldsymbol{x})^T (\boldsymbol{F}\boldsymbol{x}) = \|\boldsymbol{F}\boldsymbol{x}\|^2 \geq 0 \tag{2.17}$$

が成り立つので，$\boldsymbol{A} = \boldsymbol{F}^T \boldsymbol{F}$ は半正定値行列である．

---

4) それぞれ，スペクトル分解，固有値分解とも呼ばれる．

2.2.2 $\boldsymbol{F}^T\boldsymbol{F}$ と $\boldsymbol{F}\boldsymbol{F}^T$ の固有値と固有ベクトルの関係

実数行列 $\boldsymbol{F}$ ($\boldsymbol{F} \in \mathbb{R}^{M\times N}$) から求まる行列 $\boldsymbol{F}^T\boldsymbol{F}$ ($\boldsymbol{F}^T\boldsymbol{F} \in \mathbb{R}^{N\times N}$) と行列 $\boldsymbol{F}\boldsymbol{F}^T$ ($\boldsymbol{F}\boldsymbol{F}^T \in \mathbb{R}^{M\times M}$) の固有値と固有ベクトルの関係を見ていこう．$\boldsymbol{F}^T\boldsymbol{F}$ および $\boldsymbol{F}\boldsymbol{F}^T$ とも半正定値行列なので，正またはゼロの固有値を持つ．ここで，$\boldsymbol{F}^T\boldsymbol{F}$ の N 個の固有値を，r 番目までが正の固有値であるとして，

$$\mu_1 \geq \cdots \geq \mu_r > \underbrace{0 = \cdots = 0}_{N-r\,\text{個}} \tag{2.18}$$

と表す．ここで当然ながら $r \leq \min\{M, N\}$ である[5)]．また，$\boldsymbol{F}^T\boldsymbol{F}$ の固有ベクトルは互いに正規直交するベクトルを選ぶことができる．$\boldsymbol{F}^T\boldsymbol{F}$ の正規直交する固有ベクトルを $\boldsymbol{v}_1, \ldots, \boldsymbol{v}_N$ ($\boldsymbol{v}_j \in \mathbb{R}^N$, $j = 1, \ldots, N$) として，これらの固有ベクトルを列ベクトルとする $N \times N$ の直交行列 $\boldsymbol{V}$ を

$$\boldsymbol{V} = [\boldsymbol{v}_1, \ldots, \boldsymbol{v}_r, \boldsymbol{v}_{r+1}, \ldots, \boldsymbol{v}_N] \tag{2.19}$$

と定義する．行列 $\boldsymbol{F}^T\boldsymbol{F}$ は r 個の正の固有値を持つと仮定しているので，$\boldsymbol{v}_1, \ldots, \boldsymbol{v}_r$ は r 個の正の固有値に対応した固有ベクトルであり，残りの $\boldsymbol{v}_{r+1}, \ldots, \boldsymbol{v}_N$ はゼロ固有値に対応した固有ベクトルである．すなわち，

$$\boldsymbol{F}^T\boldsymbol{F}\boldsymbol{v}_j = \mu_j\boldsymbol{v}_j \quad (j = 1, \ldots, r) \tag{2.20}$$

$$\boldsymbol{F}^T\boldsymbol{F}\boldsymbol{v}_j = \boldsymbol{0} \quad (j = r+1, \ldots, N) \tag{2.21}$$

が成り立つ．

実は，$\boldsymbol{F}^T\boldsymbol{F}$ と $\boldsymbol{F}\boldsymbol{F}^T$ の正の固有値は一致することが証明できる [問題 **2.4**]．この事実を用いると，$\boldsymbol{F}\boldsymbol{F}^T$ の固有値は

$$\mu_1 \geq \cdots \geq \mu_r > \underbrace{0 = \cdots = 0}_{M-r\,\text{個}}$$

と表すことができる．また，$\boldsymbol{F}\boldsymbol{F}^T$ の固有ベクトルも互いに正規直交するベクトルを選ぶことができる．$\boldsymbol{F}\boldsymbol{F}^T$ の正規直交する固有ベクトルを $\boldsymbol{u}_1, \ldots,$

[5)] $\min\{M, N\}$ は M と N の小さいほうを意味する．

$\boldsymbol{u}_M$ として，直交行列 $\boldsymbol{U}$ を

$$\boldsymbol{U} = [\boldsymbol{u}_1, \ldots, \boldsymbol{u}_r, \boldsymbol{u}_{r+1}, \ldots, \boldsymbol{u}_M] \tag{2.22}$$

とする．この場合もやはり $\boldsymbol{u}_1, \ldots, \boldsymbol{u}_r$ は $\boldsymbol{F}\boldsymbol{F}^T$ の r 個の正の固有値に対応した固有ベクトルであり，残りの $\boldsymbol{u}_{r+1}, \ldots, \boldsymbol{u}_M$ はゼロ固有値に対応した固有ベクトルである．

$\boldsymbol{F}^T\boldsymbol{F}$ の正の固有値に対する固有ベクトル $\boldsymbol{v}_1, \ldots, \boldsymbol{v}_r$ に対して，ベクトル $\boldsymbol{z}_j$ $(j = 1, \ldots, r)$ を

$$\boldsymbol{z}_j = \frac{1}{\sqrt{\mu_j}} \boldsymbol{F}\boldsymbol{v}_j \tag{2.23}$$

と定義する．すると，

$$\boldsymbol{F}\boldsymbol{F}^T\boldsymbol{z}_j = \frac{1}{\sqrt{\mu_j}} \boldsymbol{F}(\boldsymbol{F}^T\boldsymbol{F})\boldsymbol{v}_j = \sqrt{\mu_j}\boldsymbol{F}\boldsymbol{v}_j = \mu_j\boldsymbol{z}_j \quad (j = 1, \ldots, r) \tag{2.24}$$

であるので，$\boldsymbol{z}_j$ $(j = 1, \ldots, r)$ は行列 $\boldsymbol{F}\boldsymbol{F}^T$ の正の固有値 μ_j に対応した固有ベクトルであり，$\boldsymbol{u}_j$ $(j = 1, \ldots, r)$ に等しい．すなわち，

$$\boldsymbol{z}_j = \boldsymbol{u}_j \quad (j = 1, \ldots, r) \tag{2.25}$$

である．したがって，$\boldsymbol{U}$ は

$$\boldsymbol{U} = [\boldsymbol{z}_1, \ldots, \boldsymbol{z}_r, \boldsymbol{u}_{r+1}, \ldots, \boldsymbol{u}_M] \tag{2.26}$$

と表すことができる．式 (2.25) が成り立つので，当然ながらベクトル $\boldsymbol{z}_1, \ldots, \boldsymbol{z}_r$ とベクトル $\boldsymbol{u}_{r+1}, \ldots, \boldsymbol{u}_M$ は直交する．つまり $\boldsymbol{z}_i^T\boldsymbol{u}_j = 0$ $(i = 1, \ldots, r,\ j = r+1, \ldots, M)$ が成り立つ．行列 $\boldsymbol{F}^T\boldsymbol{F}$ と $\boldsymbol{F}\boldsymbol{F}^T$ の固有値と固有ベクトルの関係を用いて，いよいよ次節では行列の特異値展開を導く．

2.3　行列の特異値展開

2.3.1　特異値展開の導入

任意の実数値行列 $\boldsymbol{F}$ $(\boldsymbol{F} \in \mathbb{R}^{M \times N})$ が $M < N$ の場合を考える．$\boldsymbol{F}$ に対して，

$$
\boldsymbol{F} = \boldsymbol{U} \begin{bmatrix} \gamma_1 & 0 & \cdots & 0 & 0 & \cdots & 0 \\ 0 & \gamma_2 & \cdots & 0 & 0 & \cdots & 0 \\ \vdots & \vdots & \ddots & \vdots & \vdots & \vdots & \vdots \\ 0 & 0 & \cdots & \gamma_M & 0 & \cdots & 0 \end{bmatrix} \boldsymbol{V}^T \tag{2.27}
$$

を満足する直交行列 $\boldsymbol{U}$ ($\boldsymbol{U} \in \mathbb{R}^{M\times M}$) と直交行列 $\boldsymbol{V}$ ($\boldsymbol{V} \in \mathbb{R}^{N\times N}$) が必ず存在する．式 (2.27) を行列 $\boldsymbol{F}$ の特異値展開[6)] (singular-value decomposition) と呼び，略して SVD とも呼ばれる．ここで，γ_j $(j = 1, \ldots, M)$ は必ず $\gamma_j \geq 0$ である．γ_j を行列 $\boldsymbol{F}$ の特異値と呼び，直交行列 $\boldsymbol{U}$ の列ベクトル $\boldsymbol{u}_j$ $(j = 1, \ldots, M)$ を左側特異値ベクトル，$\boldsymbol{V}$ の列ベクトル $\boldsymbol{v}_j$ $(j = 1, \ldots, N)$ を右側特異値ベクトルと呼ぶ．式 (2.27) を満たす直交行列 $\boldsymbol{U}$ と $\boldsymbol{V}$ が必ず存在することの証明は以下のとおりである．

証明　前節の議論から $\boldsymbol{F}$ に対し，半正定値行列 $\boldsymbol{F}^T\boldsymbol{F}$ の正の固有値が式 (2.18) で表され，固有ベクトル $\boldsymbol{v}_1, \ldots, \boldsymbol{v}_N$ を列ベクトルとする直交行列 $\boldsymbol{V}$ を式 (2.19) を用いて表せば，式 (2.20) および式 (2.21)，式 (2.23) より，$\gamma_j = \sqrt{\mu_j}$ として，

$$
\begin{aligned}
\boldsymbol{F}\boldsymbol{V} &= \boldsymbol{F}[\boldsymbol{v}_1, \ldots, \boldsymbol{v}_r, \boldsymbol{v}_{r+1}, \ldots, \boldsymbol{v}_N] = [\boldsymbol{F}\boldsymbol{v}_1, \ldots, \boldsymbol{F}\boldsymbol{v}_r, \boldsymbol{F}\boldsymbol{v}_{r+1}, \ldots, \boldsymbol{F}\boldsymbol{v}_N] \\
&= [\gamma_1 \boldsymbol{z}_1, \ldots, \gamma_r \boldsymbol{z}_r, \boldsymbol{0}, \ldots, \boldsymbol{0}]
\end{aligned} \tag{2.28}
$$

が成り立つ．ここで，式 (2.26) で表す直交行列 $\boldsymbol{U}$ を用いると，

$$
\begin{aligned}
\boldsymbol{U}^T\boldsymbol{F}\boldsymbol{V} &= \boldsymbol{U}^T[\gamma_1 \boldsymbol{z}_1, \ldots, \gamma_r \boldsymbol{z}_r, \boldsymbol{0}, \ldots, \boldsymbol{0}] = [\gamma_1 \boldsymbol{U}^T\boldsymbol{z}_1, \ldots, \gamma_r \boldsymbol{U}^T\boldsymbol{z}_r, \boldsymbol{0}, \ldots, \boldsymbol{0}] \\
&= \begin{bmatrix} \gamma_1 & 0 & \cdots & 0 & 0 & \cdots & 0 \\ 0 & \gamma_2 & \cdots & 0 & 0 & \cdots & 0 \\ \vdots & \vdots & \ddots & \vdots & \vdots & \vdots & \vdots \\ 0 & 0 & \cdots & \gamma_M & 0 & \cdots & 0 \end{bmatrix}
\end{aligned} \tag{2.29}
$$

となる．ここで，$\boldsymbol{U}^T\boldsymbol{z}_j$ $(j \leq r)$ は第 j 要素のみが 1 で，他の要素はすべてゼロとなる $M \times 1$ の列ベクトルであることに注意されたい [問題 **2.5**]．したがって，式 (2.29) から，特異値展開の式 (2.27) を得る．ただし式 (2.27) お

6) 特異値分解とも呼ばれる．

よび式 (2.29) において，$\gamma_{r+1} = \cdots = \gamma_M = 0$ である．　　(証明終)

非正方行列 $\boldsymbol{F}$ の次元が $M > N$ である場合には，特異値展開は

$$\boldsymbol{F} = \boldsymbol{U} \begin{bmatrix} \gamma_1 & 0 & \cdots & 0 \\ 0 & \gamma_2 & \cdots & 0 \\ \vdots & \vdots & \ddots & \vdots \\ 0 & 0 & \cdots & \gamma_N \\ 0 & \cdot & \cdot & 0 \\ \vdots & \vdots & \vdots & \vdots \\ 0 & \cdot & \cdot & 0 \end{bmatrix} \boldsymbol{V}^T \tag{2.30}$$

となる．式 (2.30) を満たす直交行列 $\boldsymbol{U}$ と $\boldsymbol{V}$ が必ず存在することの証明は $M < N$ の場合とほとんど同様に行うことができる．この証明は読者に委ねる．

2.3.2　行列の特異値展開による表現

任意の実数行列 $\boldsymbol{F}$ ($\boldsymbol{F} \in \mathbb{R}^{M \times N}$) に対して，$M < N$ の場合は式 (2.27) で，$M > N$ の場合は式 (2.30) で示す行列の展開が存在する．これら両方の展開式は $j \geq r+1$ 次以上の特異値がゼロとなることを明示して，

$$\boldsymbol{F} = [\boldsymbol{u}_1, \boldsymbol{u}_2, \ldots, \boldsymbol{u}_M] \begin{bmatrix} \gamma_1 & 0 & \cdots & \cdot & \cdot & \cdots & 0 \\ 0 & \gamma_2 & \cdots & \cdot & \cdot & \cdot & \cdot \\ \vdots & \vdots & \ddots & \vdots & \vdots & \vdots & \vdots \\ 0 & \cdot & \cdots & \gamma_r & 0 & \cdots & 0 \\ \cdot & \cdot & \cdots & \cdot & 0 & \cdots & 0 \\ \vdots & \vdots & \cdots & \vdots & \vdots & \ddots & \vdots \\ 0 & \cdot & \cdots & \cdot & 0 & \cdots & 0 \end{bmatrix} \begin{bmatrix} \boldsymbol{v}_1^T \\ \boldsymbol{v}_2^T \\ \vdots \\ \boldsymbol{v}_N^T \end{bmatrix} \tag{2.31}$$

と表すことができる．

式 (2.31) から特異値展開は

$$\boldsymbol{F} = [\boldsymbol{U}_r, \boldsymbol{U}_{M-r}] \begin{bmatrix} \boldsymbol{\Sigma}_r & \boldsymbol{0} \\ \boldsymbol{0} & \boldsymbol{0} \end{bmatrix} \begin{bmatrix} \boldsymbol{V}_r^T \\ \boldsymbol{V}_{N-r}^T \end{bmatrix} \tag{2.32}$$

と表すこともできる．ここで，$\boldsymbol{U}_r$，$\boldsymbol{V}_r$，$\boldsymbol{U}_{M-r}$ および $\boldsymbol{V}_{N-r}$ は

$$\boldsymbol{U}_r = [\boldsymbol{u}_1, \boldsymbol{u}_2, \ldots, \boldsymbol{u}_r] \tag{2.33}$$

$$\boldsymbol{U}_{M-r} = [\boldsymbol{u}_{r+1}, \boldsymbol{u}_2, \ldots, \boldsymbol{u}_M] \tag{2.34}$$

$$\boldsymbol{V}_r = [\boldsymbol{v}_1, \boldsymbol{v}_2, \ldots, \boldsymbol{v}_r] \tag{2.35}$$

$$\boldsymbol{V}_{N-r} = [\boldsymbol{v}_{r+1}, \boldsymbol{v}_2, \ldots, \boldsymbol{v}_N] \tag{2.36}$$

のように定義した直交行列である．ここで，$\boldsymbol{U}_r$ と $\boldsymbol{V}_r$ はノンゼロの特異値に対応した特異値ベクトルを列とする行列であり，$\boldsymbol{U}_{M-r}$ と $\boldsymbol{V}_{N-r}$ はゼロ特異値に対応した特異値ベクトルを列とする行列である．また，対角行列 $\boldsymbol{\Sigma}_r$ は

$$\boldsymbol{\Sigma}_r = \begin{bmatrix} \gamma_1 & 0 & \cdots & 0 \\ 0 & \gamma_2 & \cdots & 0 \\ \vdots & \vdots & \ddots & \vdots \\ 0 & 0 & \cdots & \gamma_r \end{bmatrix} \tag{2.37}$$

である．この場合，対角成分はすべてゼロより大きい．つまり，$\gamma_1, \ldots, \gamma_r > 0$ である．

式 (2.32) を計算すれば，さらに，

$$\begin{aligned} \boldsymbol{F} = \boldsymbol{U}_r \boldsymbol{\Sigma}_r \boldsymbol{V}_r^T = [\boldsymbol{u}_1, \boldsymbol{u}_2, \ldots, \boldsymbol{u}_r] & \begin{bmatrix} \gamma_1 & 0 & \cdots & 0 \\ 0 & \gamma_2 & \cdots & 0 \\ \vdots & \vdots & \ddots & \vdots \\ 0 & 0 & \cdots & \gamma_r \end{bmatrix} \begin{bmatrix} \boldsymbol{v}_1^T \\ \boldsymbol{v}_2^T \\ \vdots \\ \boldsymbol{v}_r^T \end{bmatrix} \\ &= \sum_{j=1}^{r} \gamma_j \boldsymbol{u}_j \boldsymbol{v}_j^T \end{aligned} \tag{2.38}$$

となる．式 (2.38) による行列の表現は任意の実数行列に対して用いることができ，いろいろな場面で役に立つ便利な行列の表し方である．

ところでノンゼロな特異値の数 r が未知の場合には，$R = \min\{M, N\}$ として，ゼロ特異値 $\gamma_{r+1}, \ldots, \gamma_R$ の項まで含めた表現として，特異値展開は

$$\boldsymbol{F} = \boldsymbol{U}_R \boldsymbol{\Sigma}_R \boldsymbol{V}_R^T = \sum_{j=1}^{R} \gamma_j \boldsymbol{u}_j \boldsymbol{v}_j^T \tag{2.39}$$

と表すことも多い．式 (2.39) は（数値計算ソフトウェアで）しばしばエコノミー SVD と呼ばれる表現であり，$M \gg N$ あるいは $M \ll N$ の場合に，式 (2.39) を用いれば，式 (2.27) や式 (2.30) を用いる場合に比べて，メモリーなどの計算機のリソースを節約することができる．

2.3.3　行列のランク

式 (2.38) では，ノンゼロ特異値の数 r を用いて，行列の特異値展開を表現したが，実はこのノンゼロ特異値の数 r は線形代数において重要な意味を持つ量であり，行列のランクと呼ばれる．当然ながら，ランク r は $r \leq \min\{M, N\}$ が成り立つ．行列 $\boldsymbol{F}$ のランクを $rank(\boldsymbol{F})$ と書く．上の例では $rank(\boldsymbol{F}) = r$ である．行列のランクについては次の性質がある．

$\boldsymbol{F}$ （$\boldsymbol{F} \in \mathbb{R}^{M \times N}$）に対して，

1. $rank(\boldsymbol{F}) = rank(\boldsymbol{F}^T)$

2. $rank(\boldsymbol{F}) = rank(\boldsymbol{F}\boldsymbol{F}^T) = rank(\boldsymbol{F}^T\boldsymbol{F})$

証明　項目 **1**：$\boldsymbol{F}$ の特異値展開が式 (2.32) で表されるとすれば，$\boldsymbol{F}^T$ の特異値展開は

$$\boldsymbol{F}^T = [\boldsymbol{V}_r, \boldsymbol{V}_{N-r}] \begin{bmatrix} \boldsymbol{\Sigma}_r & \boldsymbol{0} \\ \boldsymbol{0} & \boldsymbol{0} \end{bmatrix} \begin{bmatrix} \boldsymbol{U}_r^T \\ \boldsymbol{U}_{M-r}^T \end{bmatrix} \tag{2.40}$$

と表される．したがって，やはり，$rank(\boldsymbol{F}^T) = r$ である．

項目 **2**：$\boldsymbol{F}\boldsymbol{F}^T$ の特異値展開は

$$\boldsymbol{F}\boldsymbol{F}^T = [\boldsymbol{U}_r, \boldsymbol{U}_{M-r}] \begin{bmatrix} \boldsymbol{\Sigma}_r^2 & \boldsymbol{0} \\ \boldsymbol{0} & \boldsymbol{0} \end{bmatrix} \begin{bmatrix} \boldsymbol{U}_r^T \\ \boldsymbol{U}_{M-r}^T \end{bmatrix} \tag{2.41}$$

と表される．したがって，$rank(\boldsymbol{F}\boldsymbol{F}^T) = r$ である．また，$\boldsymbol{F}^T\boldsymbol{F}$ の特異値

展開は

$$\boldsymbol{F}^T\boldsymbol{F} = [\boldsymbol{V}_r, \boldsymbol{V}_{N-r}] \begin{bmatrix} \boldsymbol{\Sigma}_r^2 & \boldsymbol{0} \\ \boldsymbol{0} & \boldsymbol{0} \end{bmatrix} \begin{bmatrix} \boldsymbol{V}_r^T \\ \boldsymbol{V}_{N-r}^T \end{bmatrix} \tag{2.42}$$

と表される．したがって，$rank(\boldsymbol{F}^T\boldsymbol{F}) = r$ である．（証明終）

行列 $\boldsymbol{F}$ ($\boldsymbol{F} \in \mathbb{R}^{M\times N}$) に対して，$rank(\boldsymbol{F}) = N$ である場合，$\boldsymbol{F}$ は full-column rank であるといわれる．この場合，$M \geq N$ であり，$\boldsymbol{F}$ のすべての列が線形独立である．逆に，$\boldsymbol{F}$ のすべての列が線形独立であれば $M \geq N$ であり，$rank(\boldsymbol{F}) = N$ である．$\boldsymbol{F}$ が full-column rank であれば $\boldsymbol{F}^T\boldsymbol{F}$ は非特異行列である．

$rank(\boldsymbol{F}) = M$ である場合には行列 $\boldsymbol{F}$ は full-row rank であるといわれる．この場合，$M \leq N$ であり，$\boldsymbol{F}$ のすべての行が線形独立である．逆に，$\boldsymbol{F}$ のすべての行が線形独立であれば $M \leq N$ であり，$rank(\boldsymbol{F}) = M$ である．$\boldsymbol{F}$ が full-row rank であれば $\boldsymbol{F}\boldsymbol{F}^T$ は非特異行列である．行列が full-column rank か full-row rank かのどちらかである場合に行列はフルランク (full rank) であるといわれる．

2.4　正方行列の特異値展開

2.4.1　半正定値行列の場合：固有値展開との関係

正方行列 $\boldsymbol{A}$ ($\boldsymbol{A} \in \mathbb{R}^{M\times M}$) の特異値展開は

$$\boldsymbol{A} = \boldsymbol{U} \begin{bmatrix} \gamma_1 & 0 & \cdots & 0 \\ 0 & \gamma_2 & \cdots & 0 \\ \vdots & \vdots & \ddots & \vdots \\ 0 & 0 & \cdots & \gamma_M \end{bmatrix} \boldsymbol{V}^T = \boldsymbol{U}\boldsymbol{\Sigma}\boldsymbol{V}^T \tag{2.43}$$

と表される．ここで，$\boldsymbol{\Sigma}$ は特異値を対角成分に持つ対角行列：$\boldsymbol{\Sigma} = \mathrm{diag}([\gamma_1, \ldots, \gamma_M])$ である．式 (2.43) において $rank(\boldsymbol{A}) = r$ であれば，r 個の特異値はゼロより大きい，すなわち $\gamma_1, \ldots, \gamma_r > 0$ であるが，残りの特異値はゼロである．

$\boldsymbol{A}$ が半正定値行列の場合を考えよう．$\boldsymbol{A}$ は実対称行列であるので，$\boldsymbol{A} = \boldsymbol{A}^T$ であり，$\boldsymbol{A}\boldsymbol{A}^T = \boldsymbol{A}^T\boldsymbol{A} = \boldsymbol{A}^2$ である．したがって，

$$\boldsymbol{A}^2 = \boldsymbol{A}\boldsymbol{A}^T = \boldsymbol{U}\boldsymbol{\Sigma}^2\boldsymbol{U}^T = \boldsymbol{U}\begin{bmatrix} \gamma_1^2 & 0 & \cdots & 0 \\ 0 & \gamma_2^2 & \cdots & 0 \\ \vdots & \vdots & \ddots & \vdots \\ 0 & 0 & \cdots & \gamma_M^2 \end{bmatrix}\boldsymbol{U}^T \tag{2.44}$$

である．また，全く同様に

$$\boldsymbol{A}^2 = \boldsymbol{A}^T\boldsymbol{A} = \boldsymbol{V}\boldsymbol{\Sigma}^2\boldsymbol{V}^T = \boldsymbol{V}\begin{bmatrix} \gamma_1^2 & 0 & \cdots & 0 \\ 0 & \gamma_2^2 & \cdots & 0 \\ \vdots & \vdots & \ddots & \vdots \\ 0 & 0 & \cdots & \gamma_M^2 \end{bmatrix}\boldsymbol{V}^T \tag{2.45}$$

と表すこともできる．

一方，$\boldsymbol{A}$ は式 (2.15) 述べたスペクトル展開が可能である．$\boldsymbol{A}$ の固有値を λ_j $(j = 1, \ldots, M)$，固有ベクトル $\boldsymbol{x}_1, \ldots, \boldsymbol{x}_M$ を列ベクトルとする直交行列を $\boldsymbol{Q}$ とすれば，$\boldsymbol{A}^2$ のスペクトル展開は

$$\boldsymbol{A}^2 = \boldsymbol{Q}\begin{bmatrix} \lambda_1^2 & 0 & \cdots & 0 \\ 0 & \lambda_2^2 & \cdots & 0 \\ \vdots & \vdots & \ddots & \vdots \\ 0 & 0 & \cdots & \lambda_M^2 \end{bmatrix}\boldsymbol{Q}^T \tag{2.46}$$

と表せる．式 (2.44) と式 (2.46) を比較すると，両式とも半正定値行列 $\boldsymbol{A}^2$ の固有値展開を表している．したがって，固有値が大きさの順に並んでいるとして，その一意性から $\gamma_j^2 = \lambda_j^2$ を得る．ここで，特異値は常に正またはゼロであり，半正定値行列の固有値も正またはゼロであるので，

$$\gamma_j = \lambda_j \quad (j = 1, \ldots, M) \tag{2.47}$$

を得る．すなわち，半正定値行列の特異値と固有値は等しい．

ノンゼロの（すなわち正の）各固有値に対して固有ベクトルは一意に決まるため，

$$\boldsymbol{u}_j = \boldsymbol{x}_j \quad (j = 1, \ldots, r)$$

である．すなわち，正の特異値に対応した $\boldsymbol{A}$ の左特異値ベクトルは，$\boldsymbol{A}$ の固有ベクトルに等しい．次に式 (2.45) と式 (2.46) を比較すると，やはり，$\gamma_j = \lambda_j$ と

$$\boldsymbol{v}_j = \boldsymbol{x}_j \quad (j = 1, \ldots, r)$$

を得る．したがって，正の特異値に対応した $\boldsymbol{A}$ の左右の特異値ベクトルは等しく，さらにこれらは $\boldsymbol{A}$ の固有ベクトルに等しい．

ゼロ特異値に対応した左右の特異値ベクトルに関しては，それらの選び方は任意性があり，$\boldsymbol{U}$ および $\boldsymbol{V}$ がそれぞれ直交行列になるように決めさえすれば同じベクトルを選ぶ必要はないが，反対に，ゼロ特異値に対応した左右の特異値ベクトルを全く同じベクトルとすることもできる．全く同じベクトルにした場合には $\boldsymbol{V} = \boldsymbol{U}$ となる．

以上をまとめると，$\boldsymbol{A}$ $(\boldsymbol{A} \in \mathbb{R}^{M \times M})$ が半正定値行列の場合，その特異値展開において，特異値は固有値に一致する．また，右特異値ベクトルを左特異値ベクトルに等しくすることができ，このときは特異値展開は行列のスペクトル展開に一致する．

もし，$\boldsymbol{A}$ が実対称行列であっても半正定値行列でなければ，（固有値が負になることもあり得るため）$\gamma_j^2 = \lambda_j^2$ の関係から式 (2.47) の関係，すなわち，特異値と固有値が等しいことを示すことができない．負の固有値の場合には $\gamma_j \neq \lambda_j$ であり，固有ベクトルも異なるため，$\boldsymbol{A}$ の特異値展開とスペクトル展開は異なるものになる．

2.4.2　逆行列の特異値展開による表現

行列の逆行列を特異値展開で表すことができる．正方行列 $\boldsymbol{A}$ に対して，式 (1.12) を満たす $\boldsymbol{X}$ を $\boldsymbol{A}$ の逆行列と呼ぶ．正方行列 $\boldsymbol{A}$ $(\boldsymbol{A} \in \mathbb{R}^{M \times M})$ の特異値展開は式 (2.43) で表される．今，行列 $\boldsymbol{X}$ を

$$\boldsymbol{X} = \boldsymbol{V} \begin{bmatrix} 1/\gamma_1 & 0 & \cdots & 0 \\ 0 & 1/\gamma_2 & \cdots & 0 \\ \vdots & \vdots & \ddots & \vdots \\ 0 & 0 & \cdots & 1/\gamma_M \end{bmatrix} \boldsymbol{U}^T = \boldsymbol{V}\boldsymbol{\Sigma}^{-1}\boldsymbol{U}^T \tag{2.48}$$

としてみる．ここで，

$$\boldsymbol{\Sigma}^{-1} = \begin{bmatrix} 1/\gamma_1 & 0 & \cdots & 0 \\ 0 & 1/\gamma_2 & \cdots & 0 \\ \vdots & \vdots & \ddots & \vdots \\ 0 & 0 & \cdots & 1/\gamma_M \end{bmatrix} \tag{2.49}$$

である．簡単に確認できるように，

$$\boldsymbol{X}\boldsymbol{A} = \boldsymbol{V}\boldsymbol{\Sigma}^{-1}\boldsymbol{U}^T\boldsymbol{U}\boldsymbol{\Sigma}\boldsymbol{V}^T = \boldsymbol{V}\boldsymbol{\Sigma}^{-1}\boldsymbol{\Sigma}\boldsymbol{V}^T = \boldsymbol{V}\boldsymbol{V}^T = \boldsymbol{I} \tag{2.50}$$

であり，全く同様に $\boldsymbol{A}\boldsymbol{X} = \boldsymbol{I}$ も確認できる．つまり，式 (2.48) で定義された $\boldsymbol{X}$ が $\boldsymbol{A}$ の逆行列である．すなわち，

$$\boldsymbol{A}^{-1} = \boldsymbol{V}\boldsymbol{\Sigma}^{-1}\boldsymbol{U}^T = \sum_{j=1}^{M} \frac{1}{\gamma_j} \boldsymbol{v}_j \boldsymbol{u}_j^T \tag{2.51}$$

である．したがって，この $\boldsymbol{A}^{-1}$ が計算可能であるためにはすべての特異値が正の値を持つ，すなわち，$rank(\boldsymbol{A}) = M$ が必要にして十分な条件である．言い換えると，$\boldsymbol{A}$ の逆行列が存在すれば，すなわち，$\boldsymbol{A}$ が非特異行列であれば，$\boldsymbol{A}$ はフルランクであり，反対に，$\boldsymbol{A}$ がフルランクであれば $\boldsymbol{A}$ が非特異行列である．

ここで，$\boldsymbol{A}$ のランクが r $(r < M)$ の場合には，特異値展開の式 (2.43) において，$r+1$ 番目から M 番目までの特異値はゼロとなる．したがって，これらの逆数は計算できず，式 (2.51) の逆行列が計算できない．このような場合，式 (2.51) の右辺の和から，ゼロとなる特異値を含む項を取り除いた，

$$A^+ = \sum_{j=1}^{r} \frac{1}{\gamma_j} \boldsymbol{v}_j \boldsymbol{u}_j^T \tag{2.52}$$

は擬似逆行列と呼ばれる．擬似逆行列は行列が特異行列であり逆行列が計算できない場合に逆行列の代用として用いられる．さらに，擬似逆行列はそもそも逆行列を持たない非正方行列に対しても式 (2.52) を用いて求めることができる大変便利なものである．擬似逆行列の線形方程式の解法への応用は 4.5.3 項で述べる．

2.5 特異値の性質と行列のノルム

行列の特異値には次のような性質がある．単位ベクトル $\boldsymbol{x}$ ($\boldsymbol{x} \in \mathbb{R}^M$, $\|\boldsymbol{x}\| = 1$) と $\boldsymbol{y}$ ($\boldsymbol{y} \in \mathbb{R}^N$, $\|\boldsymbol{y}\| = 1$) を用いて，ある行列 $\boldsymbol{F}$ ($\boldsymbol{F} \in \mathbb{R}^{M \times N}$) に対して，内積 $\boldsymbol{x}^T \boldsymbol{F} \boldsymbol{y}$ の最大値と，最大値を与える $\boldsymbol{x}$ と $\boldsymbol{y}$ を求める問題を考えよう．ここで，$M \leq N$ を仮定し，$\boldsymbol{F}$ の特異値を $\gamma_1, \gamma_2, \ldots, \gamma_M$ とする．この最大化問題を形式的に書くと，

$$\underset{\boldsymbol{x},\boldsymbol{y}}{\operatorname{argmax}}\, \boldsymbol{x}^T \boldsymbol{F} \boldsymbol{y} \quad \text{subject to} \quad \|\boldsymbol{x}\| = 1 \quad \text{および} \quad \|\boldsymbol{y}\| = 1 \tag{2.53}$$

となる[7)]．$\boldsymbol{F}$ の特異値展開を式 (2.27) で表せば，$\boldsymbol{x}^T \boldsymbol{F} \boldsymbol{y}$ の最大値は行列 $\boldsymbol{F}$ の最大特異値 γ_1 であり，最大値を与える $\boldsymbol{x}$ と $\boldsymbol{y}$ は γ_1 に対応した左側および右側特異値ベクトル $\boldsymbol{u}_1$ と $\boldsymbol{v}_1$ となる．

証明　まず，$\|\boldsymbol{y}\| = 1$ なる $\boldsymbol{y}$ に対して

$$\gamma_1^2 = \max_{\boldsymbol{y}} \boldsymbol{y}^T \boldsymbol{F}^T \boldsymbol{F} \boldsymbol{y} \tag{2.54}$$

であることを示す．半正定値行列 $\boldsymbol{F}^T \boldsymbol{F}$ ($\boldsymbol{F}^T \boldsymbol{F} \in \mathbb{R}^{N \times N}$) は直交行列 $\boldsymbol{V}$ を用いて対角行列 $\boldsymbol{D}$ ($\boldsymbol{D} = \mathrm{diag}([\gamma_1^2, \ldots, \gamma_N^2])$) に変換できる．すなわち，対角化

---

7) 1.6.2 項ですでに説明したが，式 (2.53) 中での “subject to” は制約条件を意味する．この式は「subject to の右側に書かれた条件を満たす $\boldsymbol{x}$ と $\boldsymbol{y}$ のうちで $\boldsymbol{x}^T \boldsymbol{F} \boldsymbol{y}$ を最大にするものを求める」の意味である．

$$\boldsymbol{F}^T\boldsymbol{F} = \boldsymbol{V}\boldsymbol{D}\boldsymbol{V}^T$$

が成り立つ．したがって，$\boldsymbol{z} = \boldsymbol{V}^T\boldsymbol{y}$ として，

$$\boldsymbol{y}^T\boldsymbol{F}^T\boldsymbol{F}\boldsymbol{y} = \boldsymbol{y}^T\boldsymbol{V}\boldsymbol{D}\boldsymbol{V}^T\boldsymbol{y} = \boldsymbol{z}^T\boldsymbol{D}\boldsymbol{z} = \sum_{j=1}^{N}\gamma_j^2 z_j^2 \leq \gamma_1^2\sum_{j=1}^{N} z_j^2 = \gamma_1^2 \quad (2.55)$$

が成立する．ここで，$\|\boldsymbol{z}\| = \|\boldsymbol{V}^T\boldsymbol{y}\| = 1$ を用いた．式 (2.55) において，等号の成立は $\boldsymbol{y}$ が特異値ベクトル $\boldsymbol{v}_1$ に等しい場合である．　　（証明終）

全く同様に，$\|\boldsymbol{x}\| = 1$ なる $\boldsymbol{x}$ に対して

$$\gamma_1^2 = \max_{\boldsymbol{x}} \boldsymbol{x}^T\boldsymbol{F}\boldsymbol{F}^T\boldsymbol{x} \quad (2.56)$$

が成り立ち，結局，

$$\max_{\boldsymbol{x},\boldsymbol{y}} \boldsymbol{x}^T\boldsymbol{F}\boldsymbol{y} = \sqrt{\max_{\boldsymbol{y}} \boldsymbol{y}^T\boldsymbol{F}^T\boldsymbol{F}\boldsymbol{y}} = \sqrt{\max_{\boldsymbol{x}} \boldsymbol{x}^T\boldsymbol{F}\boldsymbol{F}^T\boldsymbol{x}} \quad (2.57)$$

が成り立つことを示すことができる．証明は参考文献 [15] を参照されたい．したがって，式 (2.55) あるいは式 (2.56) より

$$\max_{\boldsymbol{x},\boldsymbol{y}} \boldsymbol{x}^T\boldsymbol{F}\boldsymbol{y} = \sqrt{\gamma_1^2} = \gamma_1 \quad (2.58)$$

が成り立つ．$\boldsymbol{F}$ の特異値展開を考えれば，この最大値 γ_1 が $\boldsymbol{x} = \boldsymbol{u}_1$ および $\boldsymbol{y} = \boldsymbol{v}_1$ の場合に達成されるのは明らかである．

次に最大化問題

$$\operatorname*{argmax}_{\boldsymbol{x},\boldsymbol{y}} \boldsymbol{x}^T\boldsymbol{F}\boldsymbol{y} \quad \text{subject to} \quad \boldsymbol{x}^T\boldsymbol{u}_1 = 0, \quad \boldsymbol{y}^T\boldsymbol{v}_1 = 0$$
$$\text{および} \quad \|\boldsymbol{x}\| = 1, \quad \|\boldsymbol{y}\| = 1 \quad (2.59)$$

を考えよう．すなわち，$\boldsymbol{x}$ は $\boldsymbol{u}_1$ に直交するすべての単位ベクトル，$\boldsymbol{y}$ は $\boldsymbol{v}_1$ に直交するすべての単位ベクトルであり，このような $\boldsymbol{x}$ と $\boldsymbol{y}$ から $\boldsymbol{x}^T\boldsymbol{F}\boldsymbol{y}$ を最大とするものを見つける問題である．この場合，$\boldsymbol{x}^T\boldsymbol{F}\boldsymbol{y}$ の最大値は特異値 γ_2 であり，最大値を与える $\boldsymbol{x}$ と $\boldsymbol{y}$ は特異値ベクトル $\boldsymbol{u}_2$ と $\boldsymbol{v}_2$ である．さらに，

$$\underset{\boldsymbol{x},\boldsymbol{y}}{\operatorname{argmax}}\, \boldsymbol{x}^T\boldsymbol{F}\boldsymbol{y} \quad \text{subject to} \quad \boldsymbol{x}^T\boldsymbol{u}_1 = 0, \quad \boldsymbol{x}^T\boldsymbol{u}_2 = 0,$$
$$\boldsymbol{y}^T\boldsymbol{v}_1 = 0, \quad \boldsymbol{y}^T\boldsymbol{v}_2 = 0 \quad \text{および} \quad \|\boldsymbol{x}\| = 1, \quad \|\boldsymbol{y}\| = 1 \tag{2.60}$$

の解は特異値ベクトル $\boldsymbol{u}_3$ と $\boldsymbol{v}_3$ であり，最大値は γ_3 となる．4 次以上の特異値，特異値ベクトルについても全く同様の関係が成り立つ．

この節で議論した事実により，1.6.2 項で述べた行列のノルムを簡単に書き表すことができる．すなわち，式 (2.56) より，$\|\boldsymbol{x}\| = 1$ なるベクトル $\boldsymbol{x}$ を用いて，

$$\|\boldsymbol{A}\| = \max_{\boldsymbol{x}} \|\boldsymbol{A}\boldsymbol{x}\| = \sqrt{\max_{\boldsymbol{x}} \boldsymbol{x}^T\boldsymbol{A}^T\boldsymbol{A}\boldsymbol{x}} = \sqrt{\gamma_1^2} = \gamma_1 \tag{2.61}$$

である．上式で γ_1 は $\boldsymbol{A}$ の最大特異値である．式 (1.59) で定義したフロベニウスノルムについては，行列 $\boldsymbol{A}$ の特異値展開を $\boldsymbol{A} = \boldsymbol{U}_r\boldsymbol{\Sigma}_r\boldsymbol{V}_r^T$ とすれば，

$$\|\boldsymbol{A}\|_F = \|\boldsymbol{U}_r\boldsymbol{\Sigma}_r\boldsymbol{V}_r^T\|_F = \|\boldsymbol{\Sigma}_r^2\|_F = \sqrt{\sum_{j=1}^{r} \gamma_j^2} \tag{2.62}$$

を導くことができる [**問題 2.9**]．すなわち，行列のフロベニウスノルムはその行列のノンゼロ特異値の 2 乗和の平方根に等しい．

2.6　補遺：実対称行列の固有ベクトルの直交性

2.1.4 項において，実対称行列の固有値が異なる場合には，それらに対応する固有ベクトルは直交することを示した．ここでは実対称行列であれば，固有値が重解を持つかどうかにはかかわらず，常に正規直交する固有ベクトルを見出すことができることを証明する．

この証明は，Schur の三角化定理 (Schur's Triangularization Theorem) を特別な場合で証明することにより行う．Schur の三角化定理は任意の正方行列を上三角行列に変換するユニタリ行列を見出すことが常に可能であることを示す定理であるが，この定理を任意の正方行列ではなく，実対称行列という特別な場合に証明する．その後，「実はこの変換された上三角行列は，

実対称行列の場合には対角行列であった」ということを示すのが本節の証明の方針である．

任意の実対称行列 $\boldsymbol{A}$ ($\boldsymbol{A} \in \mathbb{R}^{M\times M}$) を上三角行列 $\boldsymbol{T}$ ($\boldsymbol{T} \in \mathbb{R}^{M\times M}$) に変換する，つまり，

$$\boldsymbol{Q}^T\boldsymbol{A}\boldsymbol{Q} = \boldsymbol{T} \tag{2.63}$$

を満たす直交行列 $\boldsymbol{Q}$ ($\boldsymbol{Q} \in \mathbb{R}^{M\times M}$) が必ず存在することを示す．

証明　証明は帰納法を用いる．まず，$\boldsymbol{A}$ が $\boldsymbol{A} \in \mathbb{R}^{2\times 2}$ の最も簡単な場合を考える．$\boldsymbol{A}$ の固有値と固有ベクトルの 1 組を λ と $\boldsymbol{x}$ とする．$\boldsymbol{x}$ は規格化されたもの，つまり，$\|\boldsymbol{x}\| = 1$ を満たすものを選ぶ．$\boldsymbol{x}$ と直交するベクトルを $\boldsymbol{y}$ ($\boldsymbol{y} \in \mathbb{R}^2$, $\|\boldsymbol{y}\| = 1$) とすれば，$\boldsymbol{Q} = [\boldsymbol{x}, \boldsymbol{y}]$ は直交行列となる．この $\boldsymbol{Q}$ を用いて，実対称行列 $\boldsymbol{A}$ ($\boldsymbol{A} \in \mathbb{R}^{2\times 2}$) に対し，

$$\begin{aligned}\boldsymbol{Q}^T\boldsymbol{A}\boldsymbol{Q} &= \boldsymbol{Q}^T[\boldsymbol{A}\boldsymbol{x}, \boldsymbol{A}\boldsymbol{y}] = \boldsymbol{Q}^T[\lambda\boldsymbol{x}, \boldsymbol{A}\boldsymbol{y}] \\ &= \begin{bmatrix} \boldsymbol{x}^T \\ \boldsymbol{y}^T \end{bmatrix}[\lambda\boldsymbol{x}, \boldsymbol{A}\boldsymbol{y}] = \begin{bmatrix} \lambda\boldsymbol{x}^T\boldsymbol{x} & \boldsymbol{x}^T\boldsymbol{A}\boldsymbol{y} \\ \lambda\boldsymbol{y}^T\boldsymbol{x} & \boldsymbol{y}^T\boldsymbol{A}\boldsymbol{y} \end{bmatrix} = \begin{bmatrix} \lambda & c \\ 0 & b \end{bmatrix}\end{aligned} \tag{2.64}$$

と変形できる．上式において $\boldsymbol{x}$ と $\boldsymbol{y}$ の正規直交性から $\lambda\boldsymbol{x}^T\boldsymbol{x} = \lambda$ および $\boldsymbol{y}^T\boldsymbol{x} = 0$ である．さらに，$\boldsymbol{x}^T\boldsymbol{A}\boldsymbol{y} = c$, $\boldsymbol{y}^T\boldsymbol{A}\boldsymbol{y} = b$ とした．すなわち，ある直交行列により式 (2.63) を用いて，2×2 の実対称行列 $\boldsymbol{A}$ を上三角行列に変換できることを示した．

次に，$\boldsymbol{A}$ が $\boldsymbol{A} \in \mathbb{R}^{M\times M}$ の場合を考える．$\boldsymbol{A}$ の固有値と固有ベクトルのある 1 組を λ と $\boldsymbol{x}$ とする．$\boldsymbol{x}$ は $\|\boldsymbol{x}\| = 1$ を満たすものを選ぶ．この $\boldsymbol{x}$ と，$M-1$ 個のベクトル $\boldsymbol{y}_2, \ldots, \boldsymbol{y}_M$ ($\boldsymbol{y}_2, \ldots, \boldsymbol{y}_M \in \mathbb{R}^M$) からなる M 個のベクトル $\{\boldsymbol{x}, \boldsymbol{y}_2, \ldots, \boldsymbol{y}_M\}$ が正規直交系をなすように，$\boldsymbol{y}_2, \ldots, \boldsymbol{y}_M$ を選ぶ（このように $\boldsymbol{y}_2, \ldots, \boldsymbol{y}_M$ を選ぶことは必ず可能である．1.4.2 項を参照のこと）．行列 $\boldsymbol{Q} = [\boldsymbol{x}, \boldsymbol{y}_2, \ldots, \boldsymbol{y}_M]$ を定義すると，$\boldsymbol{Q}$ は直交行列である．この $\boldsymbol{Q}$ を用いると，

$$\boldsymbol{Q}^T\boldsymbol{A}\boldsymbol{Q} = \begin{bmatrix} \lambda & \boldsymbol{c}^T \\ \boldsymbol{0} & \boldsymbol{B} \end{bmatrix} \tag{2.65}$$

が成り立つ [問題 **2.10**]．ベクトル $\boldsymbol{c}$ と $\mathbf{0}$ は $(M-1)\times 1$ の列ベクトルであり，$\boldsymbol{B}$ は $(M-1)\times(M-1)$ の行列である．ここで，$\boldsymbol{A}$ を実対称行列と仮定しているので，$(\boldsymbol{Q}^T\boldsymbol{A}\boldsymbol{Q})^T = \boldsymbol{Q}^T\boldsymbol{A}^T\boldsymbol{Q} = \boldsymbol{Q}^T\boldsymbol{A}\boldsymbol{Q}$ が成り立つ．つまり，式 (2.65) より，

$$\begin{bmatrix} \lambda & \boldsymbol{c}^T \\ \mathbf{0} & \boldsymbol{B} \end{bmatrix}^T = \begin{bmatrix} \lambda & \mathbf{0}^T \\ \boldsymbol{c} & \boldsymbol{B}^T \end{bmatrix} = \begin{bmatrix} \lambda & \boldsymbol{c}^T \\ \mathbf{0} & \boldsymbol{B} \end{bmatrix}$$

が成り立つ．したがって，$\boldsymbol{B} = \boldsymbol{B}^T$ が成り立ち $\boldsymbol{B}$ も実対称行列である．

ここで，帰納法の仮定として，行列 $\boldsymbol{B}$ は式 (2.63) を満たすとする．つまり，「実対称行列 $\boldsymbol{B}$ $(\boldsymbol{B} \in \mathbb{R}^{(M-1)\times(M-1)})$ を，$\boldsymbol{P}^T\boldsymbol{B}\boldsymbol{P} = \widetilde{\boldsymbol{T}}$ により，ある上三角行列 $\widetilde{\boldsymbol{T}}$ $(\widetilde{\boldsymbol{T}} \in \mathbb{R}^{(M-1)\times(M-1)})$ に変換する直交行列 $\boldsymbol{P}$ が存在する」と仮定する．そのような $\boldsymbol{P}$ を用いて，行列 $\boldsymbol{W}$ を

$$\boldsymbol{W} = \begin{bmatrix} 1 & \mathbf{0}^T \\ \mathbf{0} & \boldsymbol{P} \end{bmatrix} \tag{2.66}$$

と定義する．すると，先に定義した直交行列 $\boldsymbol{Q}$ を用いて，

$$\begin{aligned} (\boldsymbol{Q}\boldsymbol{W})^T(\boldsymbol{Q}\boldsymbol{W}) &= \boldsymbol{W}^T(\boldsymbol{Q}^T\boldsymbol{Q})\boldsymbol{W} = \boldsymbol{W}^T\boldsymbol{W} \\ &= \begin{bmatrix} 1 & \mathbf{0}^T \\ \mathbf{0} & \boldsymbol{P}^T \end{bmatrix}\begin{bmatrix} 1 & \mathbf{0}^T \\ \mathbf{0} & \boldsymbol{P} \end{bmatrix} = \begin{bmatrix} 1 & \mathbf{0}^T \\ \mathbf{0} & \boldsymbol{P}^T\boldsymbol{P} \end{bmatrix} = \boldsymbol{I} \end{aligned} \tag{2.67}$$

であるので，行列 $\boldsymbol{Q}\boldsymbol{W}$ は直交行列である．この $\boldsymbol{Q}\boldsymbol{W}$ を用いれば，式 (2.65) の結果を用いて

$$\begin{aligned} (\boldsymbol{Q}\boldsymbol{W})^T\boldsymbol{A}(\boldsymbol{Q}\boldsymbol{W}) &= \boldsymbol{W}^T(\boldsymbol{Q}^T\boldsymbol{A}\boldsymbol{Q})\boldsymbol{W} \\ &= \begin{bmatrix} 1 & \mathbf{0}^T \\ \mathbf{0} & \boldsymbol{P}^T \end{bmatrix}\begin{bmatrix} \lambda & \boldsymbol{c}^T \\ \mathbf{0} & \boldsymbol{B} \end{bmatrix}\begin{bmatrix} 1 & \mathbf{0}^T \\ \mathbf{0} & \boldsymbol{P} \end{bmatrix} \\ &= \begin{bmatrix} \lambda & \boldsymbol{c}^T\boldsymbol{P}^T \\ \mathbf{0} & \boldsymbol{P}^T\boldsymbol{B}\boldsymbol{P} \end{bmatrix} = \begin{bmatrix} \lambda & \boldsymbol{c}^T\boldsymbol{P}^T \\ \mathbf{0} & \widetilde{\boldsymbol{T}} \end{bmatrix} \end{aligned} \tag{2.68}$$

を得る．式 (2.68) の最右辺は上三角行列であり，式 (2.68) は正方行列 $\boldsymbol{A}$ が

直交行列 $\boldsymbol{QW}$ により上三角行列に変換されることを示している．

以上，式 (2.63) が $(M-1)\times(M-1)$ の行列の場合に成立すれば，$M\times M$ の行列の場合にも成立することが示せた．また，$\boldsymbol{A}$ が 2×2 の場合には式 (2.63) が成立することはすでに示しているので，帰納法により，式 (2.63) はすべての場合に成立する．（証明終）

さて，式 (2.63) において $\boldsymbol{A}$ を実対称行列とすれば，

$$\boldsymbol{T}^T = (\boldsymbol{Q}^T\boldsymbol{A}\boldsymbol{Q})^T = \boldsymbol{Q}^T\boldsymbol{A}^T\boldsymbol{Q} = \boldsymbol{Q}^T\boldsymbol{A}\boldsymbol{Q} = \boldsymbol{T} \tag{2.69}$$

であるので，$\boldsymbol{T}$ も対称行列になる．すなわち，$\boldsymbol{T}$ は上三角行列で対称行列であるので，実は対角行列である．すなわち，式 (2.63) は，実対称行列の場合の対角化の式に等しくなり，行列 $\boldsymbol{Q}$ は固有ベクトルを列とする行列に等しい．つまり，$\boldsymbol{A}$ が実対称行列であれば，正規直交系をなす固有ベクトルが必ず存在することを示すことができた．

問　題

2.1 $\boldsymbol{x}$ が行列 $\boldsymbol{A}$ の固有ベクトルであれば，定数倍した $c\boldsymbol{x}$ も $\boldsymbol{A}$ の固有ベクトルであることを示せ．すなわち，固有ベクトルには定数倍の任意性があることを示せ．

2.2 正方行列 $\boldsymbol{A}$ の固有値とその転置行列 $\boldsymbol{A}^T$ の固有値が等しいことを示せ．

2.3 三角行列および対角行列において固有値は対角要素に等しいことを示せ．

2.4 任意の実数行列 $\boldsymbol{F}$ ($\boldsymbol{F} \in \mathbb{R}^{M\times N}$) から作られる 2 つの正方行列，$\boldsymbol{F}\boldsymbol{F}^T$ と $\boldsymbol{F}^T\boldsymbol{F}$ の正の固有値は等しいことを示せ．ここで，$M > N$ を仮定してよい．

2.5 式 (2.29) において，$\boldsymbol{U}^T\boldsymbol{z}_j$ は第 j 要素のみが 1 で，他の要素はすべてゼロとなる $M\times 1$ の列ベクトルであることを示せ．

2.6 行列 $\boldsymbol{A}$ ($\boldsymbol{A} \in \mathbb{R}^{M\times M}$) の固有値を λ_j ($j = 1,\ldots,M$) とすると $\det(\boldsymbol{A}) = \prod_{j=1}^{M}\lambda_j$ を証明せよ．

2.7 行列 $\boldsymbol{A}$ $(\boldsymbol{A} \in \mathbb{R}^{M\times M})$ の固有値を λ_j $(j = 1, \ldots, M)$ とすると $\mathrm{tr}(\boldsymbol{A}) = \sum_{j=1}^{M} \lambda_j$ を証明せよ.

2.8 行列 $\boldsymbol{A}$ に対して $\boldsymbol{B} = \boldsymbol{P}^{-1}\boldsymbol{A}\boldsymbol{P}$ とする変換を相似変換と呼ぶ. 相似変換により行列 $\boldsymbol{B}$ を得た場合, $\boldsymbol{A}$ と $\boldsymbol{B}$ は相似であるという. 相違変換により固有値は変化しないことを示せ.

2.9 行列 $\boldsymbol{A}$ の特異値展開 $\boldsymbol{A} = \boldsymbol{U}_r\boldsymbol{\Sigma}_r\boldsymbol{V}_r^T$ に対して, $\boldsymbol{A}$ のフロベニウスノルムが $\|\boldsymbol{A}\|_F = \sqrt{\sum_{j=1}^{r} \gamma_j^2}$ となることを示せ.

2.10 式 (2.65) を証明せよ.

第 3 章　ベクトル空間

この章では，部分空間，スパン，基底，次元などのベクトル空間の基本概念について説明し，それらを基にして，線形代数の応用においても重要な行列の 4 つの部分空間について説明する．

3.1　ベクトル空間の定義

集合の要素に対して線形性が仮定できる集合をベクトル空間，あるいは単に空間と呼ぶ．すなわち，$\boldsymbol{x}$ と $\boldsymbol{y}$ が集合 $\mathcal{A}$ の要素なら，$\boldsymbol{x}+\boldsymbol{y}$ も $\mathcal{A}$ の要素であり，さらに，c を任意の定数（スカラー）として，$c\boldsymbol{x}$ や $c\boldsymbol{y}$ も $\mathcal{A}$ の要素であるとき $\mathcal{A}$ をベクトル空間と呼ぶ．この定義では，「ベクトル」とはベクトル空間の要素を意味する．「列ベクトル」や「3 次元空間のベクトル」と言った場合のベクトルよりも広い概念である．以下にベクトル空間の例を挙げる．

例 1. N 個の実数値要素を持つ列ベクトルの集合 $\mathbb{R}^N$ について考えてみる．$\mathbb{R}^N$ に属する任意の 2 つの要素を $\boldsymbol{x}$ と $\boldsymbol{y}$ とすれば $\boldsymbol{x}+\boldsymbol{y}$ も $\mathbb{R}^N$ の要素であり，c を任意の実数とすれば $c\boldsymbol{x}$ や $c\boldsymbol{y}$ も $\mathbb{R}^N$ の要素である．したがって，$\mathbb{R}^N$ はベクトル空間である．

例 2. 2×2 のすべての実数値行列からなる集合 $\mathbb{R}^{2\times 2}$ においては，2×2 の行列の和は 2×2 の行列であり，2×2 の行列のスカラー倍も 2×2 の行列であるので，$\mathbb{R}^{2\times 2}$ はベクトル空間である．全く同様に $\mathbb{R}^{N\times N}$ もベクトル空間である．この例の場合には「ベクトル」と呼ばれるベクトル空間の要素は実は行列である．

例 3. n 次の多項式の集合においては，任意の 2 つの n 次の多項式の和はやはり n 次の多項式であり，任意の n 次の多項式のスカラー倍も n 次の多項式であるので，n 次の多項式の集合はベクトル空間である．この例では「ベクトル」と呼ばれるベクトル空間の要素は実は多項式である．

上の2番目および3番目の例では「ベクトル」は必ずしも列ベクトルや行ベクトルを意味せず，集合の構成要素をベクトルと呼んでいる．ただし本書では，以降「ベクトル」という言葉は，特に断らない限り，必ず列ベクトルか行ベクトルを意味するものとして用いる．

3.2　部分空間

ベクトル空間の，ベクトル空間である部分集合を部分空間 (subspace) と呼ぶ．すなわち，ベクトル空間 $\mathcal{A}$ の部分集合 $\mathcal{S}$ $(\mathcal{A} \supseteq \mathcal{S})$ について，

1. $\boldsymbol{x} \in \mathcal{S}$ および $\boldsymbol{y} \in \mathcal{S}$ ならば $\boldsymbol{x} + \boldsymbol{y} \in \mathcal{S}$ である．
2. $\boldsymbol{x} \in \mathcal{S}$ ならば，任意のスカラー c に対し，$c\boldsymbol{x} \in \mathcal{S}$ である．

の2つの条件が成立する場合，$\mathcal{S}$ は $\mathcal{A}$ の部分空間であるという．

ベクトル空間 $\mathcal{A}$ に対してゼロベクトル $\mathbf{0}$ を以下のように定義する．すなわち，$\mathbf{0} \in \mathcal{A}$ であり，任意の $\mathcal{A}$ の要素 $\boldsymbol{x}$ $(\boldsymbol{x} \in \mathcal{A})$ に対して必ず $\boldsymbol{x} + \mathbf{0} = \boldsymbol{x}$ であるならば $\mathbf{0}$ をゼロベクトルと呼ぶ．ゼロベクトルに関しては $\boldsymbol{x} + (-\boldsymbol{x}) = \mathbf{0}$ が成り立ち，さらにスカラー $c = 0$ に対して，$c\boldsymbol{x} = \mathbf{0}$ が成り立つ．したがって，部分空間は必ずゼロベクトルを要素として含む．

以上の議論を3次元空間 $\mathbb{R}^3$ にあてはめると，任意の平面は $\mathbb{R}^3$ の部分集合であるが，部分空間となるのは原点 $\mathbf{0} = [0, 0, 0]$ を通る平面のみである．同様に，任意の直線は $\mathbb{R}^3$ の部分集合であるが，部分空間となるのは原点を通る直線のみである．

3.3　線形結合，スパンおよび基底

1.4節でベクトルの線形結合について述べた．その定義をもう一度述べると，線形結合とは複数個のベクトル $\boldsymbol{u}_1, \boldsymbol{u}_2, \ldots, \boldsymbol{u}_r$ に対して，それぞれを定数（スカラー）倍して足し合わせ，新しいベクトル $\boldsymbol{x}$ を作る操作，すな

わち，$c_1, \ldots, c_r$ を定数として

$$\boldsymbol{x} = c_1\boldsymbol{u}_1 + c_2\boldsymbol{u}_2 + \cdots + c_r\boldsymbol{u}_r$$

をベクトル $\boldsymbol{u}_1, \boldsymbol{u}_2, \ldots, \boldsymbol{u}_r$ の線形結合と呼ぶ．ベクトル $\boldsymbol{u}_1, \boldsymbol{u}_2, \ldots, \boldsymbol{u}_r$ の線形結合によって作られるすべてのベクトルのなす集合をベクトル $\boldsymbol{u}_1$, $\boldsymbol{u}_2, \ldots, \boldsymbol{u}_r$ の張る空間，あるいはベクトル $\boldsymbol{u}_1, \boldsymbol{u}_2, \ldots, \boldsymbol{u}_r$ のスパン (span) と呼ぶ．ここで，ベクトル $\boldsymbol{u}_1, \boldsymbol{u}_2, \ldots, \boldsymbol{u}_r$ の張る空間を $\mathcal{V}$ で表せば，$\mathcal{V} = span\{\boldsymbol{u}_1, \boldsymbol{u}_2, \ldots, \boldsymbol{u}_r\}$ と書く．すなわち，

$$\mathcal{V} = span\{\boldsymbol{u}_1, \boldsymbol{u}_2, \ldots, \boldsymbol{u}_r\} = \{\boldsymbol{x} \,|\, \boldsymbol{x} = c_1\boldsymbol{u}_1 + c_2\boldsymbol{u}_2 + \cdots + c_r\boldsymbol{u}_r\} \quad (3.1)$$

である．上式の最右辺の表現は集合を表すのによく用いられるもので，括弧内の縦棒の右側に記載されている操作で求まるすべてのベクトル $\boldsymbol{x}$ の集合を意味する．$\mathcal{V} = span\{\boldsymbol{u}_1, \boldsymbol{u}_2, \ldots, \boldsymbol{u}_r\}$ であるとき，ベクトル $\boldsymbol{u}_1, \boldsymbol{u}_2, \ldots,$ $\boldsymbol{u}_r$ は $\mathcal{V}$ を張ると言うこともあり，また，$\boldsymbol{u}_1, \boldsymbol{u}_2, \ldots, \boldsymbol{u}_r$ は $\mathcal{V}$ のスパニングセットであるとの言い方もできる．

今，ベクトル $\mathcal{S} = \{\boldsymbol{u}_1, \boldsymbol{u}_2, \ldots, \boldsymbol{u}_r\}$ がベクトル空間 $\mathcal{A}$ の部分集合であるとする．集合 $\mathcal{S}$ は $\mathcal{A}$ の部分集合ではあるが，3.2 節で述べた条件 1 および条件 2 が成立する保証はないので部分空間とは限らない．しかし，$span\{\mathcal{S}\}$ $= span\{\boldsymbol{u}_1, \boldsymbol{u}_2, \ldots, \boldsymbol{u}_r\}$ はベクトル空間 $\mathcal{A}$ の部分集合であるばかりではなく，必ず部分空間となる [**問題 3.1**].

例 1. 3 つの単位ベクトル $\boldsymbol{e}_x = [1, 0, 0]^T$, $\boldsymbol{e}_y = [0, 1, 0]^T$, $\boldsymbol{e}_z = [0, 0, 1]^T$ は 3 次元空間 $\mathbb{R}^3$ を張る．

例 2. 2 次元ベクトルを $\boldsymbol{x} = [1, 1]^T$ と $\boldsymbol{y} = [2, 2]^T$ とすれば，$span\{\boldsymbol{x}, \boldsymbol{y}\}$ は直線 $y = x$ で表される 1 次元空間である．

例 3. ベクトル $\boldsymbol{x} = [1, 1]^T$ と $\boldsymbol{y} = [2, 2]^T$ に対して，集合 $\{\boldsymbol{x}, \boldsymbol{y}\}$ は $\mathbb{R}^2$ の部分集合ではあるが部分空間ではない．なぜなら，$\boldsymbol{x} + \boldsymbol{y}$ は集合 $\{\boldsymbol{x}, \boldsymbol{y}\}$ の要素ではないからである．しかし，$span\{\boldsymbol{x}, \boldsymbol{y}\}$ は $\mathbb{R}^3$ の部分空間である．なぜなら，$span\{\boldsymbol{x}, \boldsymbol{y}\}$ の任意の要素の線形和は $span$ $\{\boldsymbol{x}, \boldsymbol{y}\}$ に属するからである．

ベクトル空間を張るスパニングセットの中で，線形独立なものをそのベク

トル空間の基底という．さらに，部分空間の基底において正規直交系をなすものを正規直交基底と呼ぶ．以下にいくつかの例を述べる．

例 1. 3 つの単位ベクトル $\boldsymbol{e}_x = [1,0,0]^T$, $\boldsymbol{e}_y = [0,1,0]^T$, $\boldsymbol{e}_z = [0,0,1]^T$ は 3 次元空間 $\mathbb{R}^3$ を張り，互いに線形独立なので $\mathbb{R}^3$ の基底である．さらに，単位の大きさ ($\|\boldsymbol{e}_1\| = \|\boldsymbol{e}_2\| = \|\boldsymbol{e}_3\| = 1$) を持ち，互いに直交するので正規直交基底である．

例 2. 4 つのベクトル $\boldsymbol{e}_1 = [1,0,0]^T$, $\boldsymbol{e}_2 = [0,1,1]^T$, $\boldsymbol{e}_3 = [1,0,1]^T$, $\boldsymbol{e}_4 = [1,1,0]^T$ は 3 次元空間 $\mathbb{R}^3$ を張るが，$\boldsymbol{e}_1 = (\boldsymbol{e}_3 - \boldsymbol{e}_2 + \boldsymbol{e}_4)/2$ であるので，ベクトル $\boldsymbol{e}_1, \boldsymbol{e}_2, \boldsymbol{e}_3, \boldsymbol{e}_4$ は線形従属であり，基底ではない．

1.4.2 項ですでに述べたように，正規直交基底は簡単な操作（グラム・シュミット直交化法）を用いて，任意の基底から作り出すことができる．

3.4　行列に関する 4 つの部分空間

3.4.1　行列の列空間と行空間

行列は列ベクトル，あるいは行ベクトルを用いて表されることは 1.3.2 項で述べた（式 (1.22) あるいは式 (1.23)）．行列の列ベクトルの張る空間を列空間 (column space) と呼ぶ．例えば，式 (1.22) における行列 $\boldsymbol{A}$ ($\boldsymbol{A} \in \mathbb{R}^{M \times N}$) の場合，$span\{\boldsymbol{a}_1, \ldots, \boldsymbol{a}_N\}$ が行列 $\boldsymbol{A}$ の列空間である．$\boldsymbol{A}$ の列空間を $\mathcal{C}(\boldsymbol{A})$ で表す．すなわち，

$$\mathcal{C}(\boldsymbol{A}) = span\{\boldsymbol{a}_1, \boldsymbol{a}_2, \ldots, \boldsymbol{a}_N\} \subseteq \mathbb{R}^M \tag{3.2}$$

である．また，$\boldsymbol{A}$ ($\boldsymbol{A} \in \mathbb{R}^{M \times N}$) に対して，（以下の式 (3.9) で示すように）

$$\mathcal{C}(\boldsymbol{A}) = \{\boldsymbol{A}\boldsymbol{x} \mid \boldsymbol{x} \in \mathbb{R}^N\} \subseteq \mathbb{R}^M \tag{3.3}$$

と書くこともできる．つまり，すべての $\boldsymbol{x}$ ($\boldsymbol{x} \in \mathbb{R}^N$) に対する $\boldsymbol{A}\boldsymbol{x}$ のとり得る値の集合が $\mathcal{C}(\boldsymbol{A})$ である．ここで，$\{\boldsymbol{a}_1, \ldots, \boldsymbol{a}_N\}$ が $\mathbb{R}^M$ の部分集合であるので，$\mathcal{C}(\boldsymbol{A}) = span\{\boldsymbol{a}_1, \ldots, \boldsymbol{a}_N\}$ は $\mathbb{R}^M$ の部分空間である[1)]．

[1)] 問題 3.1 を参照のこと．

行列の行ベクトルの張る空間を行空間 (row space) と呼ぶ．式 (1.23) で表される $\boldsymbol{A}$ の場合は，$span\{\boldsymbol{\alpha}_1, \ldots, \boldsymbol{\alpha}_M\}$ が行列 $\boldsymbol{A}$ の行空間である．ここで，$\boldsymbol{\alpha}_j$ は j 番目の行ベクトルである．$\boldsymbol{A}$ の行空間は $\mathcal{R}(\boldsymbol{A})$ と表す．すなわち，

$$\mathcal{R}(\boldsymbol{A}) = span\{\boldsymbol{\alpha}_1, \boldsymbol{\alpha}_2, \ldots, \boldsymbol{\alpha}_M\} \subseteq \mathbb{R}^N \tag{3.4}$$

である．この場合も，$\boldsymbol{A}$ ($\boldsymbol{A} \in \mathbb{R}^{M \times N}$) に対して，

$$\mathcal{R}(\boldsymbol{A}) = \{\boldsymbol{y}^T \boldsymbol{A} \,|\, \boldsymbol{y} \in \mathbb{R}^M\} \subseteq \mathbb{R}^N \tag{3.5}$$

と書くこともできる．つまり，$\mathcal{R}(\boldsymbol{A})$ はあらゆる $\boldsymbol{y}$ に対する $\boldsymbol{y}^T\boldsymbol{A}$ のとり得る値の集合となっていて，$\mathbb{R}^N$ の部分空間である．ここで，行空間と列空間の間には

$$\mathcal{C}(\boldsymbol{A}) = \mathcal{R}(\boldsymbol{A}^T) \tag{3.6}$$

$$\mathcal{C}(\boldsymbol{A}^T) = \mathcal{R}(\boldsymbol{A}) \tag{3.7}$$

の関係がある．これは，定義からほとんど自明な関係である．

行列の列空間は線形方程式の解と密接な関係がある．未知の N 個のパラメータ $x_1, x_2, \ldots, x_N$ を既知の M 個のパラメータ $y_1, y_2, \ldots, y_M$ から線形連立方程式を用いて求める問題は，線形代数の基本的な問題の1つである．この問題は，既知のベクトル $\boldsymbol{y} = [y_1, y_2, \ldots, y_M]^T$ と，係数を要素に持つ行列 $\boldsymbol{A}$ ($\boldsymbol{A} \in \mathbb{R}^{M \times N}$) を用いた線形方程式：

$$\boldsymbol{y} = \boldsymbol{A}\boldsymbol{x} \tag{3.8}$$

において未知のベクトル $\boldsymbol{x} = [x_1, x_2, \ldots, x_N]^T$ を求める問題として表される．式 (3.8) において，右辺の $\boldsymbol{A}$ を列ベクトルで表してみると，

$$\boldsymbol{y} = \boldsymbol{A}\boldsymbol{x} = [\boldsymbol{a}_1, \ldots, \boldsymbol{a}_N] \begin{bmatrix} x_1 \\ \vdots \\ x_N \end{bmatrix} = x_1\boldsymbol{a}_1 + \cdots + x_N\boldsymbol{a}_N \tag{3.9}$$

となる．すなわち，ベクトル $\boldsymbol{y}$ は行列 $\boldsymbol{A}$ の列ベクトルの線形結合で表されるので，$\boldsymbol{y}$ は行列 $\boldsymbol{A}$ の列ベクトル空間に存在し，$\boldsymbol{y} \in \mathcal{C}(\boldsymbol{A})$ である．し

たがって，もし，既知のベクトル $\boldsymbol{y}_0$ が $\boldsymbol{y}_0 \in \mathcal{C}(\boldsymbol{A})$ であれば，線形方程式 $\boldsymbol{y}_0 = \boldsymbol{Ax}$ は解を持つが，$\boldsymbol{y}_0 \notin \mathcal{C}(\boldsymbol{A})$ であれば，$\boldsymbol{y}_0 = \boldsymbol{Ax}$ は解を持たない．

行列の列空間と行空間に関しては以下の事実がある．

1. ある非特異行列 $\boldsymbol{Q}$ を用いて，$\boldsymbol{AQ} = \boldsymbol{B}$ なる関係のある行列 $\boldsymbol{A}$ と $\boldsymbol{B}$ に対して $\mathcal{C}(\boldsymbol{A}) = \mathcal{C}(\boldsymbol{B})$ である．

2. ある非特異行列 $\boldsymbol{P}$ を用いて，$\boldsymbol{PA} = \boldsymbol{B}$ なる関係のある行列 $\boldsymbol{A}$ と $\boldsymbol{B}$ に対して $\mathcal{R}(\boldsymbol{A}) = \mathcal{R}(\boldsymbol{B})$ である．

証明　**項目 1**：もし，ベクトル $\boldsymbol{b}$ が，$\boldsymbol{b} \in \mathcal{C}(\boldsymbol{B}) = \mathcal{C}(\boldsymbol{AQ})$ であれば，ある $\boldsymbol{x}$ を用いて $\boldsymbol{b} = \boldsymbol{AQx}$ と表すことができる．$\boldsymbol{y} = \boldsymbol{Qx}$ とおけば，これは $\boldsymbol{b} = \boldsymbol{Ay}$ と表されるので，$\boldsymbol{b} \in \mathcal{C}(\boldsymbol{A})$ を意味している．したがって，$\mathcal{C}(\boldsymbol{B}) = \mathcal{C}(\boldsymbol{AQ}) \subseteq \mathcal{C}(\boldsymbol{A})$ である．次に逆の包含関係を証明する．$\boldsymbol{b} \in \mathcal{C}(\boldsymbol{A})$ とすれば，ある $\boldsymbol{x}$ を用いて $\boldsymbol{b} = \boldsymbol{Ax}$ と表される．$\boldsymbol{Q}$ が非特異行列であれば $\boldsymbol{x} = \boldsymbol{Qy}$ なるベクトル $\boldsymbol{y}$ が必ず存在する（なぜなら $\boldsymbol{y} = \boldsymbol{Q}^{-1}\boldsymbol{x}$ がそれである）．したがって，$\boldsymbol{b} = \boldsymbol{AQy}$ が成り立ち，これは $\boldsymbol{b} \in \mathcal{C}(\boldsymbol{AQ}) = \mathcal{C}(\boldsymbol{B})$ を意味し，$\mathcal{C}(\boldsymbol{A}) \subseteq \mathcal{C}(\boldsymbol{B})$ である．したがって，（両方向の包含関係が成り立つので）$\mathcal{C}(\boldsymbol{A}) = \mathcal{C}(\boldsymbol{B})$ が成り立つ．

項目 2：$\boldsymbol{PA} = \boldsymbol{B}$ の両辺の転置をとって，$\boldsymbol{A}^T\boldsymbol{P}^T = \boldsymbol{B}^T$ を得る．ここで $\boldsymbol{A}^T \to \boldsymbol{A}$，$\boldsymbol{B}^T \to \boldsymbol{B}$，$\boldsymbol{P}^T \to \boldsymbol{Q}$ として，項目 1 の結果を用いれば $\mathcal{C}(\boldsymbol{A}^T) = \mathcal{C}(\boldsymbol{B}^T)$ を得る．したがって，$\mathcal{R}(\boldsymbol{A}) = \mathcal{R}(\boldsymbol{B})$ である．　（証明終）

上記項目 1 はさらに次のように $\boldsymbol{Q}$ が非正方行列の場合に拡張できる．

3. 行列 $\boldsymbol{A}$ ($\boldsymbol{A} \in \mathbb{R}^{M \times N}$) と $\boldsymbol{B}$ ($\boldsymbol{B} \in \mathbb{R}^{M \times K}$) に対して $\boldsymbol{AQ} = \boldsymbol{B}$ となる行列 $\boldsymbol{Q}$ ($\boldsymbol{Q} \in \mathbb{R}^{N \times K}$) の行ベクトルが線形独立である場合，$\mathcal{C}(\boldsymbol{A}) = \mathcal{C}(\boldsymbol{B})$ である．

証明　$\mathcal{C}(\boldsymbol{B}) \subseteq \mathcal{C}(\boldsymbol{A})$ は項目 1 の場合と全く同じように証明できる．逆方向を証明する．もし，$\boldsymbol{b} \in \mathcal{C}(\boldsymbol{A})$ であれば，$\boldsymbol{b} = \boldsymbol{Ax}$ なる $\boldsymbol{x}$ ($\boldsymbol{x} \in \mathbb{R}^N$) が存在する．ここで，行列 $\boldsymbol{Q}$ ($\boldsymbol{Q} \in \mathbb{R}^{N \times K}$) が線形独立な行ベクトルを持つ場合，$\boldsymbol{x} = \boldsymbol{Qy}$ となる $\boldsymbol{y}$ ($\boldsymbol{y} \in \mathbb{R}^K$) が必ず存在する（$\boldsymbol{y} = \boldsymbol{Q}^T(\boldsymbol{QQ}^T)^{-1}\boldsymbol{x}$ がそれである [**問題 3.2**]）．したがって，$\boldsymbol{b} = \boldsymbol{AQy}$ が成り立つので，$\boldsymbol{b} \in$

$\mathcal{C}(\boldsymbol{AQ}) = \mathcal{C}(\boldsymbol{B})$ であり，$\mathcal{C}(\boldsymbol{B}) = \mathcal{C}(\boldsymbol{AQ}) \supseteq \mathcal{C}(\boldsymbol{A})$ が成り立つ．両方向の包含関係が成り立つので，$\mathcal{C}(\boldsymbol{A}) = \mathcal{C}(\boldsymbol{B})$ が成り立つ．（証明終）

全く同様に，上記項目 2 はさらに次のように拡張できる [**問題 3.3**].

4. 行列 $\boldsymbol{A}$ ($\boldsymbol{A} \in \mathbb{R}^{M \times K}$) と $\boldsymbol{B}$ ($\boldsymbol{B} \in \mathbb{R}^{N \times K}$) に対して $\boldsymbol{PA} = \boldsymbol{B}$ となる行列 $\boldsymbol{P}$ ($\boldsymbol{P} \in \mathbb{R}^{N \times M}$) の列ベクトルが線形独立である場合，$\mathcal{R}(\boldsymbol{A}) = \mathcal{R}(\boldsymbol{B})$ である．

3.4.2　行列の 2 つの零空間

行空間や列空間と対をなす概念として行列の零空間 (null space) がある．行列 $\boldsymbol{A}$ ($\boldsymbol{A} \in \mathbb{R}^{M \times N}$) に対して，行列 $\boldsymbol{A}$ の零空間 $\mathcal{N}(\boldsymbol{A})$ は以下のように定義される．

$$\mathcal{N}(\boldsymbol{A}) = \{\boldsymbol{x} \mid \boldsymbol{Ax} = \boldsymbol{0}\} \subseteq \mathbb{R}^N \tag{3.10}$$

すなわち，$\boldsymbol{Ax} = \boldsymbol{0}$ を満たすすべてのベクトル $\boldsymbol{x}$ ($\boldsymbol{x} \in \mathbb{R}^N$) の集合を行列 $\boldsymbol{A}$ の零空間と呼び，$\mathcal{N}(\boldsymbol{A})$ で表す．これが部分空間であることは次のように示せる．もし，$\boldsymbol{x}_1$ と $\boldsymbol{x}_2$ が零空間の要素なら $\boldsymbol{Ax}_1 = \boldsymbol{0}$ および $\boldsymbol{Ax}_2 = \boldsymbol{0}$ が成り立ので，$\boldsymbol{A}(\boldsymbol{x}_1 + \boldsymbol{x}_2) = \boldsymbol{Ax}_1 + \boldsymbol{Ax}_2 = \boldsymbol{0}$ が成り立つ．したがって，$\boldsymbol{x}_1 + \boldsymbol{x}_2$ も零空間の要素である．$\boldsymbol{x}$ が零空間の要素なら，$\boldsymbol{A}(c\boldsymbol{x}) = c\boldsymbol{Ax} = \boldsymbol{0}$ であるので，スカラー倍 $c\boldsymbol{x}$ も零空間の要素である．以上のことから，零空間 $\mathcal{N}(\boldsymbol{A})$ は部分空間である．

零空間にはもう 1 種類が存在し，

$$\mathcal{L}(\boldsymbol{A}) = \{\boldsymbol{y} \mid \boldsymbol{y}^T\boldsymbol{A} = \boldsymbol{0}\} = \{\boldsymbol{y} \mid \boldsymbol{A}^T\boldsymbol{y} = \boldsymbol{0}\} \subseteq \mathbb{R}^M \tag{3.11}$$

と定義される．これを左側零空間 (left-hand null space) と呼ぶ．すなわち，$\boldsymbol{y}^T\boldsymbol{A} = \boldsymbol{0}$ あるいは $\boldsymbol{A}^T\boldsymbol{y} = \boldsymbol{0}$ を満たすすべてのベクトル $\boldsymbol{y}$ ($\boldsymbol{y} \in \mathbb{R}^M$) の集合を行列 $\boldsymbol{A}$ の左側零空間と呼び，$\mathcal{L}(\boldsymbol{A})$ で表す．左側零空間が部分空間であることは零空間の場合と全く同様に示すことができる．零空間 $\mathcal{N}(\boldsymbol{A})$ と左側零空間 $\mathcal{L}(\boldsymbol{A})$ の間には $\mathcal{N}(\boldsymbol{A}) = \mathcal{L}(\boldsymbol{A}^T)$ あるいは $\mathcal{N}(\boldsymbol{A}^T) = \mathcal{L}(\boldsymbol{A})$ の（自明な）関係がある．

零空間および左側零空間に関しては次の事実がある．

1. ある非特異行列 $\boldsymbol{P}$ を用いて，$\boldsymbol{PA}=\boldsymbol{B}$ なる関係のある行列 $\boldsymbol{A}$ と $\boldsymbol{B}$ に対して $\mathcal{N}(\boldsymbol{A})=\mathcal{N}(\boldsymbol{B})$ である．
2. ある非特異行列 $\boldsymbol{Q}$ を用いて，$\boldsymbol{AQ}=\boldsymbol{B}$ なる関係のある行列 $\boldsymbol{A}$ と $\boldsymbol{B}$ に対して $\mathcal{L}(\boldsymbol{A})=\mathcal{L}(\boldsymbol{B})$ である．

証明　**項目1**：もし，$\boldsymbol{x}\in\mathcal{N}(\boldsymbol{A})$ ならば $\boldsymbol{Ax}=\boldsymbol{0}$ が成り立つ．したがって，$\boldsymbol{PAx}=\boldsymbol{0}$ も成り立つので，$\boldsymbol{x}\in\mathcal{N}(\boldsymbol{PA})=\mathcal{N}(\boldsymbol{B})$ であり，$\mathcal{N}(\boldsymbol{A})\subset\mathcal{N}(\boldsymbol{B})$ である．反対に $\boldsymbol{x}\in\mathcal{N}(\boldsymbol{PA})$ ならば $\boldsymbol{PAx}=\boldsymbol{0}$ であるが，$\boldsymbol{P}$ は逆行列が存在するので，それを両辺に乗じれば $\boldsymbol{Ax}=\boldsymbol{0}$ が成り立つ．したがって，$\boldsymbol{x}\in\mathcal{N}(\boldsymbol{A})$ であり，$\mathcal{N}(\boldsymbol{A})\supset\mathcal{N}(\boldsymbol{B})$ である．両方向の包含関係が成り立つので $\mathcal{N}(\boldsymbol{A})=\mathcal{N}(\boldsymbol{B})$ が成り立つ．
項目2：$\boldsymbol{AQ}=\boldsymbol{B}$ の転置をとれば $\boldsymbol{Q}^T\boldsymbol{A}^T=\boldsymbol{B}^T$ であるので，項目1を用いれば $\mathcal{N}(\boldsymbol{A}^T)=\mathcal{N}(\boldsymbol{B}^T)$ が成り立つ．つまり $\mathcal{L}(\boldsymbol{A})=\mathcal{L}(\boldsymbol{B})$ が成り立つ．
（証明終）

項目1は $\boldsymbol{P}$ が正方行列でない場合にも，以下のように拡張できる．

3. 行列 $\boldsymbol{A}$ $(\boldsymbol{A}\in\mathbb{R}^{M\times K})$ と $\boldsymbol{B}$ $(\boldsymbol{B}\in\mathbb{R}^{N\times K})$ に対して $\boldsymbol{PA}=\boldsymbol{B}$ となる行列 $\boldsymbol{P}$ $(\boldsymbol{P}\in\mathbb{R}^{N\times M})$ の列ベクトルが線形独立である場合，$\mathcal{N}(\boldsymbol{A})=\mathcal{N}(\boldsymbol{B})$ である．

証明　$\mathcal{N}(\boldsymbol{A})\subseteq\mathcal{N}(\boldsymbol{B})$ の証明は上記項目1と全く同じである．逆方向の証明は以下のとおりである．もし，$\boldsymbol{x}\in\mathcal{N}(\boldsymbol{B})$ であれば $\boldsymbol{Bx}=\boldsymbol{PAx}=\boldsymbol{0}$ が成り立つ．ここで，$\boldsymbol{P}$ の列ベクトルが線形独立であるので，$\boldsymbol{Pz}=\boldsymbol{0}$ であれば必ず $\boldsymbol{z}=\boldsymbol{0}$ である[2)]．したがって，$\boldsymbol{Ax}=\boldsymbol{0}$ が成り立ち，$\boldsymbol{x}\in\mathcal{N}(\boldsymbol{A})$ であるので，$\mathcal{N}(\boldsymbol{A})\supseteq\mathcal{N}(\boldsymbol{B})$ である．ここで，両方向の包含関係が成立するので $\mathcal{N}(\boldsymbol{A})=\mathcal{N}(\boldsymbol{B})$ が成り立つ．　（証明終）

また，項目2は $\boldsymbol{Q}$ が正方行列でない場合にも，以下のように拡張できる［問題 **3.4**］．

2) なぜならば，$\boldsymbol{P}=[\boldsymbol{p}_1,\ldots,\boldsymbol{p}_M]$ とすれば，$\boldsymbol{Pz}=\boldsymbol{0}$ すなわち $z_1\boldsymbol{p}_1+\cdots+z_M\boldsymbol{p}_M=\boldsymbol{0}$ が成り立つためには，$\boldsymbol{p}_1,\ldots,\boldsymbol{p}_M$ が線形独立であるので，$z_1=\cdots=z_M=0$ でなければならない．

4. 行列 $\boldsymbol{A}$ ($\boldsymbol{A} \in \mathbb{R}^{M\times K}$) と $\boldsymbol{B}$ ($\boldsymbol{B} \in \mathbb{R}^{M\times N}$) に対して $\boldsymbol{AQ} = \boldsymbol{B}$ となる行列 $\boldsymbol{Q}$ ($\boldsymbol{Q} \in \mathbb{R}^{K\times N}$) の行ベクトルが線形独立である場合，$\mathcal{L}(\boldsymbol{A}) = \mathcal{L}(\boldsymbol{B})$ である．

3.5　特異値展開と行列の 4 つの部分空間

3.5.1　分割行列に対する列空間と零空間の関係

この節では行列の 4 つの部分空間を行列の特異値ベクトルにより表す．まずその準備として，分割された行列における部分空間の関係について説明し，それを基にして 4 つの部分空間と特異値展開との関連を明らかにする．

今，行列 $\boldsymbol{A}$ ($\boldsymbol{A} \in \mathbb{R}^{M\times M}$) が非特異行列であるとする．2 つの行列 $\boldsymbol{B}$ ($\boldsymbol{B} \in \mathbb{R}^{M\times K}$) と $\boldsymbol{C}$ ($\boldsymbol{C} \in \mathbb{R}^{M\times (M-K)}$) を用いて，$\boldsymbol{A}$ を

$$\boldsymbol{A} = [\boldsymbol{B}, \boldsymbol{C}]$$

と分割する．また，2 つの行列 $\boldsymbol{X}$ ($\boldsymbol{X} \in \mathbb{R}^{M\times K}$) と $\boldsymbol{Y}$ ($\boldsymbol{Y} \in \mathbb{R}^{M\times (M-K)}$) を用いて，$\boldsymbol{A}^{-1}$ を

$$\boldsymbol{A}^{-1} = \begin{bmatrix} \boldsymbol{X}^T \\ \boldsymbol{Y}^T \end{bmatrix}$$

と表す．このとき以下が成り立つ．

1. $\mathcal{C}(\boldsymbol{C}) = \mathcal{N}(\boldsymbol{X}^T) = \mathcal{L}(\boldsymbol{X})$
2. $\mathcal{C}(\boldsymbol{B}) = \mathcal{N}(\boldsymbol{Y}^T) = \mathcal{L}(\boldsymbol{Y})$

証明　項目 1：$\boldsymbol{A}^{-1}\boldsymbol{A} = \boldsymbol{I}$ から

$$\boldsymbol{A}^{-1}\boldsymbol{A} = \begin{bmatrix} \boldsymbol{X}^T \\ \boldsymbol{Y}^T \end{bmatrix} [\boldsymbol{B}, \boldsymbol{C}] = \begin{bmatrix} \boldsymbol{X}^T\boldsymbol{B} & \boldsymbol{X}^T\boldsymbol{C} \\ \boldsymbol{Y}^T\boldsymbol{B} & \boldsymbol{Y}^T\boldsymbol{C} \end{bmatrix}$$

であるので，$\boldsymbol{X}^T\boldsymbol{B} = \boldsymbol{I}$ $(= \boldsymbol{I}_K)$, $\boldsymbol{X}^T\boldsymbol{C} = \boldsymbol{0}$, $\boldsymbol{Y}^T\boldsymbol{B} = \boldsymbol{0}$ および $\boldsymbol{Y}^T\boldsymbol{C} = \boldsymbol{I}$ $(= \boldsymbol{I}_{M-K})$ を得る．もし，$\boldsymbol{b} \in \mathcal{C}(\boldsymbol{C})$ であれば，$\boldsymbol{b} = \boldsymbol{Cx}$ を満たす $\boldsymbol{x}$ が存在する．この式の両辺に $\boldsymbol{X}^T$ を乗じると，$\boldsymbol{X}^T\boldsymbol{b} = \boldsymbol{X}^T\boldsymbol{Cx}$ となるが，$\boldsymbol{X}^T\boldsymbol{C} = \boldsymbol{0}$ であるので，$\boldsymbol{X}^T\boldsymbol{b} = \boldsymbol{0}$ を得る．したがって，$\boldsymbol{b} \in \mathcal{N}(\boldsymbol{X}^T)$ が成

り立ち，$\mathcal{C}(\boldsymbol{C}) \subseteq \mathcal{N}(\boldsymbol{X}^T)$ がいえる．

一方，もし，$\boldsymbol{b} \in \mathcal{N}(\boldsymbol{X}^T)$ であれば，$\boldsymbol{X}^T\boldsymbol{b} = \boldsymbol{0}$ が成り立つ．また，$\boldsymbol{b} = \boldsymbol{A}\boldsymbol{A}^{-1}\boldsymbol{b} = \boldsymbol{B}\boldsymbol{X}^T\boldsymbol{b} + \boldsymbol{C}\boldsymbol{Y}^T\boldsymbol{b}$ が成り立っている．したがって，$\boldsymbol{X}^T\boldsymbol{b} = \boldsymbol{0}$ であれば，$\boldsymbol{b} = \boldsymbol{C}\boldsymbol{Y}^T\boldsymbol{b} = \boldsymbol{C}\boldsymbol{d}$ $(\boldsymbol{d} = \boldsymbol{Y}^T\boldsymbol{b})$ が成り立つ．これは $\boldsymbol{b} \in \mathcal{C}(\boldsymbol{C})$ が成り立つこと，つまり，$\mathcal{C}(\boldsymbol{C}) \supseteq \mathcal{N}(\boldsymbol{X}^T)$ を意味している．したがって，両方向の包含関係が成立するので項目 1 が成立する．項目 2 も全く同じように証明できる [問題 **3.5**]．（証明終）

ここで，行列 $\boldsymbol{A}$ $(\boldsymbol{A} \in \mathbb{R}^{M\times M})$ が直交行列であれば，

$$\boldsymbol{A}^{-1} = \boldsymbol{A}^T = [\boldsymbol{B}, \boldsymbol{C}]^T = \begin{bmatrix} \boldsymbol{B}^T \\ \boldsymbol{C}^T \end{bmatrix}$$

であるので，結局，$\boldsymbol{X}^T = \boldsymbol{B}^T$ および $\boldsymbol{Y}^T = \boldsymbol{C}^T$ であり，

3. $\mathcal{C}(\boldsymbol{C}) = \mathcal{N}(\boldsymbol{B}^T) = \mathcal{L}(\boldsymbol{B})$
4. $\mathcal{C}(\boldsymbol{B}) = \mathcal{N}(\boldsymbol{C}^T) = \mathcal{L}(\boldsymbol{C})$

が成り立つ．

3.5.2　特異値ベクトルで表した 4 つの部分空間

いよいよ，特異値ベクトルを使って行列の 4 つの部分空間を表す準備が整った．4 つの部分空間は以下に説明するように特異値ベクトルのスパンとして表すことができる．つまり，行列の特異値展開により，その行列の 4 つの部分空間の正規直交基底を求めることができるのである．このことは線形代数のいろいろな応用において非常に役に立つ事実である．

あらためて，ランク r の行列 $\boldsymbol{A}$ $(\boldsymbol{A} \in \mathbb{R}^{M\times N})$ に対する特異値展開を書いてみると

$$
\begin{aligned}
\boldsymbol{A} &= [\boldsymbol{u}_1, \ldots, \boldsymbol{u}_r, \boldsymbol{u}_{r+1}, \ldots, \boldsymbol{u}_M] \\
&\times \begin{bmatrix} \gamma_1 & 0 & \cdots & \cdot & \cdot & \cdots & 0 \\ 0 & \gamma_2 & \cdots & \cdot & \cdot & \cdot & \cdot \\ \vdots & \vdots & \ddots & \vdots & \vdots & \vdots & \vdots \\ 0 & \cdot & \cdots & \gamma_r & 0 & \cdots & 0 \\ \cdot & \cdot & \cdots & \cdot & 0 & \cdots & 0 \\ \vdots & \vdots & \cdots & \vdots & \vdots & \ddots & \vdots \\ 0 & \cdot & \cdots & \cdot & 0 & \cdots & 0 \end{bmatrix} \begin{bmatrix} \boldsymbol{v}_1^T \\ \vdots \\ \boldsymbol{v}_r^T \\ \boldsymbol{v}_{r+1}^T \\ \vdots \\ \boldsymbol{v}_N^T \end{bmatrix} \\
&= [\boldsymbol{U}_r, \boldsymbol{U}_{M-r}] \begin{bmatrix} \boldsymbol{\Sigma}_r & \boldsymbol{0} \\ \boldsymbol{0} & \boldsymbol{0} \end{bmatrix} \begin{bmatrix} \boldsymbol{V}_r^T \\ \boldsymbol{V}_{N-r}^T \end{bmatrix}
\end{aligned} \tag{3.12}
$$

となる．ここで，ベクトル $\boldsymbol{u}_1, \ldots, \boldsymbol{u}_r$ がノンゼロ特異値に対応した左側特異値ベクトル，$\boldsymbol{u}_{r+1}, \ldots, \boldsymbol{u}_M$ がゼロ特異値に対応した左側特異値ベクトルである．また，ベクトル $\boldsymbol{v}_1, \ldots, \boldsymbol{v}_r$ がノンゼロ特異値に対応した右側特異値ベクトル，$\boldsymbol{v}_{r+1}, \ldots, \boldsymbol{v}_M$ がゼロ特異値に対応した右側特異値ベクトルである．ここで，$\boldsymbol{\Sigma}_r$ は特異値 $\gamma_1, \ldots, \gamma_r$ を対角要素に持つ対角行列であり，$\boldsymbol{U}_r$ は特異値ベクトル $\boldsymbol{u}_1, \ldots, \boldsymbol{u}_r$ を列に持つ直交行列，$\boldsymbol{U}_{M-r}$ は特異値ベクトル $\boldsymbol{u}_{r+1}, \ldots, \boldsymbol{u}_M$ を列に持つ直交行列，$\boldsymbol{V}_r$ は特異値ベクトル $\boldsymbol{v}_1, \ldots, \boldsymbol{v}_r$ を列に持つ直交行列であり，$\boldsymbol{V}_{N-r}$ は特異値ベクトル $\boldsymbol{v}_{r+1}, \ldots, \boldsymbol{v}_N$ を列に持つ直交行列である．これらを用いると行列の 4 つの部分空間は以下のように記述できる．

1. $\mathcal{C}(\boldsymbol{A}) = span\{\boldsymbol{u}_1, \ldots, \boldsymbol{u}_r\} = \mathcal{C}(\boldsymbol{U}_r)$ である．したがって，$\boldsymbol{u}_1, \ldots, \boldsymbol{u}_r$ は $\boldsymbol{A}$ の列空間 $\mathcal{C}(\boldsymbol{A})$ の正規直交基底である．
2. $\mathcal{N}(\boldsymbol{A}) = span\{\boldsymbol{v}_{r+1}, \ldots, \boldsymbol{v}_N\} = \mathcal{C}(\boldsymbol{V}_{N-r})$ が成り立つ．したがって，$\boldsymbol{v}_{r+1}, \ldots, \boldsymbol{v}_N$ は $\boldsymbol{A}$ の零空間 $\mathcal{N}(\boldsymbol{A})$ の正規直交基底である．
3. $\mathcal{R}(\boldsymbol{A}) = span\{\boldsymbol{v}_1, \ldots, \boldsymbol{v}_r\} = \mathcal{C}(\boldsymbol{V}_r)$ である．したがって，$\boldsymbol{v}_1, \ldots, \boldsymbol{v}_r$ は $\boldsymbol{A}$ の行空間 $\mathcal{R}(\boldsymbol{A})$ の正規直交基底である．
4. $\mathcal{L}(\boldsymbol{A}) = span\{\boldsymbol{u}_{r+1}, \ldots, \boldsymbol{u}_M\} = \mathcal{C}(\boldsymbol{U}_{M-r})$ が成り立つ．したがって，$\boldsymbol{u}_{r+1}, \ldots, \boldsymbol{u}_M$ は $\boldsymbol{A}$ の左側零空間 $\mathcal{L}(\boldsymbol{A})$ の正規直交基底である．

証明 **項目 1**：$\mathcal{C}(\boldsymbol{A}) = \mathcal{C}(\boldsymbol{U}_r)$ を証明する．式 (3.12)（あるいは式 (2.38)）より

$$\boldsymbol{A} = \boldsymbol{U}_r \boldsymbol{\Sigma}_r \boldsymbol{V}_r^T \tag{3.13}$$

が成り立つ．ここで，行列 $\boldsymbol{\Sigma}_r \boldsymbol{V}_r^T$ の行ベクトルは明らかに線形独立である[3]．したがって，3.4.1 項の項目 3 より $\mathcal{C}(\boldsymbol{A}) = \mathcal{C}(\boldsymbol{U}_r)$ が成り立つ．

項目 2：$\mathcal{N}(\boldsymbol{A}) = \mathcal{C}(\boldsymbol{V}_{N-r})$ を証明する．式 (3.13) において，行列 $\boldsymbol{U}_r \boldsymbol{\Sigma}_r$ の列ベクトルは線形独立である[4]．したがって，3.4.2 項の項目 3 より，$\mathcal{N}(\boldsymbol{A}) = \mathcal{N}(\boldsymbol{V}_r^T)$ が成り立つ．さらに，行列 $\boldsymbol{V} = [\boldsymbol{V}_r, \boldsymbol{V}_{N-r}]$ は直交行列であるので，3.5.1 項の項目 3 より，$\mathcal{N}(\boldsymbol{V}_r^T) = \mathcal{C}(\boldsymbol{V}_{N-r})$ である．したがって，$\mathcal{N}(\boldsymbol{A}) = \mathcal{C}(\boldsymbol{V}_{N-r})$ を得る．

項目 3 および 4：式 (3.13) より

$$\boldsymbol{A}^T = \boldsymbol{V}_r \boldsymbol{\Sigma}_r \boldsymbol{U}_r^T \tag{3.14}$$

である．したがって，本節の項目 1 を $\boldsymbol{A}^T$ に当てはめれば $\mathcal{C}(\boldsymbol{A}^T) = \mathcal{R}(\boldsymbol{A}) = \mathcal{C}(\boldsymbol{V}_r)$ が成り立つ．さらに，項目 2 を $\boldsymbol{A}^T$ に当てはめれば，$\mathcal{N}(\boldsymbol{A}^T) = \mathcal{L}(\boldsymbol{A}) = \mathcal{C}(\boldsymbol{U}_{M-r})$ を得る．（証明終）

3.6 ベクトル空間の次元

3.6.1 列（行）ベクトルの線形独立性

次は，ベクトル空間の大きさを表す概念として，空間の次元 (dimension) を説明する．まず，次の事実を証明する．行列 $\boldsymbol{A}$ ($\boldsymbol{A} \in \mathbb{R}^{M \times N}$) に対して以下の 3 項目は等価である．

1. $\boldsymbol{A}$ の列ベクトルは線形独立である．
2. $\mathcal{N}(\boldsymbol{A}) = \{\boldsymbol{0}\}$
3. $rank(\boldsymbol{A}) = N$

[3] 行列 $\boldsymbol{\Sigma}_r \boldsymbol{V}_r^T$ の行ベクトルは直交しているので，明らかに線形独立である．

[4] 行列 $\boldsymbol{U}_r \boldsymbol{\Sigma}_r$ の列ベクトルは直交しているので，明らかに線形独立である．

これらは，もし，行列 $\boldsymbol{A}$ の列ベクトルが線形独立であれば行列 $\boldsymbol{A}$ のランクが N であり，行列 $\boldsymbol{A}$ のランクが N であれば，$\mathcal{N}(\boldsymbol{A}) = \{\boldsymbol{0}\}$ であることを意味する．この場合，$\boldsymbol{A}$ の零空間は自明な解 $\boldsymbol{x} = \boldsymbol{0}$ のみである．すなわち，未知数 N 個で M 行の線形方程式 $\boldsymbol{A}\boldsymbol{x} = \boldsymbol{0}$ ($\boldsymbol{A} \in \mathbb{R}^{M \times N}$, $\boldsymbol{x} \in \mathbb{R}^N$) が $rank(\boldsymbol{A}) = N$ であれば，解は自明な解 $\boldsymbol{x} = \boldsymbol{0}$ のみであることになる．

証明　まず項目 1 と 2 の等価性を示す．$\boldsymbol{A}$ の列ベクトルを $\boldsymbol{a}_1, \boldsymbol{a}_2, \ldots, \boldsymbol{a}_N$ とすれば，これらのベクトルが線形独立であることの定義は，これらの線形結合がゼロとなる，すなわち，

$$\boldsymbol{0} = c_1\boldsymbol{a}_1 + c_2\boldsymbol{a}_2 + \cdots + c_N\boldsymbol{a}_N = [\boldsymbol{a}_1, \boldsymbol{a}_2, \ldots, \boldsymbol{a}_N] \begin{bmatrix} c_1 \\ c_2 \\ \vdots \\ c_N \end{bmatrix}$$

が成り立つのは $c_1 = c_2 = \cdots = c_N = 0$ の場合のみである．これはつまり $\mathcal{N}(\boldsymbol{A}) = \{\boldsymbol{0}\}$ と等価である．

次に項目 2 と 3 の等価性を示す．3.5.2 項の項目 2 より，$\mathcal{N}(\boldsymbol{A}) = span(\boldsymbol{V}_{N-r}) = \mathcal{C}(\boldsymbol{V}_{N-r})$ であるが，$rank(\boldsymbol{A}) = N$ の場合には $\mathcal{C}(\boldsymbol{V}_{N-r}) = \{\boldsymbol{0}\}$ である．したがって，$rank(\boldsymbol{A}) = N$ であれば $\mathcal{N}(\boldsymbol{A}) = \{\boldsymbol{0}\}$ である．また，逆に，$\mathcal{N}(\boldsymbol{A}) = \{\boldsymbol{0}\}$ であれば，$\mathcal{C}(\boldsymbol{V}_{N-r}) = \{\boldsymbol{0}\}$ であるので，$rank(\boldsymbol{A}) = N$ である．（証明終）

同様に行列 $\boldsymbol{A}$ の行ベクトルに関しては以下の 3 項目は等価である．

4. $\boldsymbol{A}$ の行ベクトルは線形独立である．
5. $\mathcal{L}(\boldsymbol{A}) = \{\boldsymbol{0}\}$
6. $rank(\boldsymbol{A}) = M$

証明は上に述べた項目 1，2，3 の等価性の証明と全く同様に行うことができる [問題 **3.6**]．

3.6.2　ベクトル空間に含まれる線形独立なベクトルの数

3.3 節でベクトル空間の基底について，「ベクトル空間を張るスパニング

セットの中で，線形独立なものをそのベクトル空間の基底という」との定義を述べた．ベクトル空間の次元は，そのベクトル空間を張る線形独立なベクトル（すなわち，基底ベクトル）の数として定義される．しかし，この定義が妥当であるためには，この線形独立なベクトルの数がベクトル空間に固有な数でなければならない．本節ではこのことを証明する．

ベクトル空間 $\mathcal{V}$ に対して，$\mathcal{S} = \{\boldsymbol{b}_1, \boldsymbol{b}_2, \ldots, \boldsymbol{b}_n\} \subseteq \mathcal{V}$ なるベクトルの部分集合 $\mathcal{S}$ を定義する．すると，次の 3 つの項目は等価である．

1. $\mathcal{S}$ は $\mathcal{V}$ の基底である．
2. $\mathcal{S}$ は $\mathcal{V}$ を張るベクトルの部分集合のうち，最小の数のベクトルで構成された部分集合である．
3. $\mathcal{S}$ は $\mathcal{V}$ の線形独立なベクトルからなる部分集合のうち，最大の数のベクトルを持つ部分集合である．

証明　まず，項目 1 が成り立てば項目 2 が成り立つことを証明する．証明の方針は $\mathcal{S}$ に含まれるベクトルの数 n が最小でないとして，矛盾が生じることを示す．n が最小でなければ，n よりも小さな個数のベクトルで構成された部分集合 $\mathcal{X} = \{\boldsymbol{x}_1, \ldots, \boldsymbol{x}_k\}$ が存在し，$\mathcal{V} = span\{\boldsymbol{x}_1, \ldots, \boldsymbol{x}_k\}$ である．ここで，$k < n$ である．$\boldsymbol{b}_j$ を $\boldsymbol{x}_1, \ldots, \boldsymbol{x}_k$ の線形結合で表せば，$\boldsymbol{b}_j = \sum_{i=1}^{k} C_{ij}\boldsymbol{x}_i$ となる．したがって，基底 $\mathcal{S}$ を列ベクトルとして持つ行列を $\boldsymbol{S}$，$\boldsymbol{x}_1, \ldots, \boldsymbol{x}_k$ を列ベクトルとして持つ行列を $\boldsymbol{X}$ とすれば，

$$\begin{aligned}\boldsymbol{S} = [\boldsymbol{b}_1, \ldots, \boldsymbol{b}_n] &= \left[\sum_{i=1}^{k} C_{i1}\boldsymbol{x}_i, \ldots, \sum_{i=1}^{k} C_{in}\boldsymbol{x}_i\right] \\ &= [\boldsymbol{x}_1, \ldots, \boldsymbol{x}_k]\begin{bmatrix} C_{11} & \cdots & C_{1n} \\ \vdots & \ddots & \vdots \\ C_{k1} & \cdots & C_{kn}\end{bmatrix} = \boldsymbol{XC} \end{aligned} \tag{3.15}$$

を得る．上式において C_{ij} を (i, j) 要素として持つ行列を $\boldsymbol{C}$ ($\boldsymbol{C} \in \mathbb{R}^{k\times n}$) とした．

ここで，$k < n$ であるので，$rank(\boldsymbol{C}) \leq k < n$ である．したがって，$\mathcal{N}(\boldsymbol{C}) \neq \{\boldsymbol{0}\}$ が成り立ち $\mathcal{N}(\boldsymbol{C})$ は $\boldsymbol{0}$ 以外の要素を含むので，$\boldsymbol{Cz} = \boldsymbol{0}$ を満たす $\boldsymbol{z} \neq \boldsymbol{0}$ である $\boldsymbol{z}$ が存在する．このような $\boldsymbol{z}$ を式 (3.15) の両辺に右から

乗じれば $\boldsymbol{Sz} = \boldsymbol{XCz} = \boldsymbol{0}$ が成り立つ．しかしながら，$\boldsymbol{S}$ の列ベクトルは線形独立であるので $\boldsymbol{Sz} = \boldsymbol{0}$ が成り立つのは自明な解 $\boldsymbol{z} = \boldsymbol{0}$ の場合のみである．したがって，$k < n$ であるようなスパニングセット $\mathcal{X}$ は存在し得ず，$\mathcal{S}$ は $\mathcal{V}$ を張る部分集合の中で最小のベクトル数を持つ部分集合である．

次に，項目2が成り立てば項目1が成り立つことを証明する．つまり，項目2が成り立てばベクトル $\boldsymbol{b}_1, \boldsymbol{b}_2, \ldots, \boldsymbol{b}_n$ は線形独立であることを示す．もしベクトル $\boldsymbol{b}_1, \boldsymbol{b}_2, \ldots, \boldsymbol{b}_n$ が線形独立でなければ，あるベクトル $\boldsymbol{b}_i$ は他のベクトルの線形結合で表される．すると，

$$\mathcal{S}' = \{\boldsymbol{b}_1, \ldots, \boldsymbol{b}_{i-1}, \boldsymbol{b}_{i+1}, \ldots, \boldsymbol{b}_n\}$$

が $\mathcal{V}$ を張ることになる．この $\mathcal{S}'$ は $n-1$ 個のベクトルで $\mathcal{V}$ を張ることが可能であり，項目2に矛盾する．したがって，$\boldsymbol{b}_1, \boldsymbol{b}_2, \ldots, \boldsymbol{b}_n$ は線形独立であり $\mathcal{V}$ の基底である．

次に，項目1が成り立てば項目3が成り立つことを証明する．もし，$\mathcal{S}$ が基底であっても最大の数の線形独立なベクトルを持った部分集合ではないとする．ここで，$\mathcal{V}$ の最大の数の線形独立なベクトルを持った部分集合を $\mathcal{Y}$ とする．すなわち，$\mathcal{Y} = \{\boldsymbol{y}_1, \boldsymbol{y}_2, \ldots, \boldsymbol{y}_k\}$，ここで $k > n$ である．$\boldsymbol{y}_j$ を $\boldsymbol{b}_1, \ldots, \boldsymbol{b}_n$ の線形結合で表せば，$\boldsymbol{y}_j = \sum_{i=1}^{n} A_{ij}\boldsymbol{b}_i$ となる．したがって，$\boldsymbol{y}_1, \ldots, \boldsymbol{y}_k$ を列ベクトルとして持つ行列を $\boldsymbol{Y}$ とすれば，

$$\begin{aligned}
\boldsymbol{Y} = [\boldsymbol{y}_1, \ldots, \boldsymbol{y}_k] &= \left[\sum_{i=1}^{n} A_{i1}\boldsymbol{b}_i, \ldots, \sum_{i=1}^{n} A_{ik}\boldsymbol{b}_i\right] \\
&= [\boldsymbol{b}_1, \ldots, \boldsymbol{b}_n]\begin{bmatrix} A_{11} & \cdots & A_{1k} \\ \vdots & \ddots & \vdots \\ A_{n1} & \cdots & A_{nk} \end{bmatrix} = \boldsymbol{SA} \qquad (3.16)
\end{aligned}$$

となる．上式では A_{ij} を (i, j) 要素として持つ行列を $\boldsymbol{A}$ ($\boldsymbol{A} \in \mathbb{R}^{n \times k}$) とした．

ここで $rank(\boldsymbol{A}) \leq n < k$ である．したがって，$\mathcal{N}(\boldsymbol{A}) \neq \{\boldsymbol{0}\}$ が成り立ち $\mathcal{N}(\boldsymbol{A})$ は $\boldsymbol{0}$ 以外の要素を含むので，$\boldsymbol{Az} = \boldsymbol{0}$ を満たす $\boldsymbol{z} \neq \boldsymbol{0}$ である $\boldsymbol{z}$ が存在する．このような $\boldsymbol{z}$ を式 (3.16) の両辺に右から乗じれば $\boldsymbol{Yz} = \boldsymbol{SAz} = \boldsymbol{0}$ が成り立つ．しかしながら，$\boldsymbol{Y}$ の列ベクトルは線形独立である

ので $\boldsymbol{Y}\boldsymbol{z} = \boldsymbol{0}$ が成り立つのは自明な解 $\boldsymbol{z} = \boldsymbol{0}$ の場合のみである．したがって，$k > n$ であるような線型独立なベクトル $\boldsymbol{y}_1, \ldots, \boldsymbol{y}_k$ は存在せず，$\mathcal{S}$ が $\mathcal{V}$ の基底であれば，$\mathcal{S}$ は最大の数の線型独立なベクトルを含む $\mathcal{V}$ の部分集合である．

さらに，項目 3 が成り立てば項目 1 が成り立つことを示す．$\mathcal{S}$ が最大の数の線形独立なベクトルを持った部分集合であるにもかかわらず $\mathcal{V}$ の基底ではないとする．すると，あるベクトル $\boldsymbol{v}$ $(\boldsymbol{v} \in \mathcal{V})$ が存在し，$\boldsymbol{v} \notin span\,\mathcal{S}$ であり，$\{\boldsymbol{b}_1, \boldsymbol{b}_2, \ldots, \boldsymbol{b}_n, \boldsymbol{v}\}$ は線型独立なベクトルを持つ $\mathcal{V}$ の部分集合となるが，これは項目 3 の仮定「$\mathcal{S}$ が最大の数の線形独立なベクトルを持った部分集合である」に矛盾する．したがって，$\mathcal{S}$ は $\mathcal{V}$ の基底である．

（証明終）

3.6.3 次元の定義と一意性

一般的に，ベクトル空間 $\mathcal{V}$ の基底の定義の仕方にはいくつもの可能性がある．上に述べた項目 1 から項目 3 は，どのように基底を定義しようとも，含まれているベクトルの数は同じになることを保証している．すなわち，その数は $\mathcal{V}$ を張るベクトルの最小の数であり，また，$\mathcal{V}$ に含まれる線形独立なベクトルの数である．このベクトル空間 $\mathcal{V}$ の基底ベクトルの数を $\mathcal{V}$ の次元と呼び，$\dim(\mathcal{V})$ と書き表す．すなわち，ベクトル空間 $\mathcal{V}$ の次元 $\dim(\mathcal{V})$ は以下のように定義する．

1. $\dim(\mathcal{V})$ は，$\mathcal{V}$ の基底に含まれるベクトルの数に等しい．
2. $\dim(\mathcal{V})$ は，$\mathcal{V}$ を張るベクトルの集合のうち，最小数のベクトルで構成された集合におけるベクトルの数に等しい．
3. $\dim(\mathcal{V})$ は，$\mathcal{V}$ に含まれる線形独立なベクトルの数である．

これら 3 通りの定義がすべて同じ値を与えることは 3.6.2 項での議論から明らかである．いくつかの例を以下に示す．

例 1. 3 つの単位ベクトル $\boldsymbol{e}_x = [1, 0, 0]^T$, $\boldsymbol{e}_y = [0, 1, 0]^T$, $\boldsymbol{e}_z = [0, 0, 1]^T$ は 3 次元空間 $\mathbb{R}^3$ を張り，互いに線形独立なので $\mathbb{R}^3$ の基底である．したがって，$\dim(\mathbb{R}^3) = 3$ である．同じ考え方により $\dim(\mathbb{R}^N) = N$ が

示せる．

例 2． 3次元空間に存在する原点を通る直線に存在するベクトルの集合 $\mathcal{L}$ の次元は1，すなわち $\dim(\mathcal{L}) = 1$ である．また，3次元空間に存在する原点を通る平面に存在するベクトルの集合 $\mathcal{P}$ の次元は2，つまり $\dim(\mathcal{P}) = 2$ である．

例 3． ゼロ要素しか含んでいない部分空間 $\mathcal{Z} = \{\mathbf{0}\}$ については $\dim(\mathcal{Z}) = 0$ である．なぜならこの部分空間には基底が存在しないからである．

注意すべきは部分空間の次元と，その空間に含まれるベクトルが持つ成分の数とは異なることである．上の例2の場合では，部分空間 $\mathcal{L} \subset \mathbb{R}^3$，あるいは $\mathcal{P} \subset \mathbb{R}^3$ に含まれるベクトルも3成分（x, y および z 成分）を持っている．ただ，$\mathcal{L}$ や $\mathcal{P}$ に含まれるベクトルはその3つの成分を自由に決めることができないのである．$\mathcal{L}$ に属するベクトルは3つの成分のうち1つを自由に決めることができ，$\mathcal{P}$ に属するベクトルは2つを自由に決めることができる．したがって，これらの例から次元の意味はその部分空間に属するベクトルの要素に対する自由度 (degree of freedom) と解釈することも可能である．最も極端な例が $\mathcal{Z} = \{\mathbf{0}\}$ であり，この部分空間の要素は $\mathbf{0}$ のみであり，自由度ゼロであるので次元もゼロとなる．

ベクトル空間の次元に関しては以下の事実がある．以下の事実があるために次元を部分空間のサイズ（大きさ）と解釈することが可能となっている．

4． 2つのベクトル空間 $\mathcal{A}$ と $\mathcal{B}$ に $\mathcal{A} \subseteq \mathcal{B}$ の関係があれば $\dim(\mathcal{A}) \leq \dim(\mathcal{B})$ である．

5． 2つのベクトル空間 $\mathcal{A}$ と $\mathcal{B}$ に $\mathcal{A} \subseteq \mathcal{B}$ の関係があり，さらに $\dim(\mathcal{A}) = \dim(\mathcal{B})$ であれば，$\mathcal{A} = \mathcal{B}$ である．

証明　**項目4**：$\dim(\mathcal{A}) > \dim(\mathcal{B})$ であれば矛盾が生じることを示す．もし，$\dim(\mathcal{A}) > \dim(\mathcal{B})$ であれば，$\mathcal{A}$ の基底として $\dim(\mathcal{A})$ 個の線形独立なベクトルが存在する．$\mathcal{A} \subseteq \mathcal{B}$ を仮定しているので，$\mathcal{B}$ にも $\dim(\mathcal{A})$ 個の線形独立なベクトルが存在することになる．しかし，本節の議論から $\mathcal{B}$ に存在する線形独立なベクトルは $\dim(\mathcal{B})$ 個である．したがって，$\dim(\mathcal{A}) \leq \dim(\mathcal{B})$ でなければならない．

項目 5：もし，$\mathcal{A} \subseteq \mathcal{B}$ の関係があり $\dim(\mathcal{A}) = \dim(\mathcal{B}) = N$ であるのに，$\mathcal{A} \neq \mathcal{B}$ であれば矛盾が生じることを示す．$\mathcal{A} \neq \mathcal{B}$ であるとすると，$\boldsymbol{x} \in \mathcal{B}$ であって $\boldsymbol{x} \notin \mathcal{A}$ であるようなベクトル $\boldsymbol{x}$ が存在する．$\mathcal{A}$ の基底ベクトルからなる集合を $\mathcal{S}$ とすると，$\boldsymbol{x} \notin span(\mathcal{S})$ である．今，集合 $\mathcal{T}$ を $\mathcal{T} = \mathcal{S} \cup \{\boldsymbol{x}\}$ と定義すれば，これは線形独立なベクトルからなる $\mathcal{B}$ の部分集合である．ここで，$\mathcal{S}$ には N 個の線形独立なベクトルが含まれるので，$\mathcal{T}$ には $N+1$ 個の線形独立なベクトルが含まれる．しかし，$\mathcal{B}$ の次元は N であるので，$\mathcal{B}$ には N 個の線形独立なベクトルが存在するのみであり，$N+1$ 個の線形独立なベクトルは存在しない．したがって，$\mathcal{A} = \mathcal{B}$ が成り立つ．

（証明終）

行列の 4 つの部分空間に関して，次の事実がある．

6. 行列 $\boldsymbol{A}$ ($\boldsymbol{A} \in \mathbb{R}^{M \times N}$) に対して，その列空間 $\mathcal{C}(\boldsymbol{A})$ の次元は $\boldsymbol{A}$ のランクに等しい．つまり，$\dim(\mathcal{C}(\boldsymbol{A})) = rank(\boldsymbol{A})$ である．また，$\dim(\mathcal{C}(\boldsymbol{A}^T)) = \dim(\mathcal{R}(\boldsymbol{A})) = rank(\boldsymbol{A})$ も成り立つ．

7. 行列 $\boldsymbol{A}$ に対して，$rank(\boldsymbol{A}) = r$ であれば，$\dim(\mathcal{N}(\boldsymbol{A})) = N - r$ および $\dim(\mathcal{N}(\boldsymbol{A}^T)) = \dim(\mathcal{L}(\boldsymbol{A})) = M - r$ が成り立つ．

8. 行列 $\boldsymbol{A}$ に対して，$\dim(\mathcal{C}(\boldsymbol{A})) + \dim(\mathcal{N}(\boldsymbol{A})) = N$ および $\dim(\mathcal{C}(\boldsymbol{A})) + \dim(\mathcal{L}(\boldsymbol{A})) = M$ が成り立つ．

証明　**項目 6**：3.5.2 項の項目 1 より $\mathcal{C}(\boldsymbol{A}) = \mathcal{C}(\boldsymbol{U}_r)$ であり，$\boldsymbol{U}_r$ に含まれる線形独立な列ベクトルの数は r 個である．したがって，$\mathcal{C}(\boldsymbol{A})$ の次元は r である．一方，$rank(\boldsymbol{A}) = r$ であるので，$\dim(\mathcal{C}(\boldsymbol{A})) = rank(\boldsymbol{A})$ が成り立つ．また，$\mathcal{C}(\boldsymbol{A}^T) = \mathcal{R}(\boldsymbol{A}) = \mathcal{C}(\boldsymbol{V}_r)$ であり，$\boldsymbol{V}_r$ に含まれる線形独立な列ベクトルの数は r 個であるので，$\mathcal{C}(\boldsymbol{A}^T)$ の次元も r であり，$\dim(\mathcal{R}(\boldsymbol{A})) = rank(\boldsymbol{A})$ が成り立つ．

（証明終）

この項目 6 は，行列の列空間と行空間は同じ次元を持つことを示している．また，項目 7 は，$\boldsymbol{A}$ の零空間の次元は $N - rank(\boldsymbol{A})$，左側零空間の次元は $M - rank(\boldsymbol{A})$ であることを示している [問題 **3.7**]．

3.7　共通部分空間と部分空間の和

部分空間に対する代表的な演算を定義する．$\mathcal{A}$ と $\mathcal{B}$ を $\mathbb{R}^N$ の部分空間とする．$\mathcal{A}$ と $\mathcal{B}$ の共通部分空間 $\mathcal{A} \cap \mathcal{B}$ (intersection of subspaces) を

$$\mathcal{A} \cap \mathcal{B} = \{\boldsymbol{x} \mid \boldsymbol{x} \in \mathcal{A} \quad \text{および} \quad \boldsymbol{x} \in \mathcal{B}\} \tag{3.17}$$

と定義する．共通部分空間 $\mathcal{A} \cap \mathcal{B}$ は2つの部分空間の共通部分の空間であり，両方に含まれるベクトル $\boldsymbol{x}$ の集合として定義される．

$\mathcal{A}$ と $\mathcal{B}$ の和空間 $\mathcal{A} + \mathcal{B}$ (sum of subspaces) を

$$\mathcal{A} + \mathcal{B} = \{\boldsymbol{z} \mid \boldsymbol{z} = \boldsymbol{x} + \boldsymbol{y}, \boldsymbol{x} \in \mathcal{A} \text{および} \boldsymbol{y} \in \mathcal{B}\} \tag{3.18}$$

と定義する．和空間 $\mathcal{A} + \mathcal{B}$ は，$\mathcal{A}$ に含まれる任意の要素と $\mathcal{B}$ に含まれる任意の要素の和で表される集合である．これらに関して極端な例を以下に示す．

例 1. $\mathcal{A} \cap \{\mathbf{0}\} = \{\mathbf{0}\}$ が成り立つ．また，$\mathcal{A} \cap \mathbb{R}^N = \mathcal{A}$ である．
例 2. $\mathcal{A} + \{\mathbf{0}\} = \mathcal{A}$ が成り立つ．また，$\mathcal{A} + \mathbb{R}^N = \mathbb{R}^N$ である．

$\mathcal{A} \cap \mathcal{B}$ と $\mathcal{A} + \mathcal{B}$ が部分空間であることは以下のように示すことができる．

証明　まず，$\mathcal{A} \cap \mathcal{B}$ について証明する．$\boldsymbol{x}, \boldsymbol{y} \in \mathcal{A} \cap \mathcal{B}$ であれば $\boldsymbol{x}, \boldsymbol{y} \in \mathcal{A}$ であり $\boldsymbol{x}, \boldsymbol{y} \in \mathcal{B}$ である．$\mathcal{A}$ と $\mathcal{B}$ は部分空間であるので，$\boldsymbol{x} + \boldsymbol{y} \in \mathcal{A}$ および $\boldsymbol{x} + \boldsymbol{y} \in \mathcal{B}$ が成り立ち，$\boldsymbol{x} + \boldsymbol{y} \in \mathcal{A} \cap \mathcal{B}$ である．また，a をスカラーとして $a\boldsymbol{x} \in \mathcal{A}$ および $a\boldsymbol{x} \in \mathcal{B}$ も成り立つので，$a\boldsymbol{x} \in \mathcal{A} \cap \mathcal{B}$ である．したがって，$\mathcal{A} \cap \mathcal{B}$ は部分空間である．ほとんど同様に $\mathcal{A} + \mathcal{B}$ も部分空間であることを示すことができる **[問題 3.8]**．（証明終）

行列の列空間に対する和空間について以下の事実がある．

1. 行列 $\boldsymbol{A}$ ($\boldsymbol{A} \in \mathbb{R}^{M \times N}$) と $\boldsymbol{B}$ ($\boldsymbol{B} \in \mathbb{R}^{M \times K}$) に対して，新しい行列 $\boldsymbol{C}$ を $\boldsymbol{C} = [\boldsymbol{A}, \boldsymbol{B}]$ ($\boldsymbol{C} \in \mathbb{R}^{M \times (N+K)}$) として作れば，

$$\mathcal{C}(\boldsymbol{C}) = \mathcal{C}([\boldsymbol{A}, \boldsymbol{B}]) = \mathcal{C}(\boldsymbol{A}) + \mathcal{C}(\boldsymbol{B}) \tag{3.19}$$

である．

証明　もし，$\boldsymbol{b} \in \mathcal{C}([\boldsymbol{A}, \boldsymbol{B}])$ であれば，

$$\boldsymbol{b} = [\boldsymbol{A}, \boldsymbol{B}] \begin{bmatrix} \boldsymbol{x}_1 \\ \boldsymbol{x}_2 \end{bmatrix} = \boldsymbol{A}\boldsymbol{x}_1 + \boldsymbol{B}\boldsymbol{x}_2$$

を満たす $\boldsymbol{x}_1$ $(\boldsymbol{x}_1 \in \mathbb{R}^N)$ と $\boldsymbol{x}_2$ $(\boldsymbol{x}_2 \in \mathbb{R}^K)$ が存在する．ここで，$\boldsymbol{A}\boldsymbol{x}_1 \in \mathcal{C}(\boldsymbol{A})$ および $\boldsymbol{B}\boldsymbol{x}_2 \in \mathcal{C}(\boldsymbol{B})$ であるので，上式は $\mathcal{C}([\boldsymbol{A}, \boldsymbol{B}]) = \mathcal{C}(\boldsymbol{A}) + \mathcal{C}(\boldsymbol{B})$ であることを示している．（証明終）

和空間を用いると，行列 $\boldsymbol{A}$ $(\boldsymbol{A} \in \mathbb{R}^{M \times N})$ の 4 つの部分空間に対して，以下の関係が成り立つ．

2. $\mathcal{R}(\boldsymbol{A}) + \mathcal{N}(\boldsymbol{A}) = \mathbb{R}^N$

3. $\mathcal{C}(\boldsymbol{A}) + \mathcal{L}(\boldsymbol{A}) = \mathbb{R}^M$

証明　**項目 2**：行列 $\boldsymbol{A}$ の特異値展開を式 (3.12) で表せば，$\mathcal{R}(\boldsymbol{A}) = \mathcal{C}(\boldsymbol{V}_r)$ および $\mathcal{N}(\boldsymbol{A}) = \mathcal{C}(\boldsymbol{V}_{N-r})$ である．ここで，式 (3.19) を用いれば，

$$\begin{aligned} \mathcal{R}(\boldsymbol{A}) + \mathcal{N}(\boldsymbol{A}) &= \mathcal{C}(\boldsymbol{V}_r) + \mathcal{C}(\boldsymbol{V}_{N-r}) \\ &= \mathcal{C}([\boldsymbol{V}_r, \boldsymbol{V}_{N-r}]) = \mathcal{C}(\boldsymbol{V}) = \mathbb{R}^N \end{aligned} \tag{3.20}$$

となる．項目 3 も同様に証明できる [問題 **3.10**]．（証明終）

4. 行列の零空間の間には以下の関係がある．行列 $\boldsymbol{A}$ $(\boldsymbol{A} \in \mathbb{R}^{M \times N})$ および $\boldsymbol{B}$ $(\boldsymbol{B} \in \mathbb{R}^{K \times N})$ に対して，以下の関係が成り立つ．

$$\mathcal{N}(\begin{bmatrix} \boldsymbol{A} \\ \boldsymbol{B} \end{bmatrix}) = \mathcal{N}(\boldsymbol{A}) \cap \mathcal{N}(\boldsymbol{B})$$

証明　もし，$\boldsymbol{x} \in \mathcal{N}(\begin{bmatrix} \boldsymbol{A} \\ \boldsymbol{B} \end{bmatrix})$ であれば，$\begin{bmatrix} \boldsymbol{A} \\ \boldsymbol{B} \end{bmatrix} \boldsymbol{x} = \begin{bmatrix} \boldsymbol{A}\boldsymbol{x} \\ \boldsymbol{B}\boldsymbol{x} \end{bmatrix} = \boldsymbol{0}$ が成り立つ．これは，$\boldsymbol{A}\boldsymbol{x} = \boldsymbol{0}$ および $\boldsymbol{B}\boldsymbol{x} = \boldsymbol{0}$ を意味している．したがって，$\boldsymbol{x} \in \mathcal{N}(\boldsymbol{A})$ および $\boldsymbol{x} \in \mathcal{N}(\boldsymbol{B})$ が成り立ち，$\boldsymbol{x} \in \mathcal{N}(\boldsymbol{A}) \cap \mathcal{N}(\boldsymbol{B})$ である．逆

に，$\boldsymbol{x} \in \mathcal{N}(\boldsymbol{A}) \cap \mathcal{N}(\boldsymbol{B})$ であれば，$\boldsymbol{Ax} = \boldsymbol{0}$ および $\boldsymbol{Bx} = \boldsymbol{0}$ であるので，$\begin{bmatrix} \boldsymbol{A} \\ \boldsymbol{B} \end{bmatrix} \boldsymbol{x} = \begin{bmatrix} \boldsymbol{Ax} \\ \boldsymbol{Bx} \end{bmatrix} = \boldsymbol{0}$ すなわち $\boldsymbol{x} \in \mathcal{N}(\begin{bmatrix} \boldsymbol{A} \\ \boldsymbol{B} \end{bmatrix})$ となる．したがって項目 4 が成立する．（証明終）

3.8　部分空間の角度

2 つの部分空間の一致度（あるいは違い）を定量化する指標として部分空間のなす角度 (subspace angle) が用いられる．次元がそれぞれ μ と ν ($\mu \geq \nu$) である 2 つの部分空間を $\mathcal{A}$ と $\mathcal{B}$ として，これら部分空間に属する大きさ 1 に規格化されたベクトル $\boldsymbol{u}$ と $\boldsymbol{v}$ を用いて ($\boldsymbol{u} \in \mathcal{A}$, $\boldsymbol{v} \in \mathcal{B}$),

$$\cos(\theta) = \max_{\boldsymbol{u},\boldsymbol{v}} \boldsymbol{u}^T \boldsymbol{v} \tag{3.21}$$

を求める．このときの θ, $\boldsymbol{u}$, $\boldsymbol{v}$ をそれぞれ θ_1, $\boldsymbol{u}_1$, $\boldsymbol{v}_1$ とする．この θ_1 を（1 番目の）部分空間角度 (subspace angle) と定義する．つまり，$\mathcal{A}$ と $\mathcal{B}$ の要素において内積が最も大きくなるベクトルのペアによって計算した角度が θ_1 である．また，θ_1 を与える $\boldsymbol{u}$ と $\boldsymbol{v}$ を $\boldsymbol{u}_1$ と $\boldsymbol{v}_1$ とする．

次に，大きさ 1 に規格化されたベクトル $\boldsymbol{u}$ と $\boldsymbol{v}$ ($\boldsymbol{u} \in \mathcal{A}$, $\boldsymbol{v} \in \mathcal{B}$) を用いて

$$\cos(\theta) = \max_{\boldsymbol{u},\boldsymbol{v}} \boldsymbol{u}^T \boldsymbol{v} \quad \text{subject to} \quad \boldsymbol{u}^T \boldsymbol{u}_1 = 0 \quad \text{および} \quad \boldsymbol{v}^T \boldsymbol{v}_1 = 0 \tag{3.22}$$

を求め，このときの θ, $\boldsymbol{u}$, $\boldsymbol{v}$ をそれぞれ θ_2, $\boldsymbol{u}_2$, $\boldsymbol{v}_2$ とする．つまり $\mathcal{A}$ において $\boldsymbol{u}_1$ に直交する $\boldsymbol{u}$ と，$\mathcal{B}$ において $\boldsymbol{v}_1$ に直交する $\boldsymbol{v}$ で内積が最も大きくなるペアを見つけ，そのときの角度を θ_2 とする．ここで θ_2 を与える $\boldsymbol{u}$ と $\boldsymbol{v}$ を $\boldsymbol{u}_2$ と $\boldsymbol{v}_2$ とする．同様の手順を ν 回繰り返し，$\theta_1, \ldots, \theta_\nu$, $\boldsymbol{u}_1, \ldots, \boldsymbol{u}_\nu$, $\boldsymbol{v}_1, \ldots, \boldsymbol{v}_\nu$ を得る．このとき

$$\cos(\theta_1) \geq \cos(\theta_2) \geq \cdots \geq \cos(\theta_\nu)$$

の関係が満たされる．この $\theta_1, \ldots, \theta_\nu$ を部分空間 $\mathcal{A}$ と $\mathcal{B}$ のなす角度 (principal angle) と呼ぶ．また，ベクトル $\boldsymbol{u}_1, \ldots, \boldsymbol{u}_\nu$ と $\boldsymbol{v}_1, \ldots, \boldsymbol{v}_\nu$ を角度ベク

トル (principal vectors) と呼ぶ.

部分空間の角度を用いて 2 つの部分空間 $\mathcal{A}$ と $\mathcal{B}$ の違い，すなわち，2 つの部分空間の距離 $D_{\mathcal{A}|\mathcal{B}}$ を

$$D_{\mathcal{A}|\mathcal{B}} = \sqrt{1 - \cos^2(\theta_\nu)}$$

と定義することも提案されている[5)]．このとき $0 \leq D_{\mathcal{A}|\mathcal{B}} \leq 1$ である．もし，$\cos(\theta_1) = \cdots = \cos(\theta_\nu) = 0$ であれば，$D_{\mathcal{A}|\mathcal{B}} = 1$ となり，このとき，部分空間 $\mathcal{A}$ と $\mathcal{B}$ は直交しているという．2 つの部分空間が直交している場合，$\mathcal{A}$ に属する任意のベクトル $\boldsymbol{x}$ と，$\mathcal{B}$ に属する任意のベクトル $\boldsymbol{y}$ が直交する．反対に，$\mathcal{A}$ に属する任意のベクトル $\boldsymbol{x}$ と，$\mathcal{B}$ に属する任意のベクトル $\boldsymbol{y}$ が直交すれば $D_{\mathcal{A}|\mathcal{B}} = 1$ となる．このことは上に述べた部分空間の角度の定義から明らかである．

ここでもし，2 つの部分空間 $\mathcal{A}$ と $\mathcal{B}$ が共通部分空間 $\mathcal{A} \cap \mathcal{B}$ を持つなら，

$$1 = \cos(\theta_1) = \cdots = \cos(\theta_r) > \cos(\theta_{r+1}) \tag{3.23}$$

を満たす r $(\leq \nu)$ が存在し，

$$\mathcal{A} \cap \mathcal{B} = span\{\boldsymbol{u}_1, \ldots, \boldsymbol{u}_r\} = span\{\boldsymbol{v}_1, \ldots, \boldsymbol{v}_r\} \tag{3.24}$$

である．なぜならば，もし，$\cos(\theta_1) = \cdots = \cos(\theta_r) = 1$ であれば $\boldsymbol{u}_j = \boldsymbol{v}_j$ $(j = 1, \ldots, r)$ であるので，$\mathcal{A}$ の部分空間である $span\{\boldsymbol{u}_1, \ldots, \boldsymbol{u}_r\}$ と $\mathcal{B}$ の部分空間である $span\{\boldsymbol{v}_1, \ldots, \boldsymbol{v}_r\}$ は完全に一致し，$\mathcal{A}$ と $\mathcal{B}$ の共通部分空間となる．したがって，式 (3.23) で示す関係を見出すことにより，共通部分空間の次元 r を求めることができる．もし，$\cos(\theta_1) = \cdots = \cos(\theta_\nu) = 1$ であれば共通部分空間は $\mathcal{B}$ に一致し，$\mathcal{A} \supseteq \mathcal{B}$ の包含関係を持つ．

3.9 直和と補空間

3.9.1 部分空間の直和

$\mathcal{A}$ と $\mathcal{B}$ を $\mathbb{R}^N$ の部分空間とする．もし，$\mathcal{A} \cap \mathcal{B} = \{\mathbf{0}\}$ であれば，このと

5) 部分空間の距離については参考文献 [4] を参照のこと．

きの和空間 $\mathcal{S} = \mathcal{A} + \mathcal{B}$ を直和 (direct sum) と呼び，$\mathcal{S} = \mathcal{A} \oplus \mathcal{B}$ と書く．

例． 列ベクトル $[1,0,0]^T$，$[0,1,0]^T$ および $[0,0,1]^T$ のおのおのが作る列空間の直和は

$$\mathcal{C}([1,0,0]^T) \oplus \mathcal{C}([0,1,0]^T) \oplus \mathcal{C}([0,0,1]^T) = \mathbb{R}^3$$

である．

この例は，単位行列 $\boldsymbol{I}$ $(\boldsymbol{I} \in \mathbb{R}^{N \times N})$ のおのおのの列が作る列空間の直和は $\mathbb{R}^N$ に等しくなることを示唆している．一般的には，単位行列でなくても線形独立な列を持つ行列であれば，おのおのの列が作る和集合は直和となる．これに関して，次の事実がある．

1. 行列 $\boldsymbol{A}$ $(\boldsymbol{A} \in \mathbb{R}^{M \times N})$ に対して，分割行列を $\boldsymbol{A} = [\boldsymbol{A}_1, \boldsymbol{A}_2]$ とする．もし，$rank(\boldsymbol{A}) = N$ であれば $\mathcal{C}(\boldsymbol{A}) = \mathcal{C}(\boldsymbol{A}_1) \oplus \mathcal{C}(\boldsymbol{A}_2)$ である．

証明　3.7 節の項目 1 で $\mathcal{C}(\boldsymbol{A}) = \mathcal{C}(\boldsymbol{A}_1) + \mathcal{C}(\boldsymbol{A}_2)$ であることは証明した．$\mathcal{C}(\boldsymbol{A}) = \mathcal{C}(\boldsymbol{A}_1) \oplus \mathcal{C}(\boldsymbol{A}_2)$ であることを証明するには，$rank(\boldsymbol{A}) = N$ であれば，$\mathcal{C}(\boldsymbol{A}_1) \cap \mathcal{C}(\boldsymbol{A}_2) = \{\boldsymbol{0}\}$ を示せばよい．まず，$\boldsymbol{b} \in \mathcal{C}(\boldsymbol{A}_1) \cap \mathcal{C}(\boldsymbol{A}_2)$ なる $\boldsymbol{b}$ を仮定する．すると，$\boldsymbol{b} \in \mathcal{C}(\boldsymbol{A}_1)$ および $\boldsymbol{b} \in \mathcal{C}(\boldsymbol{A}_2)$ であるので，$\boldsymbol{b} = \boldsymbol{A}_1\boldsymbol{x}_1$ および $\boldsymbol{b} = \boldsymbol{A}_2\boldsymbol{x}_2$ を満たす $\boldsymbol{x}_1$ および $\boldsymbol{x}_2$ が存在する．したがって，

$$\boldsymbol{0} = \boldsymbol{A}_1\boldsymbol{x}_1 - \boldsymbol{A}_2\boldsymbol{x}_2 = [\boldsymbol{A}_1, \boldsymbol{A}_2] \begin{bmatrix} \boldsymbol{x}_1 \\ -\boldsymbol{x}_2 \end{bmatrix} = \boldsymbol{A}\boldsymbol{x}$$

となる．ここで，$\boldsymbol{x} = [\boldsymbol{x}_1^T, -\boldsymbol{x}_2^T]^T$ である．一方，$\boldsymbol{A}$ は $rank(\boldsymbol{A}) = N$ である．つまり，すべての列は線形独立であるので，上式を満たす $\boldsymbol{x}$ は $\boldsymbol{x} = \boldsymbol{0}$ のみである．したがって，$\boldsymbol{x}_1 = \boldsymbol{0}$ および $\boldsymbol{x}_2 = \boldsymbol{0}$ であり，$\boldsymbol{b} = \boldsymbol{0}$ となる．これは $\mathcal{C}(\boldsymbol{A}_1) \cap \mathcal{C}(\boldsymbol{A}_2) = \{\boldsymbol{0}\}$ を意味する．したがって，この場合，和空間は直和となる．　(証明終)

直和を用いると，3.7 節の項目 2 および 3 で説明した行列の列空間と零空間の間の関係はさらに以下のように表される．行列 $\boldsymbol{A}$ $(\boldsymbol{A} \in \mathbb{R}^{M \times N})$ に対して，

2. $\mathcal{R}(\boldsymbol{A}) \oplus \mathcal{N}(\boldsymbol{A}) = \mathbb{R}^N$

3. $\mathcal{C}(\boldsymbol{A}) \oplus \mathcal{L}(\boldsymbol{A}) = \mathbb{R}^M$

の関係が成り立つ.

証明　**項目 2**：行列 $\boldsymbol{A}$ の特異値展開を式 (3.12) で表せば，$\mathcal{R}(\boldsymbol{A}) = \mathcal{C}(\boldsymbol{V}_r)$ および $\mathcal{N}(\boldsymbol{A}) = \mathcal{C}(\boldsymbol{V}_{N-r})$ である.

$$\mathcal{R}(\boldsymbol{A}) + \mathcal{N}(\boldsymbol{A}) = \mathcal{C}(\boldsymbol{V}_r) + \mathcal{C}(\boldsymbol{V}_{N-r}) = \mathcal{C}(\boldsymbol{V}) = \mathbb{R}^N$$

は 3.7 節の項目 2 で証明した. $rank(\boldsymbol{V}) = N$ であるので，本節の項目 1 からこの場合の和空間は直和である. 項目 3 も同様に証明することができる[問題 **3.11**].　（証明終）

3.9.2　補空間と直交補空間

$\mathcal{A}$ と $\mathcal{B}$ を $\mathbb{R}^N$ の部分空間として，さらに，$\mathcal{A} \oplus \mathcal{B} = \mathbb{R}^N$ が成り立つ場合，$\mathcal{A}$ と $\mathcal{B}$ は補空間 (complementary subspace) であるという. すなわち，全空間が直和で分解されるとき，それぞれの部分空間を互いに対する補空間と呼ぶ. $\mathcal{R}(\boldsymbol{A})$ と $\mathcal{N}(\boldsymbol{A})$，および $\mathcal{C}(\boldsymbol{A})$ と $\mathcal{L}(\boldsymbol{A})$ は補空間をなすことは（本 3.9 節の）項目 2 および 3 ですでに示した.

ここで，さらに $\mathcal{A}$ と $\mathcal{B}$ が直交しているとき，$\mathcal{A}$ と $\mathcal{B}$ は直交補空間 (orthogonal complements) であるという. $\mathcal{A}$ と $\mathcal{B}$ が直交補空間である場合に $\mathcal{A} = \mathcal{B}^{\perp}$ あるいは $\mathcal{A}^{\perp} = \mathcal{B}$ と表記する場合もある. 直交補空間に関して次の事実がある.

4. 行列 $\boldsymbol{A}$ ($\boldsymbol{A} \in \mathbb{R}^{N \times N}$) が非特異行列であるとする. このとき $\boldsymbol{A}$ の任意の分割を $\boldsymbol{A} = [\boldsymbol{A}_1, \boldsymbol{A}_2]$ とする. もし，$\boldsymbol{A}_1^T \boldsymbol{A}_2 = \boldsymbol{0}$ であれば $\mathcal{C}(\boldsymbol{A}_1) = \mathcal{C}(\boldsymbol{A}_2)^{\perp}$ である.

証明　3.9.1 項の項目 1 から，$\mathcal{C}(\boldsymbol{A}_1) \oplus \mathcal{C}(\boldsymbol{A}_2) = \mathcal{C}(\boldsymbol{A})$ となる. ここで，$\boldsymbol{A}$ は非特異行列であるので，その列は線形独立であり，$\mathcal{C}(\boldsymbol{A}) = \mathbb{R}^N$ である. したがって，$\mathcal{C}(\boldsymbol{A}_1) \oplus \mathcal{C}(\boldsymbol{A}_2) = \mathbb{R}^N$ であり，$\mathcal{C}(\boldsymbol{A}_1)$ と $\mathcal{C}(\boldsymbol{A}_2)$ は互いに補空間をなす. ここで，$\boldsymbol{A}_1^T \boldsymbol{A}_2 = \boldsymbol{0}$ であるので，任意の $\boldsymbol{v} \in \mathcal{C}(\boldsymbol{A}_1)$ および

$\boldsymbol{w} \in \mathcal{C}(\boldsymbol{A}_2)$ を，$\boldsymbol{v} = \boldsymbol{A}_1\boldsymbol{x}$ および $\boldsymbol{w} = \boldsymbol{A}_2\boldsymbol{y}$ と表せば，

$$\boldsymbol{v}^T\boldsymbol{w} = (\boldsymbol{A}_1\boldsymbol{x})^T(\boldsymbol{A}_2\boldsymbol{y}) = \boldsymbol{x}^T\boldsymbol{A}_1^T\boldsymbol{A}_2\boldsymbol{y} = 0$$

が成り立つ．したがって，$\mathcal{C}(\boldsymbol{A}_1)$ と $\mathcal{C}(\boldsymbol{A}_2)$ は互いに直交補空間をなす．

（証明終）

まとめると，行列の 4 つの部分空間に関して以下の関係が成り立つ．

5. 行列 $\boldsymbol{A}$ ($\boldsymbol{A} \in \mathbb{R}^{M\times N}$) に対して，

$$\mathcal{C}(\boldsymbol{A}) = \mathcal{L}(\boldsymbol{A})^{\perp} \tag{3.25}$$

$$\mathcal{R}(\boldsymbol{A}) = \mathcal{N}(\boldsymbol{A})^{\perp} \tag{3.26}$$

すなわち，行列の列空間と左側零空間は直交補空間の関係にある．また，行列の行空間と零空間は直交補空間の関係にある．これは，線形代数における基本定理と呼ばれる．この基本定理の実世界の問題への応用に関しては第 5 章から第 7 章において説明する．

証明　行列 $\boldsymbol{A}$ の特異値展開を式 (3.12) で表せば，$\mathcal{C}(\boldsymbol{A}) = \mathcal{C}(\boldsymbol{U}_r)$ および $\mathcal{L}(\boldsymbol{A}) = \mathcal{C}(\boldsymbol{U}_{N-r})$ である．$\boldsymbol{U} = [\boldsymbol{U}_r, \boldsymbol{U}_{N-r}]$ は非特異行列であり $\boldsymbol{U}_r^T\boldsymbol{U}_{N-r} = \boldsymbol{0}$ であるので，本節の項目 4 より $\mathcal{C}(\boldsymbol{A}) = \mathcal{L}(\boldsymbol{A})^{\perp}$ が成り立つ．さらに，$\mathcal{R}(\boldsymbol{A}) = \mathcal{C}(\boldsymbol{V}_r)$ および $\mathcal{N}(\boldsymbol{A}) = \mathcal{C}(\boldsymbol{V}_{N-r})$ であり，$\boldsymbol{V} = [\boldsymbol{V}_r, \boldsymbol{V}_{N-r}]$ は非特異行列であり，$\boldsymbol{V}_r^T\boldsymbol{V}_{N-r} = \boldsymbol{0}$ であるので，やはり $\mathcal{R}(\boldsymbol{A}) = \mathcal{N}(\boldsymbol{A})^{\perp}$ が成り立つ．

（証明終）

問　題

3.1 $\mathcal{S} = \{\boldsymbol{u}_1, \boldsymbol{u}_2, \ldots, \boldsymbol{u}_r\}$ がベクトル空間 $\mathcal{A}$ の部分集合であるとき，$span\{\mathcal{S}\} = span\{\boldsymbol{u}_1, \boldsymbol{u}_2, \ldots, \boldsymbol{u}_r\}$ はベクトル空間 $\mathcal{A}$ の部分空間となることを示せ．

3.2 行列 $\boldsymbol{Q}$ ($\boldsymbol{Q} \in \mathbb{R}^{N\times K}$) が線形独立な行ベクトルを持つ場合，$\boldsymbol{x} = \boldsymbol{Q}\boldsymbol{y}$ となる $\boldsymbol{y}$ ($\boldsymbol{y} \in \mathbb{R}^K$) を求めよ．

3.3 3.4.1 項の項目 4 を証明せよ．

3.4 3.4.2 項の項目 4 を証明せよ．

3.5 3.5.1 項の項目 2 を証明せよ．

3.6 3.6.1 項の項目 4，5，6 が等価であることを証明せよ．

3.7 3.6.3 項の項目 7 を証明せよ．

3.8 $\mathcal{A}$ と $\mathcal{B}$ が部分空間であれば，$\mathcal{A}+\mathcal{B}$ も部分空間であることを示せ．

3.9 2 つの部分空間 $\mathcal{A} = \{\boldsymbol{x}_1, \ldots, \boldsymbol{x}_\mu\}$ と $\mathcal{B} = \{\boldsymbol{y}_1, \ldots, \boldsymbol{y}_\nu\}$ に対して，$span(\mathcal{A} \cup \mathcal{B}) = span(\mathcal{A}) + span(\mathcal{B})$ が成り立つことを示せ．

3.10 $\mathcal{C}(\boldsymbol{A}) + \mathcal{L}(\boldsymbol{A}) = \mathbb{R}^M$（3.7 節の項目 3）を証明せよ．

3.11 $\mathcal{C}(\boldsymbol{A}) \oplus \mathcal{L}(\boldsymbol{A}) = \mathbb{R}^M$（3.9 節の項目 3）を証明せよ．

第4章　線形方程式と最小二乗法

本章では，第1章から第3章までの議論を基にして，線形方程式の解について議論する．まず方程式の数が未知数の数より大きな場合の最小二乗解を導出し，射影行列を用いた最小二乗解の解釈を説明する．次に未知数の数が方程式の数より大きな場合のミニマムノルム解について述べ，さらに正則化について説明する．

4.1　最小二乗解

既知な行列 $\boldsymbol{H}$ $(\boldsymbol{H} \in \mathbb{R}^{M \times N})$ に対して，未知数 $x_1, \ldots, x_N$ を要素として持つ列ベクトル $\boldsymbol{x}$ $(\boldsymbol{x} \in \mathbb{R}^N)$ と，既知な量 $y_1, \ldots, y_M$ を要素として持つ列ベクトル $\boldsymbol{y}$ $(\boldsymbol{y} \in \mathbb{R}^M)$ を定義して，既知な量 $\boldsymbol{y}$ から未知量 $\boldsymbol{x}$ を線形連立方程式

$$\boldsymbol{H}\boldsymbol{x} = \boldsymbol{y} \tag{4.1}$$

を解いて求める問題を考える．

$\boldsymbol{H}$ が正方行列 $(M = N)$ で非特異行列であれば，式 (4.1) から $\boldsymbol{x} = \boldsymbol{H}^{-1}\boldsymbol{y}$ と導けるので，式 (4.1) を解いて未知数 $\boldsymbol{x}$ を求める問題は $\boldsymbol{H}$ の逆行列を用いることで解決する．しかしながら，実世界の応用で出くわすほとんどの場合は係数行列 $\boldsymbol{H}$ が非正方行列である．以下，本章では $\boldsymbol{H}$ が非正方行列の場合に式 (4.1) を解いて未知量 $\boldsymbol{x}$ を求めることを議論する．

まず，$M > N$ の場合を考よう．行列 $\boldsymbol{H}$ のすべての列が独立，すなわち，$\boldsymbol{H}$ は full-column rank $(rank(\boldsymbol{H}) = N)$ であるとする．この場合，線形連立方程式 (4.1) は未知数の数よりも方程式の数のほうが多い．このような線形連立方程式は優決定 (over-determined) であるといわれる．

$M > N$ の場合の線形方程式 (4.1) の特性を考えてみる．$\boldsymbol{H}$ の列ベクトルは線形独立であるので，列空間の次元は N である．つまり，$\dim(\mathcal{C}(\boldsymbol{H})) =$

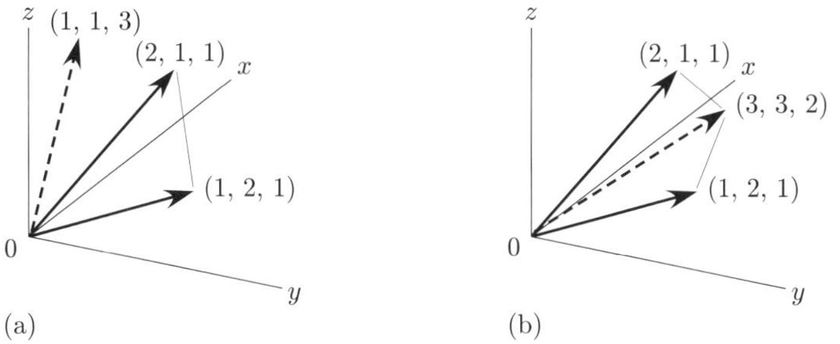

図 4.1 (a) 線形方程式 (4.2) の係数行列の列空間とベクトル $\boldsymbol{y} = [1,1,3]^T$ を示す．ベクトル $\boldsymbol{y} = [1,1,3]^T$ は 2 つの列ベクトルの張る平面には含まれず，したがって，この線形連立方程式は inconsistent であり解を持たない．(b) ベクトル $\boldsymbol{y}$ が $\boldsymbol{y} = [3,3,2]^T$ である場合を示す．この場合は $\boldsymbol{y}$ は係数行列の列ベクトルの張る平面に含まれ，この方程式は consistent である．

N である．しかし，式 (4.1) の左辺のベクトル $\boldsymbol{y}$ は N より大きな M 個の要素を持つベクトル，すなわち $\boldsymbol{y} \in \mathbb{R}^M$ であるので，一般的には $\boldsymbol{y} \notin \mathcal{C}(\boldsymbol{H})$ である．この場合，線形連立方程式 (4.1) は inconsistent であるという．線形連立方程式が inconsistent である場合には方程式は解を持たない．反対に，$\boldsymbol{y} \in \mathcal{C}(\boldsymbol{H})$ の場合には，方程式は解を持ち，consistent であるといわれる．

例．inconsistent な方程式の例として，未知数 x と y を持つ次の連立方程式

$$2x + y = 1$$

$$x + 2y = 1$$

$$x + y = 3$$

を考えよう．これを行列形式で表すと，

$$\begin{bmatrix} 2 & 1 \\ 1 & 2 \\ 1 & 1 \end{bmatrix} \begin{bmatrix} x \\ y \end{bmatrix} = \begin{bmatrix} 1 \\ 1 \\ 3 \end{bmatrix} \tag{4.2}$$

となる．この場合，列空間は列ベクトル $\boldsymbol{a}_1 = [2,1,1]^T$ および $\boldsymbol{a}_2 = [1,2,1]^T$ を用いて $span\{\boldsymbol{a}_1, \boldsymbol{a}_2\}$ である．図 **4.1**(a) にこれらの列ベクトルとその張る平面を示す．同図に示されるようにベクトル $\boldsymbol{y} = [1,1,3]^T$ は

2 つの列ベクトルの張る平面には含まれず，したがって，この線形連立方程式は解を持たない．

図 4.1(b) に，$\boldsymbol{y} = [3, 3, 2]^T$ である場合を示す．容易に確認できるが，この場合は $\boldsymbol{y}$ は上記 2 つの列ベクトルの張る平面に含まれ，この方程式は consistent である．この場合の連立方程式を書いてみると，

$$\begin{aligned} 2x + y &= 3 \\ x + 2y &= 3 \\ x + y &= 2 \end{aligned} \tag{4.3}$$

となる．上式の第 1 行と第 2 行を足して 3 で割れば，第 3 行が得られる．すなわち，第 3 行は，第 1 行と第 2 行から導くことができる冗長な式となっていて，この線形連立方程式は見かけ上 3 行 2 列の連立方程式であるが，実質は 2 行 2 列の連立方程式である．

この例から示唆されるように，優決定の線形連立方程式 $\boldsymbol{Hx} = \boldsymbol{y}$ ($\boldsymbol{H} \in \mathbb{R}^{M \times N}$, $M > N$) は，一般的には $\boldsymbol{y} \notin \mathcal{C}(\boldsymbol{H})$ であり厳密解を持たない．それでは，厳密解を持たない優決定の線形連立方程式 $\boldsymbol{Hx} = \boldsymbol{y}$ を「解く」にはどうすればよいであろうか．答えは，「厳密解ではなく最適解」を求めることである．この場合の「最適性」を評価するのに，ベクトル $\boldsymbol{r}$ を

$$\boldsymbol{r} = \boldsymbol{y} - \boldsymbol{Hx} \tag{4.4}$$

と定義する．このベクトル $\boldsymbol{r}$ は残差ベクトルと呼ばれ，そのノルム $\|\boldsymbol{r}\|$ は残差と呼ばれる．この残差は与えられた $\boldsymbol{x}$ の $\boldsymbol{y}$ への距離を表すと解釈できる．つまり，この残差を最小とする解 $\boldsymbol{x}$ が $\boldsymbol{y}$ に最も近い最適解である．すなわち，最適解を $\widehat{\boldsymbol{x}}$ と書けば，

$$\widehat{\boldsymbol{x}} = \underset{\boldsymbol{x}}{\operatorname{argmin}} \|\boldsymbol{r}\|^2 = \underset{\boldsymbol{x}}{\operatorname{argmin}} \|\boldsymbol{y} - \boldsymbol{Hx}\|^2 \tag{4.5}$$

と表すことができる[1)]．右辺の

---

1) 記号 argmin はこの記号の右側に書かれた関数を最小にする，この記号の下に書かれた変数の値の意味である．式 (4.5) においては，2 乗誤差 $\|\boldsymbol{y} - \boldsymbol{Hx}\|^2$ を最小にする $\boldsymbol{x}$ の意味である．

$$F = \|\boldsymbol{y} - \boldsymbol{H}\boldsymbol{x}\|^2 \tag{4.6}$$

が $\boldsymbol{x}$ の「最適さ」を表す指標である．式 (4.6) で示す F を最小二乗のコスト関数と呼ぶ．線形方程式を最小二乗のコスト関数（すなわち残差）を最小にすることにより「解く」方法を最小二乗法と呼ぶ．

それでは，残差最小の解，すなわち最小二乗解はどのようなものになるであろうか．F を最小にする解を求めてみよう．まず，F を $\boldsymbol{x}$ で微分すれば，行列の微分に関する公式 (A.25) を用いて

$$\frac{\partial F}{\partial \boldsymbol{x}} = -2\boldsymbol{H}^T(\boldsymbol{y} - \boldsymbol{H}\boldsymbol{x}) = -2\boldsymbol{H}^T\boldsymbol{y} + 2(\boldsymbol{H}^T\boldsymbol{H})\boldsymbol{x} \tag{4.7}$$

を得る．ここで，$\boldsymbol{H}$ ($\boldsymbol{H} \in \mathbb{R}^{M \times N}$) がランク N と仮定しているので，(2.3.3 項の項目 2 で述べたごとく) 行列 $\boldsymbol{H}^T\boldsymbol{H}$ ($\boldsymbol{H}^T\boldsymbol{H} \in \mathbb{R}^{N \times N}$) もランク N の行列である．したがって，行列 $\boldsymbol{H}^T\boldsymbol{H}$ は逆行列を持つので，コスト関数 F を最小とする $\boldsymbol{x}$ として，

$$\widehat{\boldsymbol{x}} = (\boldsymbol{H}^T\boldsymbol{H})^{-1}\boldsymbol{H}^T\boldsymbol{y} \tag{4.8}$$

を導くことができる．式 (4.8) を最小二乗解と呼ぶ．

この最小二乗解を特異値と特異値ベクトルで表してみよう．行列 $\boldsymbol{H}$ がランク N であるので，$\boldsymbol{H}$ の特異値展開は

$$\boldsymbol{H} = \sum_{j=1}^{N} \gamma_j \boldsymbol{u}_j \boldsymbol{v}_j^T \tag{4.9}$$

と表すことができる．したがってこれを式 (4.8) に代入すれば，最小二乗解は（$\gamma_1, \ldots, \gamma_N > 0$ を仮定しているので）

$$\widehat{\boldsymbol{x}} = \left[\sum_{j=1}^{N} \frac{1}{\gamma_j} \boldsymbol{v}_j \boldsymbol{u}_j^T\right] \boldsymbol{y} \tag{4.10}$$

となる [**問題 4.1**]．ここで，$M = N$ の場合は $\boldsymbol{H}$ が非特異行列であれば逆行列 $\boldsymbol{H}^{-1}$ が存在する．逆行列は式 (2.51) で表されるので，式 (4.10) は $\boldsymbol{H}^{-1}$ を用いて，

$$\widehat{\boldsymbol{x}} = \boldsymbol{H}^{-1}\boldsymbol{y}$$

と表される．すなわち，最小二乗解は $\boldsymbol{H}$ が非特異行列の場合には，逆行列解に一致する．

4.2　正射影と射影行列

4.2.1　正射影

次に，最小二乗解と係数行列の列空間との関係を直感的に表現する最小二乗法の幾何学的解釈について説明する．この準備として，正射影と射影行列について説明する．

ベクトル $\boldsymbol{b}$ $(\boldsymbol{b} \in \mathbb{R}^M)$ と $\mathbb{R}^M$ の部分空間 $\mathcal{V}$ を仮定する．$\boldsymbol{b}$ の $\mathcal{V}$ への正射影 $\boldsymbol{b}_\perp$ を以下のように定義する．

定義　$\boldsymbol{b}_\perp \in \mathcal{V}$ であり，$\boldsymbol{b} - \boldsymbol{b}_\perp$ は $\mathcal{V}$ に含まれるすべてのベクトルに直交する．

正射影に関し次の事実がある．

1. 正射影は一意に定まる．すなわち，ベクトル $\boldsymbol{b}$ に対して，2 つの正射影 $\boldsymbol{b}_\perp$ と $\boldsymbol{c}_\perp$ が存在する場合，$\boldsymbol{b}_\perp = \boldsymbol{c}_\perp$ が成り立つ．

証明　定義より，$\boldsymbol{b} - \boldsymbol{b}_\perp$ と $\boldsymbol{b} - \boldsymbol{c}_\perp$ は $\mathcal{V}$ のすべてのベクトルと直交しなければならない．したがって，$(\boldsymbol{b} - \boldsymbol{b}_\perp) - (\boldsymbol{b} - \boldsymbol{c}_\perp) = \boldsymbol{c}_\perp - \boldsymbol{b}_\perp$ もすべてのベクトルと直交する．ここで，$\boldsymbol{c}_\perp - \boldsymbol{b}_\perp \in \mathcal{V}$ であるので，$\boldsymbol{c}_\perp - \boldsymbol{b}_\perp$ は自分自身とも直交する．したがって，$\boldsymbol{c}_\perp - \boldsymbol{b}_\perp = \boldsymbol{0}$，つまり $\boldsymbol{c}_\perp = \boldsymbol{b}_\perp$ でなければならない．（証明終）

ベクトル $\boldsymbol{b}$ の正射影を求めるには以下の事実に基づいて行う．

2. 部分空間 $\mathcal{V}$ の正規直交基底を $\boldsymbol{q}_1, \boldsymbol{q}_2, \ldots, \boldsymbol{q}_k$ とする．これらを列ベクトルに持つ行列を $\boldsymbol{Q} = [\boldsymbol{q}_1, \boldsymbol{q}_2, \ldots, \boldsymbol{q}_k]$ とする．ここで，以下のベクトル $\boldsymbol{b}_Q$ を考える．

$$\boldsymbol{b}_Q = (\boldsymbol{b}^T\boldsymbol{q}_1)\boldsymbol{q}_1 + (\boldsymbol{b}^T\boldsymbol{q}_2)\boldsymbol{q}_2 + \cdots + (\boldsymbol{b}^T\boldsymbol{q}_k)\boldsymbol{q}_k = \boldsymbol{Q}\boldsymbol{Q}^T\boldsymbol{b} \tag{4.11}$$

このベクトル $\boldsymbol{b}_Q$ が $\boldsymbol{b}$ の $\mathcal{V}$ への正射影 $\boldsymbol{b}_\perp$ に等しい．すなわち，$\boldsymbol{b}_\perp = \boldsymbol{b}_Q$ である．ここで，$\boldsymbol{Q}\boldsymbol{Q}^T$ を射影行列 (projector) あるいは射影演算子と呼ぶ．この事実によれば，$\boldsymbol{b}$ の部分空間 $\mathcal{V}$ への正射影を求めるには，$\mathcal{V}$ の正規直交基底から射影行列 $\boldsymbol{Q}\boldsymbol{Q}^T$ を求め，$\boldsymbol{b}$ に射影行列を左から乗ずれば，正射影 $\boldsymbol{b}_\perp$ を求めることができる．

証明　$\boldsymbol{b}_Q \in \mathcal{V}$ であるので，

$$\boldsymbol{b}_Q = (\boldsymbol{b}_Q^T\boldsymbol{q}_1)\boldsymbol{q}_1 + (\boldsymbol{b}_Q^T\boldsymbol{q}_2)\boldsymbol{q}_2 + \cdots + (\boldsymbol{b}_Q^T\boldsymbol{q}_k)\boldsymbol{q}_k \tag{4.12}$$

も成り立つ．式 (4.11) から式 (4.12) を引けば，

$$\boldsymbol{0} = [(\boldsymbol{b} - \boldsymbol{b}_Q)^T\boldsymbol{q}_1]\boldsymbol{q}_1 + [(\boldsymbol{b} - \boldsymbol{b}_Q)^T\boldsymbol{q}_2]\boldsymbol{q}_2 + \cdots + [(\boldsymbol{b} - \boldsymbol{b}_Q)^T\boldsymbol{q}_k]\boldsymbol{q}_k$$

を得る．$\boldsymbol{q}_1, \ldots, \boldsymbol{q}_k$ の線形独立性を考慮すれば，上式は $\boldsymbol{b} - \boldsymbol{b}_Q$ がすべての基底 $\boldsymbol{q}_1, \ldots, \boldsymbol{q}_k$，つまりすべての $\mathcal{V}$ のベクトルと直交することを意味しているので，$\boldsymbol{b}_Q$ は正射影，すなわち $\boldsymbol{b}_\perp = \boldsymbol{b}_Q$ である．　(証明終)

正射影の重要な性質として，以下の事実がある．

3. 部分空間 $\mathcal{V}$ に属する任意のベクトルを $\boldsymbol{v}$ とする．また，$\boldsymbol{b}$ の $\mathcal{V}$ への正射影を $\boldsymbol{b}_\perp$ とすれば，

$$\|\boldsymbol{b} - \boldsymbol{b}_\perp\| \leq \|\boldsymbol{b} - \boldsymbol{v}\| \tag{4.13}$$

が必ず成り立つ．この事実は正射影 $\boldsymbol{b}_\perp$ が部分空間 $\mathcal{V}$ に属するベクトルの中で，$\boldsymbol{b}$ に最も「近い」ベクトルであることを意味している（ただし，ここではベクトル $\boldsymbol{a}$ と $\boldsymbol{b}$ の「近さ」すなわち距離を $\|\boldsymbol{a} - \boldsymbol{b}\|$ で定義した．この定義をユークリッド距離と呼ぶ）．

証明　定義から $\boldsymbol{b} - \boldsymbol{b}_\perp$ は $\mathcal{V}$ に属するすべてのベクトルと直交する．ここで，$\boldsymbol{b}_\perp - \boldsymbol{v} \in \mathcal{V}$ であるので，$\boldsymbol{b} - \boldsymbol{b}_\perp$ と $\boldsymbol{b}_\perp - \boldsymbol{v}$ は直交する．したがって，

$$\|\boldsymbol{b}-\boldsymbol{v}\|^2 = \|(\boldsymbol{b}-\boldsymbol{b}_\perp)-(\boldsymbol{v}-\boldsymbol{b}_\perp)\|^2 = \|\boldsymbol{b}-\boldsymbol{b}_\perp\|^2 + \|\boldsymbol{v}-\boldsymbol{b}_\perp\|^2$$
$$\geq \|\boldsymbol{b}-\boldsymbol{b}_\perp\|^2 \tag{4.14}$$

が成立する[2)].　(証明終)

4.2.2　射影行列

ここでは，前節の項目 2 で定義した射影行列についてさらに説明しよう．式 (4.11) は任意のベクトル $\boldsymbol{b}$ の部分空間 $\mathcal{V}$ への正射影を計算する方法を示している．すなわち，$\mathcal{V}$ の正規直交基底を用いて，その基底を列ベクトルに持つ行列 $\boldsymbol{Q}$ を作る．そして，射影行列 $\boldsymbol{Q}\boldsymbol{Q}^T$ を求め，$\boldsymbol{b}$ に射影行列を乗ずれば正射影 $\boldsymbol{b}_\perp$ が求まる．以後，本書では射影行列を $\boldsymbol{P} = \boldsymbol{Q}\boldsymbol{Q}^T$ と表記する．すると，任意のベクトル $\boldsymbol{b}$ に対してその正射影を $\boldsymbol{b}_\perp$ とすれば，$\boldsymbol{P}\boldsymbol{b} = \boldsymbol{b}_\perp$ が成り立つ．まず次の事実を証明する．

1. $\mathbb{R}^M$ の部分空間 $\mathcal{V}$ の正規直交基底 $\boldsymbol{q}_1, \boldsymbol{q}_2, \ldots, \boldsymbol{q}_k$ を列ベクトルに持つ行列を $\boldsymbol{Q}$ とすれば，$\mathcal{V}$ への射影行列 $\boldsymbol{P} = \boldsymbol{Q}\boldsymbol{Q}^T$ の列空間は $\mathcal{V}$ に等しい．すなわち，$\mathcal{C}(\boldsymbol{P}) = \mathcal{V}$ である．

証明　列ベクトル $\boldsymbol{q}_j$ を $\boldsymbol{q}_j = [q_j^1, q_j^2, \ldots, q_j^M]^T$ とする．

$$\boldsymbol{q}_j\boldsymbol{q}_j^T = \boldsymbol{q}_j[q_j^1, q_j^2, \ldots, q_j^M] = [q_j^1\boldsymbol{q}_j, q_j^2\boldsymbol{q}_j, \ldots, q_j^M\boldsymbol{q}_j]$$

と $\boldsymbol{P} = \boldsymbol{Q}\boldsymbol{Q}^T = \sum_{j=1}^k \boldsymbol{q}_j\boldsymbol{q}_j^T$ を用いれば，

$$\boldsymbol{P} = \left[\sum_{j=1}^k q_j^1\boldsymbol{q}_j, \sum_{j=1}^k q_j^2\boldsymbol{q}_j, \ldots, \sum_{j=1}^k q_j^M\boldsymbol{q}_j\right]$$

である．上式は，射影行列 $\boldsymbol{P}$ の各列は $\boldsymbol{q}_1, \boldsymbol{q}_2, \ldots, \boldsymbol{q}_k$ の線形結合で与えられていることを示している．したがって，

$$\mathcal{C}(\boldsymbol{P}) = span\{\boldsymbol{q}_1, \boldsymbol{q}_2, \ldots, \boldsymbol{q}_k\} = \mathcal{V}$$

[2)] この証明では，（有名な）ピタゴラスの定理，「ベクトル $\boldsymbol{a}$ と $\boldsymbol{b}$ が直交するとき，$\|\boldsymbol{a}+\boldsymbol{b}\|^2 = \|\boldsymbol{a}\|^2 + \|\boldsymbol{b}\|^2$ が成立する」を用いた．

である．　(証明終)

射影行列を $\boldsymbol{P}$ とすれば，$\boldsymbol{P}$ は以下を満たす．

2. $\boldsymbol{P}^2 = \boldsymbol{P}$

3. $\boldsymbol{P}^T = \boldsymbol{P}$

証明　**項目 2**：任意のベクトル $\boldsymbol{b}$ に対して，部分空間 $\mathcal{V}$ に対する射影行列 $\boldsymbol{P}$ を乗ずれば $\boldsymbol{P}\boldsymbol{b} = \boldsymbol{b}_\perp$ を得る．ここで，$\boldsymbol{b}_\perp$ は $\boldsymbol{b}$ の $\mathcal{V}$ への正射影である．もう一度 $\boldsymbol{P}$ を乗ずれば，$\boldsymbol{P}^2\boldsymbol{b} = \boldsymbol{P}\boldsymbol{b}_\perp$ であるが，$\boldsymbol{b}_\perp \in \mathcal{V}$ であるので，$\boldsymbol{P}\boldsymbol{b}_\perp = \boldsymbol{b}_\perp$ である [**問題 4.2**]．したがって，$\boldsymbol{P}^2\boldsymbol{b} = \boldsymbol{P}\boldsymbol{b}_\perp = \boldsymbol{b}_\perp$ を得る．これが任意の $\boldsymbol{b}$ に対して成り立つので，$\boldsymbol{P}^2 = \boldsymbol{P}$ が成り立つ．
項目 3：任意のベクトル $\boldsymbol{b}$ と $\boldsymbol{z}$ に対して，$\boldsymbol{P}\boldsymbol{z} \in \mathcal{V}$ であるので，正射影の定義から $\boldsymbol{P}\boldsymbol{z}$ は $\boldsymbol{b} - \boldsymbol{P}\boldsymbol{b}$ と直交する．したがって，

$$(\boldsymbol{P}\boldsymbol{z})^T(\boldsymbol{b} - \boldsymbol{P}\boldsymbol{b}) = \boldsymbol{z}^T(\boldsymbol{P}^T - \boldsymbol{P}^T\boldsymbol{P})\boldsymbol{b} = 0$$

が成り立つ．上式は任意の $\boldsymbol{z}$ と $\boldsymbol{b}$ に対して成り立つので，結局，$\boldsymbol{P}^T - \boldsymbol{P}^T\boldsymbol{P} = \boldsymbol{0}$ が成り立つ．$\boldsymbol{P}^T\boldsymbol{P}$ は対称行列であるので，$\boldsymbol{P}^T$ も対称行列であり，したがって，$\boldsymbol{P}$ は対称行列である．　(証明終)

項目 2 および 3 から，さらに次の項目 4 を証明することができる．

4. $\boldsymbol{P}^2 = \boldsymbol{P}$ および $\boldsymbol{P}^T = \boldsymbol{P}$ を満たす $\boldsymbol{P}$ は射影行列である．

証明　この証明においては，まず，$\boldsymbol{P}$ が任意のベクトル $\boldsymbol{b}$ を $\boldsymbol{P}$ の列空間 $\mathcal{C}(\boldsymbol{P})$ に投影する演算子であることを示し，次に，その投影結果 $\boldsymbol{b}_\perp$ が正射影であることを示す．

まず，前半を示す．$\boldsymbol{P}^2 = \boldsymbol{P}$ より，任意のベクトル $\boldsymbol{b}$ に対して，$\boldsymbol{P}(\boldsymbol{P}\boldsymbol{b}) = \boldsymbol{P}\boldsymbol{b}$ を得る．ここで，$\boldsymbol{c} = \boldsymbol{P}\boldsymbol{b}$ とすれば，$\boldsymbol{P}\boldsymbol{b} = \boldsymbol{P}\boldsymbol{c}$ である．これは，ベクトル $\boldsymbol{P}\boldsymbol{b}$ が $\boldsymbol{P}$ の列の線形結合で表されることを意味している．すなわち，$\boldsymbol{P}\boldsymbol{b} \in \mathcal{C}(\boldsymbol{P})$ が成り立つ．つまり，$\boldsymbol{P}$ は任意のベクトル $\boldsymbol{b}$ を $\boldsymbol{P}$ の列空間に投影する．

次に後半を示す．$\boldsymbol{P}^T = \boldsymbol{P}$ より任意のベクトル $\boldsymbol{z}$ と $\boldsymbol{b}$ に対して，

$$(\boldsymbol{Pz})^T(\boldsymbol{b}-\boldsymbol{Pb})=0 \tag{4.15}$$

である．すなわち，$\boldsymbol{Pz} \in \mathcal{C}(\boldsymbol{P})$ であるので，式 (4.15) は，任意の $\boldsymbol{b}$ に対してベクトル $\boldsymbol{b}-\boldsymbol{Pb}$ は $\mathcal{C}(\boldsymbol{P})$ に存在する任意のベクトル（つまり任意の $\boldsymbol{z}$ に対する $\boldsymbol{Pz}$）と直交することを示している．したがって，$\boldsymbol{Pb}$ は正射影であり，$\boldsymbol{P}$ は任意のベクトルを部分空間 $\mathcal{C}(\boldsymbol{P})$ へ射影する射影行列である．

（証明終）

もし，$\boldsymbol{P}$ が非特異行列であれば逆行列 $\boldsymbol{P}^{-1}$ が存在する．このとき，$\boldsymbol{P}^2 = \boldsymbol{P}$ の両辺に $\boldsymbol{P}^{-1}$ を乗ずれば $\boldsymbol{P}=\boldsymbol{I}$ を得る．すなわち，非特異行列となる射影行列は $\boldsymbol{I}$ のみである．このことから，意味のある（すなわち，議論の対象となるような）射影行列は特異行列である．

さらに，次の事実が，基底ベクトルが正規直交系でない場合の射影行列の計算法を与える．

5. $\mathbb{R}^M$ の部分空間 $\mathcal{V}$ の基底（正規直交基底とは限らない）を $\boldsymbol{a}_1, \boldsymbol{a}_2, \ldots, \boldsymbol{a}_k$ とする．これらを列ベクトルに持つ行列を $\boldsymbol{A} = [\boldsymbol{a}_1, \boldsymbol{a}_2, \ldots, \boldsymbol{a}_k]$ $(\boldsymbol{A} \in \mathbb{R}^{M\times k})$ とすれば，任意のベクトル $\boldsymbol{b}$ $(\boldsymbol{b} \in \mathbb{R}^M)$ の $\mathcal{V}$ への正射影 $\boldsymbol{b}_\perp$ は

$$\boldsymbol{b}_\perp = \boldsymbol{A}(\boldsymbol{A}^T\boldsymbol{A})^{-1}\boldsymbol{A}^T\boldsymbol{b} \tag{4.16}$$

で与えられる．

証明　基底 $\boldsymbol{a}_1, \boldsymbol{a}_2, \ldots, \boldsymbol{a}_k$ をグラム・シュミット法により直交化すると $\boldsymbol{A}$ に関して以下の関係を得る [問題 **4.3**]．

$$\boldsymbol{A}=\boldsymbol{QR} \tag{4.17}$$

ここで，$\boldsymbol{Q}$ $(\boldsymbol{Q} \in \mathbb{R}^{M\times k})$ は部分空間 $\mathcal{V}$ の正規直交基底を列ベクトルとして持つ直交行列であり，$\mathcal{C}(\boldsymbol{A}) = \mathcal{C}(\boldsymbol{Q})$ である．また，$\boldsymbol{R}$ $(\boldsymbol{R} \in \mathbb{R}^{k\times k})$ は非特異な上三角行列である．式 (4.17) は行列の QR 分解と呼ばれる．この QR 分解を用いれば，

$$\boldsymbol{b}_{\perp} = \boldsymbol{Q}\boldsymbol{Q}^T\boldsymbol{b} = (\boldsymbol{A}\boldsymbol{R}^{-1})(\boldsymbol{A}\boldsymbol{R}^{-1})^T\boldsymbol{b}$$
$$= \boldsymbol{A}(\boldsymbol{R}^T\boldsymbol{R})^{-1}\boldsymbol{A}^T\boldsymbol{b} = \boldsymbol{A}(\boldsymbol{A}^T\boldsymbol{A})^{-1}\boldsymbol{A}^T\boldsymbol{b} \tag{4.18}$$

を得る．ここで，$\boldsymbol{Q}$ が直交行列であることより

$$\boldsymbol{A}^T\boldsymbol{A} = (\boldsymbol{Q}\boldsymbol{R})^T\boldsymbol{Q}\boldsymbol{R} = \boldsymbol{R}^T\boldsymbol{Q}^T\boldsymbol{Q}\boldsymbol{R} = \boldsymbol{R}^T\boldsymbol{R}$$

が成り立つことを用いた．　（証明終）

4.3　正射影を用いた最小二乗法の解釈

話を最小二乗法に戻そう．4.1 節において，式 (4.6) に示すコスト関数を最小にする解として式 (4.8) に示す最小二乗解が求まることを説明した．この最小二乗解が本当に式 (4.6) で定義したコスト関数を最小にしていることを，正射影を使って確認してみよう．

式 (4.8) の最小二乗解を式 (4.6) のコスト関数に代入すれば，

$$F = \|\boldsymbol{y} - \boldsymbol{H}(\boldsymbol{H}^T\boldsymbol{H})^{-1}\boldsymbol{H}^T\boldsymbol{y}\|^2 \tag{4.19}$$

を得る．ここで，$\boldsymbol{P} = \boldsymbol{H}(\boldsymbol{H}^T\boldsymbol{H})^{-1}\boldsymbol{H}^T$ は，前節の項目 5 で述べたとおり，行列 $\boldsymbol{H}$ の列空間への射影行列である．ベクトル $\boldsymbol{y}$ の $\boldsymbol{H}$ の列空間への正射影を $\boldsymbol{y}_{\perp}$ とすれば

$$F = \|\boldsymbol{y} - \boldsymbol{y}_{\perp}\|^2 \tag{4.20}$$

を得る．ここで，4.2.1 項の項目 3 で述べた事実より，$\boldsymbol{y}_{\perp}$ は $\boldsymbol{H}$ の列空間に属するベクトルの中で $\boldsymbol{y}$ に最も「近い」ベクトルである．したがって，コスト関数 F は確かに最小となっている．

図 **4.2** に最小二乗解の幾何学的な解釈を示す．式 (4.1) に示す線形方程式において $M > N$ の場合，線形方程式は未知数の数より方程式の数のほうが大きいことになり，一般的には，厳密解を持たない．最小二乗法は $\mathcal{C}(\boldsymbol{H})$ に属するベクトルの中で（すなわち $\widehat{\boldsymbol{y}} = \boldsymbol{H}\boldsymbol{x}$ を満たす $\widehat{\boldsymbol{y}}$ の中で），$\boldsymbol{y}$ に最も近いベクトル，すなわちベクトル $\boldsymbol{y}$ の $\mathcal{C}(\boldsymbol{H})$ への正射影を最適解として

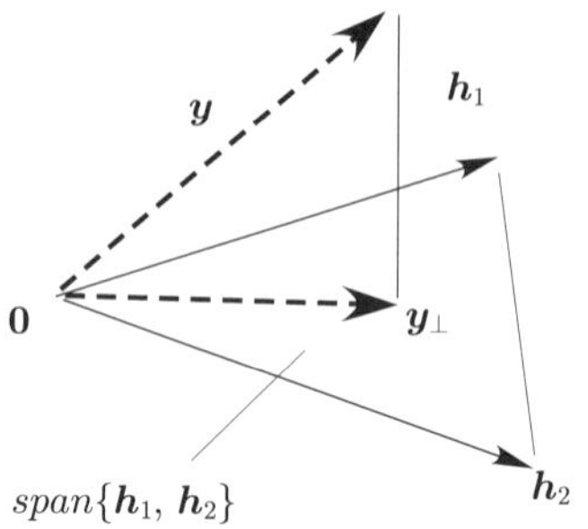

図 4.2　最小二乗解の幾何学的な解釈を示す．最小二乗法は $\boldsymbol{H}$ の列空間（図では $span\{\boldsymbol{h}_1, \boldsymbol{h}_2\}$）に属するベクトルの中で，ベクトル $\boldsymbol{y}$ のこの列空間への正射影 $\boldsymbol{y}_\perp$ を求める方法である．

求める方法である．

4.4　ミニマムノルム解

今度は，線形方程式 (4.1) に対して，その係数行列 $\boldsymbol{H}$ ($\boldsymbol{H} \in \mathbb{R}^{M \times N}$) が $M < N$ である場合を考えよう．ここでやはり，すべての行が線形独立，すなわち，full-row rank ($rank(\boldsymbol{H}) = M$) と仮定する．$M < N$ である場合とは，線形方程式において未知数の数が方程式の数よりも多い場合に相当する．このとき，この線形方程式は劣決定 (under-determined) といわれる．劣決定の場合，方程式

$$\boldsymbol{y} = \boldsymbol{H}\boldsymbol{x} \tag{4.21}$$

は，任意の $\boldsymbol{y}$ に対して，以下の解

$$\widehat{\boldsymbol{x}} = \boldsymbol{H}^T(\boldsymbol{H}\boldsymbol{H}^T)^{-1}\boldsymbol{y} \tag{4.22}$$

を持つ．ここで，$rank(\boldsymbol{H}) = M$ を仮定しているので，行列 $\boldsymbol{H}\boldsymbol{H}^T$ ($\boldsymbol{H}\boldsymbol{H}^T \in \mathbb{R}^{M \times M}$) は非特異行列であり逆行列が存在する．式 (4.22) が解であることは $\boldsymbol{H}\widehat{\boldsymbol{x}}$ を計算してみれば，

$$\boldsymbol{H}\widehat{\boldsymbol{x}} = \boldsymbol{H}\boldsymbol{H}^T(\boldsymbol{H}\boldsymbol{H}^T)^{-1}\boldsymbol{y} = \boldsymbol{y}$$

から簡単に示すことができる．

劣決定の場合の大きな特徴は線形方程式 (4.21) を満たす無数の解が存在することである．なぜなら行列 $\boldsymbol{H}$ が零空間 $\mathcal{N}(\boldsymbol{H})$ を持つからである．$rank(\boldsymbol{H}) = M$ の仮定のもとで，行列 $\boldsymbol{H}$ の零空間 $\mathcal{N}(\boldsymbol{H})$ の次元は $N - M > 0$ であり，$\mathcal{N}(\boldsymbol{H})$ には $\{\boldsymbol{0}\}$ 以外の要素が存在する．$\mathcal{N}(\boldsymbol{H})$ に属する $\{\boldsymbol{0}\}$ でないベクトルを $\boldsymbol{z}$ とすれば $\boldsymbol{Hz} = \boldsymbol{0}$ であるので，

$$\boldsymbol{H}(\widehat{\boldsymbol{x}} + \boldsymbol{z}) = \boldsymbol{H}\widehat{\boldsymbol{x}} + \boldsymbol{Hz} = \boldsymbol{y} + \boldsymbol{0} = \boldsymbol{y} \tag{4.23}$$

が成り立つ．したがって，$\widehat{\boldsymbol{x}} + \boldsymbol{z}$ も解である．ここで零空間 $\mathcal{N}(\boldsymbol{H})$ の次元が k であるとして，零空間の基底を $\boldsymbol{\zeta}_1, \ldots, \boldsymbol{\zeta}_k$ とすれば，これら基底の線形結合で表される任意のベクトル $\boldsymbol{z} = \sum_{j=1}^{k} c_j \boldsymbol{\zeta}_j$ から求まる $\widehat{\boldsymbol{x}} + \boldsymbol{z}$ もやはり解である．すなわち，線形方程式が劣決定の場合，一般的には式 (4.23) を満たす無数の解が存在する．ここで，$\|\widehat{\boldsymbol{x}} + \boldsymbol{z}\| \geq \|\widehat{\boldsymbol{x}}\|$ であるので，式 (4.22) で与えられる $\widehat{\boldsymbol{x}}$ は $\boldsymbol{y} = \boldsymbol{Hx}$ を満たすあらゆる解の中でノルムが最も小さな解である．この理由から，式 (4.22) に示す解はミニマムノルムの解といわれる．

劣決定 $(M < N)$ の場合，係数行列 $\boldsymbol{H}$ の特異値展開は

$$\boldsymbol{H} = \sum_{j=1}^{M} \gamma_j \boldsymbol{u}_j \boldsymbol{v}_j^T \tag{4.24}$$

と表されるので，ミニマムノルムの解を，$\boldsymbol{H}$ の特異値と特異値ベクトルで表すと，式 (4.10) と全く同じ導出により

$$\widehat{\boldsymbol{x}} = \left[\sum_{j=1}^{M} \frac{1}{\gamma_j} \boldsymbol{v}_j \boldsymbol{u}_j^T \right] \boldsymbol{y} = \sum_{j=1}^{M} \frac{(\boldsymbol{u}_j^T \boldsymbol{y})}{\gamma_j} \boldsymbol{v}_j \tag{4.25}$$

を得る．最小二乗解の場合には和のインデックスが N までであるのに対して，ミニマムノルム解では和のインデックスが M までである．これ以外は全く同じ形をしている．したがって，最小二乗解，ミニマムノルム解とも $R = \min\{M, N\}$ として，$\boldsymbol{H}$ がフルランクの場合

$$\widehat{\boldsymbol{x}} = \left[\sum_{j=1}^{R} \frac{1}{\gamma_j} \boldsymbol{v}_j \boldsymbol{u}_j^T \right] \boldsymbol{y} = \sum_{j=1}^{R} \frac{(\boldsymbol{u}_j^T \boldsymbol{y})}{\gamma_j} \boldsymbol{v}_j \tag{4.26}$$

と表すことができる.

4.5　係数行列 $\boldsymbol{H}$ が特異行列に近い場合への対応

4.5.1　$\boldsymbol{H}$ の特異値スペクトルとランクの推定

前節までの議論は係数行列 $\boldsymbol{H}$ ($\boldsymbol{H} \in \mathbb{R}^{M \times N}$) がフルランクであること, すなわち $rank(\boldsymbol{H}) = R = \min\{M, N\}$ を前提とした. 最小二乗解あるいはミニマムノルム解は科学や工学の諸分野で用いられるが, 実世界で出くわすさまざまな問題において係数行列のランク $r = rank(\boldsymbol{H})$ は必ずしもフルランクとは限らず, しかも, 通常は未知である. したがって, 実際にはランクも推定しなければならない. しかしながら, ランクの推定に 2.3.3 項で述べた定義に基づき,「ノンゼロの特異値の数によりその行列のランクを決める」を用いることはできない. なぜならば, 数値計算においては特異値は完全にゼロにはならないからである.

ランクの推定は, 通常, 特異値を番号順に (つまり大きさの順に) プロットして行う. このプロットは特異値スペクトルと呼ばれる. 特異値スペクトルの典型的な場合を図 **4.3** に示す. 図において, 実線で示す特異値スペクトルは, R $(= \min\{M, N\})$ 番目の最小特異値でさえもゼロよりは十分大きく, この場合は明らかに $\boldsymbol{H}$ はフルランクであると推定できる. 問題は特異値スペクトルが破線のような場合で, 番号が大きくなるに従い, 急激に小さくなりゼロに近づくが決してゼロとはならない. この場合, どのくらい小さくなったらゼロとみなすかという閾値を設定し, その閾値よりも特異値が小さくなった番号をこの行列のランクとして推定する. しかし, 当然ながら, この閾値の大きさでランクの値が違ってしまう.

例えば, 図 4.3 に一点鎖線で示す特異値スペクトルを持つ場合は, 設定した閾値よりも特異値が大きいのでフルランクの行列とみなされる. しかしながら, 同じフルランクでも実線のような特異値スペクトルを持つ行列とは行列の特性は相当異なるであろう. このような考察から実際の応用においては, ある行列が特異行列か, 非特異行列かのオン・オフ的な区別よりも, どの程度「特異行列に近いのか」を推定・評価することが重要である. この特異行列への近さを評価する指標として用いられるのが次節で述べる条件数

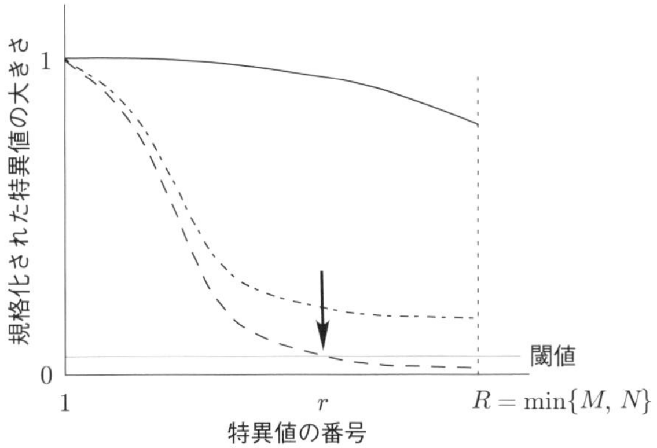

図 **4.3**　係数行列の特異値スペクトル（特異値を大きさの順に並べたプロット）を模式的に示す．実線は係数行列が明瞭にフルランクである場合の例．破線は係数行列が特異行列に近い場合の例．破線の例では特異値は番号が大きくなるに従い急激にゼロに近づく．係数行列のランクの推定は，どのくらい小さくなったらゼロとみなすかという閾値を設定して行う．この破線の例で，特異値スペクトルは矢印で示された r 番目で閾値と交差するのでランクは r と推定される．一点鎖線のプロットは実線と破線の場合の中間の場合であり，特異値は番号が大きくなるに従い減少するが閾値よりは大きい．したがって，この閾値設定では，一点鎖線のような場合は行列はフルランクとみなされる．

(condition number) である．

4.5.2　条件数

条件数とは，行列 $\boldsymbol{H}$ がどの程度特異行列に近いかを表す指標であり以下のように導く．話を簡単にするため，線形方程式 $\boldsymbol{Hx} = \boldsymbol{y}$ において，$\boldsymbol{H}$ は正方行列であり非特異行列とする．また前提として，線形方程式 $\boldsymbol{Hx} = \boldsymbol{y}$ において定数ベクトル $\boldsymbol{y}$ に誤差 $\boldsymbol{\varepsilon}$ が重畳（ちょうじょう）していると仮定する．多くの応用において，定数ベクトルの値は観測値（計測データ）である．したがって，通常ノイズと呼ばれる確率的な誤差が混入している．線形方程式はこのような誤差を明示して書くと

$$\boldsymbol{Hx} = \boldsymbol{y} + \boldsymbol{\varepsilon} \tag{4.27}$$

となる．この誤差 $\boldsymbol{\varepsilon}$ に起因する解 $\widehat{\boldsymbol{x}}$ の不正確さを，真の解 $\boldsymbol{x}$ に対する相対値 $\|\widehat{\boldsymbol{x}} - \boldsymbol{x}\|/\|\boldsymbol{x}\|$ で評価する．定数ベクトル $\boldsymbol{y}$ に含まれる誤差の程度は，$\boldsymbol{y}$ に対する相対値 $\|\boldsymbol{\varepsilon}\|/\|\boldsymbol{y}\|$ で評価する．$\|\boldsymbol{y}\| = \|\boldsymbol{Hx}\| \leq \|\boldsymbol{H}\|\|\boldsymbol{x}\|$ および $\boldsymbol{x} - \widehat{\boldsymbol{x}} = \boldsymbol{H}^{-1}\boldsymbol{\varepsilon}$ を用いて，

$$\frac{\|\boldsymbol{x}-\widehat{\boldsymbol{x}}\|}{\|\boldsymbol{x}\|}=\frac{\|\boldsymbol{H}^{-1}\boldsymbol{\varepsilon}\|}{\|\boldsymbol{x}\|}=\frac{\|\boldsymbol{H}\|\|\boldsymbol{H}^{-1}\boldsymbol{\varepsilon}\|}{\|\boldsymbol{H}\|\|\boldsymbol{x}\|}$$
$$\leq\frac{\|\boldsymbol{H}\|\|\boldsymbol{H}^{-1}\|\|\boldsymbol{\varepsilon}\|}{\|\boldsymbol{H}\boldsymbol{x}\|}=\rho\frac{\|\boldsymbol{\varepsilon}\|}{\|\boldsymbol{y}\|} \tag{4.28}$$

となる．ここで，

$$\rho=\|\boldsymbol{H}\|\|\boldsymbol{H}^{-1}\| \tag{4.29}$$

は条件数 (condition number) と呼ばれる．式 (4.28) からわかるように，条件数は定数ベクトルの相対誤差 $\|\boldsymbol{\varepsilon}\|/\|\boldsymbol{y}\|$ と解の相対誤差 $\|\boldsymbol{x}-\widehat{\boldsymbol{x}}\|/\|\boldsymbol{x}\|$ を関連づける定数であり，この数値が小さいほど誤差伝播が少なく，線形方程式は $\boldsymbol{y}$ に含まれる誤差の影響を受けにくい．この「線形方程式は $\boldsymbol{y}$ に含まれる誤差の影響を受けにくい」ことを「線形方程式は $\boldsymbol{y}$ に含まれる誤差に対し頑強（robust）である」という．

式 (4.29) において，$\boldsymbol{H}$ の最大特異値である γ_1 を用いれば，式 (2.61) から $\|\boldsymbol{H}\|=\gamma_1$ である．さらに，逆行列の特異値展開（式 (2.51)）から $\|\boldsymbol{H}^{-1}\|=1/\gamma_R$ $(R=M=N)$ であるので，結局，条件数は

$$\rho=\|\boldsymbol{H}\|\|\boldsymbol{H}^{-1}\|=\frac{\gamma_1}{\gamma_R} \tag{4.30}$$

と表すことができる．すなわち，条件数は行列の最大特異値と最小特異値の比で表される．この条件数は $\boldsymbol{H}$ がどの程度特異行列に近いかの評価量として用いられる．

図 4.3 に戻ってみると，この図の特異値スペクトルは最大特異値で規格化された γ_j/γ_1 $(j=1,\ldots,R)$ がプロットされている．したがって，このプロットの右端，$j=R$ の部位での値が条件数の逆数 $1/\rho$ に等しい．このように条件数はこの特異値スペクトルプロットの特徴を表現した指標となっている．

4.5.3　擬似逆行列解

$\boldsymbol{H}$ が特異行列に近い場合，すなわち，図 4.3 に破線で示されるような特異値スペクトルを持つ場合に，式 (4.26) に示す最小二乗解あるいはミニマムノルム解にどのような問題が起きるのであろうか．本節でも前提として，

線形方程式 $\boldsymbol{Hx} = \boldsymbol{y}$ において定数ベクトル $\boldsymbol{y}$ に誤差 $\boldsymbol{\varepsilon}$ が含まれていると仮定し，線形方程式は式 (4.27) で表されるとする．ノイズを考慮した場合の最小二乗解およびミニマムノルム解 $\widehat{\boldsymbol{x}}$ は，式 (4.26) を用いて

$$\widehat{\boldsymbol{x}} = \left[\sum_{j=1}^{R} \frac{1}{\gamma_j} \boldsymbol{v}_j \boldsymbol{u}_j^T\right] (\boldsymbol{y} + \boldsymbol{\varepsilon}) = \widetilde{\boldsymbol{x}} + \sum_{j=1}^{R} \frac{(\boldsymbol{u}_j^T \boldsymbol{\varepsilon})}{\gamma_j} \boldsymbol{v}_j \tag{4.31}$$

と表すことができる．上式右辺において $\widetilde{\boldsymbol{x}}$ は定数ベクトル $\boldsymbol{y}$ が誤差 $\boldsymbol{\varepsilon}$ を含まない場合の解であり，第 2 項は誤差 $\boldsymbol{\varepsilon}$ の解への影響である．

ここで，$\boldsymbol{H}$ が特異行列に近く，図 4.3 の破線のような特異値スペクトルを持っていたとする．すると，ある番号以降の特異値はほとんどゼロと仮定できる．今，$r+1$ 以降の特異値がほとんどゼロに等しいとすれば，$\gamma_{r+1} \approx \cdots \gamma_R \approx 0$ であるので，式 (4.31) の右辺第 2 項において $\gamma_{r+1}, \ldots, \gamma_R$ を含む項は，これらが分母に含まれるため，誤差 $\boldsymbol{\varepsilon}$ が「そこそこ」小さくても，解に大きな誤差を与えてしまう．すなわち，

$$\|\widetilde{\boldsymbol{x}}\| \ll \| \sum_{j=1}^{R} \frac{(\boldsymbol{u}_j^T \boldsymbol{\varepsilon})}{\gamma_j} \boldsymbol{v}_j \|$$

となってしまい，この場合，解 $\widehat{\boldsymbol{x}}$ は意味のないものとなる．

この問題に対する 1 つの解決策は式 (4.31) の右辺において $r+1$ 番目以降の項を和から取り去ってしまうことである．すなわち，

$$\widehat{\boldsymbol{x}} = \left[\sum_{j=1}^{r} \frac{1}{\gamma_j} \boldsymbol{v}_j \boldsymbol{u}_j^T\right] (\boldsymbol{y} + \boldsymbol{\varepsilon}) = \left[\sum_{j=1}^{r} \frac{1}{\gamma_j} \boldsymbol{v}_j \boldsymbol{u}_j^T\right] \boldsymbol{y} + \sum_{j=1}^{r} \frac{(\boldsymbol{u}_j^T \boldsymbol{\varepsilon})}{\gamma_j} \boldsymbol{v}_j \tag{4.32}$$

とすることである．当然ながら，ほぼゼロと仮定した $\gamma_{r+1}, \ldots, \gamma_R$ を含む項が和から除かれているので，上式右辺の第 2 項の誤差項もそれほど大きくならずに済むはずである．上式の括弧中の

$$\boldsymbol{H}^+ = \sum_{j=1}^{r} \frac{1}{\gamma_j} \boldsymbol{v}_j \boldsymbol{u}_j^T \tag{4.33}$$

は行列 $\boldsymbol{H}$ のランクを r と推定した場合の擬似逆行列であり，式 (2.52) ですでに導入したものである．

4.5.1 項で述べたように，$\boldsymbol{H}$ のランク r の推定には不確実さがともなう．この r の決定における不確実さが，最小二乗解あるいはミニマムノルム解にどのような影響を与えるであろうか．本節のこれまでの議論から明らかなように，定数ベクトル $\boldsymbol{y}$ に含まれる誤差 $\boldsymbol{\varepsilon}$ の影響をなるべく避けたければ，擬似逆行列解において r を小さくとればよい．しかし，小さな r を用いた場合に式 (4.32) の解にどのような影響が出るであろうか．

この影響を調べてみよう．式 (4.32) の右辺第 1 項は定数ベクトル $\boldsymbol{y}$ が誤差を含まない場合の解 $\widetilde{\boldsymbol{x}}$ であり，

$$\widetilde{\boldsymbol{x}} = \left[\sum_{j=1}^{r} \frac{1}{\gamma_j} \boldsymbol{v}_j \boldsymbol{u}_j^T\right] \boldsymbol{y} \tag{4.34}$$

と表される．この $\widetilde{\boldsymbol{x}}$ は解におけるノイズの影響を取り除いた部分とも解釈できる．この $\widetilde{\boldsymbol{x}}$ が r の選び方でどう変化するのかを見ていこう．定数ベクトル $\boldsymbol{y}$ は $\boldsymbol{y} \in \mathbb{R}^M$ であるので，正規直交基底 $\boldsymbol{u}_1, \boldsymbol{u}_2, \ldots, \boldsymbol{u}_M$ の線形結合で表すことができる．すなわち，c_k を展開係数として，

$$\boldsymbol{y} = \sum_{k=1}^{M} c_k \boldsymbol{u}_k$$

である．これを，式 (4.34) の右辺に代入すれば，

$$\begin{aligned} \widetilde{\boldsymbol{x}} &= \left[\sum_{j=1}^{r} \frac{1}{\gamma_j} \boldsymbol{v}_j \boldsymbol{u}_j^T\right] \boldsymbol{y} = \left[\sum_{j=1}^{r} \frac{1}{\gamma_j} \boldsymbol{v}_j \boldsymbol{u}_j^T\right] \sum_{k=1}^{M} c_k \boldsymbol{u}_k \\ &= \sum_{j=1}^{r} \frac{c_j}{\gamma_j} \boldsymbol{v}_j = \sum_{j=1}^{r} d_j \boldsymbol{v}_j \end{aligned} \tag{4.35}$$

と表される．ここで，$d_j = c_j/\gamma_j$ とした．

上式は，$\widetilde{\boldsymbol{x}}$ が正規直交基底 $\boldsymbol{v}_1, \ldots, \boldsymbol{v}_r$ を用いた展開として表されることを示している．ところで，真の解を表すベクトル $\boldsymbol{x}$ は $\boldsymbol{x} \in \mathbb{R}^N$ であるので，正規直交基底 $\boldsymbol{v}_1, \boldsymbol{v}_2, \ldots, \boldsymbol{v}_N$ の線形結合で表すことができ，展開係数を d_k として，

$$\boldsymbol{x} = \sum_{k=1}^{N} d_k \boldsymbol{v}_k \tag{4.36}$$

と表せる．

式 (4.36) によればベクトル $\boldsymbol{x}$ は本来 N 個の基底に相当する成分を持っているのであるが，式 (4.35) によれば，解として求まった $\widetilde{\boldsymbol{x}}$ には r 個の成分しか含まれていない．すなわち，$\boldsymbol{y}$ に含まれる誤差 $\boldsymbol{\varepsilon}$ の影響を押さえようとして r を小さく設定すれば，得られた解からは高次の基底成分が取り除かれてしまい，解としての「正確さ」は損なわれることになる．反対に，r を大きく設定すれば，$\widetilde{\boldsymbol{x}}$ はそれだけ「正確」になるが，誤差 $\boldsymbol{\varepsilon}$ の影響を避ける効果は小さなものとなる．つまり，r は誤差 $\boldsymbol{\varepsilon}$ の影響を回避する効果と，解のそもそもの正確さのトレードを与えるパラメータになっている[3)]．

4.5.4　正則化

定数ベクトル $\boldsymbol{y}$ に含まれる誤差 $\boldsymbol{\varepsilon}$ の影響を回避するもう 1 つの（よく用いられる）方法は，正則化 (regularization) と呼ばれる方法である．正則化を用いた場合，最小二乗解およびミニマムノルム解は，それぞれ

$$\widehat{\boldsymbol{x}} = (\boldsymbol{H}^T\boldsymbol{H} + \tau\boldsymbol{I})^{-1}\boldsymbol{H}^T\boldsymbol{y} \tag{4.37}$$

$$\widehat{\boldsymbol{x}} = \boldsymbol{H}^T(\boldsymbol{H}\boldsymbol{H}^T + \tau\boldsymbol{I})^{-1}\boldsymbol{y} \tag{4.38}$$

と表される．正則化を用いた解では，$\boldsymbol{H}^T\boldsymbol{H}$ あるいは $\boldsymbol{H}\boldsymbol{H}^T$ に $\tau\boldsymbol{I}$ を加えてから逆行列を計算する．ここで τ はある正のスカラー定数である[4)]．$\boldsymbol{H}$ の特異値と特異値ベクトルを用いれば，

$$(\boldsymbol{H}^T\boldsymbol{H} + \tau\boldsymbol{I})^{-1}\boldsymbol{H}^T = \boldsymbol{H}^T(\boldsymbol{H}\boldsymbol{H}^T + \tau\boldsymbol{I})^{-1} = \left[\sum_{j=1}^{R} \frac{\gamma_j}{(\tau + \gamma_j^2)} \boldsymbol{v}_j \boldsymbol{u}_j^T\right] \tag{4.39}$$

[3)] この $\widetilde{\boldsymbol{x}}$ が真の解と一致するような解，すなわち $\widetilde{\boldsymbol{x}} = \boldsymbol{x}$ を達成する解を不偏推定解と呼ぶ．詳しくは拙著『統計的信号処理』（文献 [12]）を参照されたい．

[4)] 逆行列を計算する行列の対角成分に（小さな）正の定数を加えてから逆行列を計算することは種々の分野で行われており，数値計算の分野では Tikhonov 正則化，信号処理の分野では Diagonal loading と呼ばれる．

を得る [**問題 4.4**].

したがって，定数ベクトル $\boldsymbol{y}$ に誤差 $\boldsymbol{\varepsilon}$ が含まれる場合，解 $\widehat{\boldsymbol{x}}$ は

$$\widehat{\boldsymbol{x}} = \left[\sum_{j=1}^{R} \frac{\gamma_j}{(\tau + \gamma_j^2)} \boldsymbol{v}_j \boldsymbol{u}_j^T\right] (\boldsymbol{y} + \boldsymbol{\varepsilon}) = \widetilde{\boldsymbol{x}} + \sum_{j=1}^{R} \frac{\gamma_j (\boldsymbol{u}_j^T \boldsymbol{\varepsilon})}{(\tau + \gamma_j^2)} \boldsymbol{v}_j \tag{4.40}$$

と表される．上記右辺の第 1 項の $\widetilde{\boldsymbol{x}}$ は $\boldsymbol{y}$ に誤差 $\boldsymbol{\varepsilon}$ が存在しない場合の解であり，第 2 項が $\boldsymbol{\varepsilon}$ によって生じる解の誤差である．第 2 項において特異値 γ_j がゼロに近い小さな値となればこの第 2 項もそれに応じて小さくなり，小さな特異値に起因する誤差の増幅がこの場合には起きないことは容易に見ることができる．

ここで正の定数 τ の大きさの効果を見てみよう．$\gamma_j/(\tau + \gamma_j^2) \underset{\tau \to 0}{\longrightarrow} 1/\gamma_j$ であることからもわかるとおり，誤差増幅の抑制だけを考えるなら大きな τ を使うべきである．それでは，大きな τ を用いると何が問題となるであろうか．それを見るため，$\boldsymbol{y}$ を基底 $\boldsymbol{u}_1, \ldots, \boldsymbol{u}_M$ で展開した $\boldsymbol{y} = \sum_{k=1}^{M} c_k \boldsymbol{u}_k$ を代入して，式 (4.40) の右辺第 1 項の $\widetilde{\boldsymbol{x}}$ を計算すると，

$$\widetilde{\boldsymbol{x}} = \left[\sum_{j=1}^{R} \frac{\gamma_j}{(\tau + \gamma_j^2)} \boldsymbol{v}_j \boldsymbol{u}_j^T\right] \left[\sum_{k=1}^{M} c_k \boldsymbol{u}_k\right] = \sum_{j=1}^{R} \frac{\gamma_j c_j}{(\tau + \gamma_j^2)} \boldsymbol{v}_j = \sum_{j=1}^{R} \tilde{d}_j \boldsymbol{v}_j \tag{4.41}$$

を得る．上式は $\widetilde{\boldsymbol{x}}$ が正規直交基底 $\boldsymbol{v}_1, \ldots, \boldsymbol{v}_R$ の展開で表され，展開係数 $\tilde{d}_j$ は

$$\tilde{d}_j = \frac{\gamma_j c_j}{(\tau + \gamma_j^2)}$$

となることを示している．したがって，展開係数は正則化の定数 τ により変調を受け変化してしまい，τ が大きければ，得られる解の真の解からのズレは大きくなる．したがって，ここでも再び，正則化定数 τ は $\boldsymbol{y}$ に含まれる誤差 $\boldsymbol{\varepsilon}$ の解への影響と，本来の解からのズレとのトレードを与えるパラメータとなっている．

この τ は正則化定数あるいは正則化パラメータと呼ばれるが，それではこの正則化定数の最適値はどのようにして決めたらよいであろうか．残念ながら線形代数の範囲内では，この定数の最適値を与える方法は知られていな

い．正則化定数の最適値を決めるには，問題の確率論的な取り扱いが必要となる．この確率論的取り扱いは 8.2 節で述べる．

問　題

4.1 式 (4.10) を導出せよ．

4.2 部分空間 $\mathcal{V}$ に対する射影行列を $\boldsymbol{P}$．また $\boldsymbol{b}_\perp$ を $\boldsymbol{b}$ の $\mathcal{V}$ への正射影とすれば，$\boldsymbol{P}\boldsymbol{b}_\perp = \boldsymbol{b}_\perp$ となることを証明せよ．

4.3 線形独立な列を持つ行列 $\boldsymbol{A}$（$\boldsymbol{A} \in \mathbb{R}^{M \times N}$ であり $rank(\boldsymbol{A}) = N$）に関して，式 (4.17)（行列 $\boldsymbol{A}$ の QR 分解と呼ばれる）を導け．

4.4 式 (4.39) の成立を示せ．

第5章　センサーアレイデータにおける信号とノイズの分離

多数のセンサーで構成されたセンサーアレイを用いて，波動の空間分布を計測し，その発生源についての情報を得るための信号処理技術をセンサーアレイ信号処理と呼ぶ．センサーアレイを用いた物理計測は，レーダーやソナーなどの軍事技術の分野，地震波の探査やリモートセンシングなどの地球物理学の分野，脳や心臓などの生体活動によって生じる信号を計測する生体計測工学の分野，あるいはスマートアンテナ等の携帯電話の通信方式への応用など現代の科学技術の諸分野で用いられている．このようなセンサーアレイからの計測データの処理においては，時系列データが行列として表現できるため線形代数の概念を用いた信号処理法が多く用いられている．本章から第7章において，これら線形代数を応用した信号処理法を解説する．

5.1　センサーアレイを用いた計測

多数のセンサーで空間に分布した信号を同時計測することを考える．空間に規則的に配列されたセンサーはセンサーアレイと呼ばれる．図 **5.1** はこのようなセンサーアレイ計測を概念的に示したもので，信号が規則的に配置された複数のセンサー（センサーアレイ）で計測される様子を示す．この信号を発している源は信号源あるいはソース (source) と呼ばれる．例えば，レーダーやソナーなどの軍事分野では，航空機やミサイルあるいは潜水艦が信号源であり，受信信号を解析してミサイルや航空機がどの方向から飛んで来るかを知ることが目的となる．また，地震波の探査の場合には，地震の震源が信号源であり，震源の位置と強度を地震計のセンサーデータから推定する．生体計測においては，電場や磁場を生じている脳や心臓の活動が信号源であり，計測データから脳活動や心臓の活動についての情報を得ることが目的となる．まず次節では，多数のセンサーで信号を同時計測する場合の計測

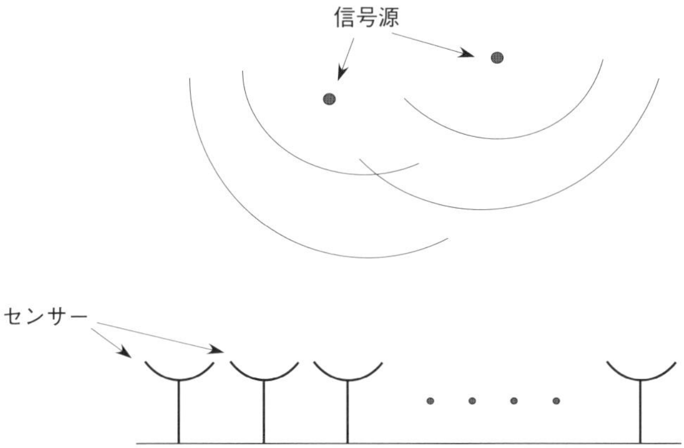

図 **5.1** 空間に規則的に配置された複数のセンサー（センサーアレイ）により空間に分布した波動が計測される様子を示す.

データの表現について説明する.

5.2 計測データの表現

5.2.1 信号の表現と基本的な定義

m 番目のセンサーの時刻 t における計測値を $y_m(t)$ で表し，センサーアレイ全体の計測値は列ベクトル $\boldsymbol{y}(t)$：

$$\boldsymbol{y}(t) = \begin{bmatrix} y_1(t) \\ y_2(t) \\ \vdots \\ y_M(t) \end{bmatrix} \tag{5.1}$$

で表す．ここで，M はセンサー数を表す．この $\boldsymbol{y}(t)$ は計測ベクトルあるいは観測ベクトルと呼ばれる.

3 次元空間における位置をベクトル $\boldsymbol{r} = (x, y, z)$ で表す．位置 $\boldsymbol{r}$ に計測の対象となっている信号を発している信号源が存在すると仮定する．その信号源強度を $s(\boldsymbol{r}, t)$ で表す．信号源の強度は通常，時間的に変動するので，信号源の強度は時間 t に依存すると仮定し $s(\boldsymbol{r}, t)$ と書く.

ここで，位置 $\boldsymbol{r}$ に存在する信号源に対するセンサーアレイの感度を $\boldsymbol{h}(\boldsymbol{r})$

($\boldsymbol{h}(\boldsymbol{r}) \in \mathbb{R}^M$) と表す．本書ではこの $\boldsymbol{h}(\boldsymbol{r})$ をセンサー応答ベクトル (sensor-response vector)[1]あるいはセンサー感度ベクトルと呼ぶ．このセンサー応答ベクトルについては次節でさらに詳しく説明する．$\boldsymbol{h}(\boldsymbol{r})$ を用いると，信号源分布 $s(\boldsymbol{r},t)$ とセンサー出力 $\boldsymbol{y}(t)$ の関係は，

$$\boldsymbol{y}(t) = \int_\Omega \boldsymbol{h}(\boldsymbol{r}) s(\boldsymbol{r},t)\, d\boldsymbol{r} \tag{5.2}$$

と表現できる．ここで，右辺の積分は信号源が存在する可能性のある3次元の領域 Ω について行う．この Ω を信号源空間 (source space) と呼ぶ．

実際には，センサーからの計測データにはノイズが重畳する．式 (5.2) の $\boldsymbol{y}(t)$ は計測データの中の信号成分であり，ノイズ成分と区別するために信号成分を表すベクトル $\boldsymbol{y}_S(t)$ を導入し，これを信号ベクトルと呼ぶ．すると，

$$\boldsymbol{y}_S(t) = \int_\Omega \boldsymbol{h}(\boldsymbol{r}) s(\boldsymbol{r},t)\, d\boldsymbol{r} \tag{5.3}$$

であり，ノイズを考慮した場合，計測ベクトル $\boldsymbol{y}(t)$ は

$$\boldsymbol{y}(t) = \boldsymbol{y}_S(t) + \boldsymbol{\varepsilon} \tag{5.4}$$

と表される．ここで，$M \times 1$ の列ベクトル $\boldsymbol{\varepsilon}$ は信号成分に加法的に加わるノイズを表す．つまり，$\boldsymbol{\varepsilon}$ の j 番目の成分 ε_j は j 番目のセンサーの計測値 $y_j(t)$ に重畳するノイズである．本書では，ノイズベクトル $\boldsymbol{\varepsilon}$ に対して平均ゼロ，分散 $\varrho^2\boldsymbol{I}$ の多変量正規分布

$$p(\boldsymbol{\varepsilon}) = \mathcal{N}(\boldsymbol{\varepsilon}|\boldsymbol{0}, \varrho^2\boldsymbol{I}) \tag{5.5}$$

を仮定する[2]．

5.2.2　センサー応答ベクトル

計測データを信号源強度 $s(\boldsymbol{r},t)$ と関係づけるには，式 (5.3) に示すよう

---

[1] レーダー信号処理などの分野では，この $\boldsymbol{h}(\boldsymbol{r})$ はアレイベクトル (array vector) あるいはアレイ応答ベクトル (array-response vector) と呼ばれる．

[2] 各センサーからのデータに重畳しているノイズが分散 ϱ^2 で平均ゼロの独立した正規分布をしていると仮定している．多変量正規分布については 8.1.2 項を参照されたい．

にセンサーアレイの信号源位置 $\boldsymbol{r}$ における感度を表すセンサー応答ベクトルが必要となる．センサーアレイの空間位置 $\boldsymbol{r}$ における感度は，その位置に単位強度の信号源が存在した場合のセンサーアレイの出力として定義できる．すなわち，位置 $\boldsymbol{r}$ に単位強度の信号源が存在すると仮定し，（他に信号源は存在しないと仮定して）このときの m 番目のセンサー出力を $h_m(\boldsymbol{r})$ と表し，m 番目の要素が $h_m(\boldsymbol{r})$ に等しい列ベクトルを，センサー応答ベクトルとして

$$\boldsymbol{h}(\boldsymbol{r}) = \begin{bmatrix} h_1(\boldsymbol{r}) \\ h_2(\boldsymbol{r}) \\ \vdots \\ h_M(\boldsymbol{r}) \end{bmatrix} \tag{5.6}$$

と定義する．すると，$\boldsymbol{h}(\boldsymbol{r})$ はセンサーアレイ全体の位置 $\boldsymbol{r}$ における感度を表す．このセンサー応答ベクトルはセンサーアレイ信号処理において重要な役割を果たす．

空間の各位置でのセンサー応答ベクトル，すなわち，センサー感度の空間分布を求める問題は順問題 (forward problem) と呼ばれる．この順問題はその計測に係る物理現象に依存する．例えば，潜水艦の位置を探知するためのソーナーにおいて，センサーが測定する物理量は水中で潜水艦の発した音の音圧であり，センサー感度を求めるには水中での音の伝播に関する物理モデルが必要である．また，地震の震源推定のために地表で地震波を計測しているならば，地震波が地球内部や表面をどのように伝播するかに関する物理モデルが必要である．本書では，センサーの感度を求めるための物理モデルには立ち入らず，順問題の物理モデルは妥当なものが求まっていると仮定する．すなわち，位置 $\boldsymbol{r}$ が与えられれば，$\boldsymbol{h}(\boldsymbol{r})$ を計算することができることを前提とする．

5.2.3 低ランク信号モデリングと信号部分空間

さらに，本書では信号源は離散的に分布していると仮定して，以下に述べる低ランク信号のモデル化を行う．まず，信号源分布 $s(\boldsymbol{r}, t)$ が Q 個の離散的な信号源で構成されていて，それぞれの位置を $\boldsymbol{r}_1, \ldots, \boldsymbol{r}_Q$，強度を

$s_1(t),\ldots,s_Q(t)$ で表す．すると信号源分布は，$\delta(\boldsymbol{r})$ がデルタ関数を意味するとして

$$s(\boldsymbol{r},t)=\sum_{q=1}^{Q}s_q(t)\delta(\boldsymbol{r}-\boldsymbol{r}_q) \tag{5.7}$$

と表されるので，式 (5.3) に代入すれば信号ベクトル $\boldsymbol{y}_S(t)$ は

$$\boldsymbol{y}_S(t)=\int_{\Omega}\boldsymbol{h}(\boldsymbol{r})\sum_{q=1}^{Q}s_q(t)\delta(\boldsymbol{r}-\boldsymbol{r}_q)\,d\boldsymbol{r}=\sum_{q=1}^{Q}s_q(t)\boldsymbol{h}_q \tag{5.8}$$

となる．$\boldsymbol{h}_q$ は q 番目の信号源に対するセンサー応答ベクトル $\boldsymbol{h}_q=\boldsymbol{h}(\boldsymbol{r}_q)$ である．

ここで，信号源の数 Q はセンサー数 M よりも小さい，すなわち $Q<M$ と仮定する．この仮定が成り立つ信号を低ランク信号と呼び，計測データを低ランク信号でモデル化することを低ランク信号モデリングと呼ぶ．さらに信号源に対するセンサー応答ベクトル $\boldsymbol{h}_1,\ldots,\boldsymbol{h}_Q$ は線形独立であると仮定する．

式 (5.8) を，時刻表記 (t) を省略して表すと，

$$\boldsymbol{y}_S=\sum_{q=1}^{Q}s_q\boldsymbol{h}_q=s_1\boldsymbol{h}_1+\cdots+s_Q\boldsymbol{h}_Q \tag{5.9}$$

であり，この式は信号ベクトル $\boldsymbol{y}_S$ が線形独立な感度ベクトル $\boldsymbol{h}_1,\cdots,\boldsymbol{h}_Q$ の線形結合で表されること，すなわち，$\boldsymbol{y}_S$ は $\boldsymbol{h}_1,\cdots,\boldsymbol{h}_Q$ の張る空間の要素であることを示している．この $\boldsymbol{h}_1,\cdots,\boldsymbol{h}_Q$ の張る空間は信号部分空間と呼ばれる．すなわち，信号部分空間 $\mathcal{E}_S$ は

$$\mathcal{E}_S=span\{\boldsymbol{h}_1,\ldots,\boldsymbol{h}_Q\} \tag{5.10}$$

であり，式 (5.9) は

$$\boldsymbol{y}_S\in\mathcal{E}_S=span\{\boldsymbol{h}_1,\ldots,\boldsymbol{h}_Q\} \tag{5.11}$$

であることを意味している．

ここで注意すべきは，通常は信号源についての情報，すなわち，その位置

$\boldsymbol{r}_1, \boldsymbol{r}_2, \ldots, \boldsymbol{r}_Q$ や強度 $s_1(t), s_2(t), \ldots, s_Q(t)$ は未知量である．むしろ，これらがこれから推定すべき推定対象である（信号源の推定に関しては第7章で詳しく説明する）．したがって，信号源位置における応答ベクトル $\boldsymbol{h}_q = \boldsymbol{h}(\boldsymbol{r}_q)$ $(q = 1, \ldots, Q)$ は未知な量であり，信号部分空間 $\mathcal{E}_S$ も未知である．しかしながら，実は，センサーデータが時系列で取得されている場合には（信号源位置を知らなくても）時系列データの特性を使って，この信号部分空間を推定できるのである．次にこの信号部分空間の推定について説明する．

5.2.4 時系列計測データの行列表現

計測データの行列表現を導入しよう．センサーアレイの時系列計測データが時間点 $t_1, t_2, \ldots, t_K$ において計測されると仮定する．つまり，$\boldsymbol{y}(t_1), \ldots, \boldsymbol{y}(t_K)$ $(\boldsymbol{y}(t_k) \in \mathbb{R}^M)$ が求まるとする．この時系列計測データをセンサータイムコースと呼び，行列 $\boldsymbol{B}$ $(\boldsymbol{B} \in \mathbb{R}^{M \times K})$ で表す．すなわちデータ行列 $\boldsymbol{B}$ を

$$\boldsymbol{B} = [\boldsymbol{y}(t_1), \ldots, \boldsymbol{y}(t_K)] = [\boldsymbol{y}_1, \ldots, \boldsymbol{y}_K] \tag{5.12}$$

と定義する．ここで表記の簡便さのため $\boldsymbol{y}(t_j)$ を（すなわち $\boldsymbol{B}$ の j 番目の列を）$\boldsymbol{y}_j$ と表記した．また，K は計測時間点の総数であり，本書では $K > M$ を仮定する．全く同様に信号行列 $\boldsymbol{B}_S$ $(\boldsymbol{B}_S \in \mathbb{R}^{M \times K})$ を

$$\boldsymbol{B}_S = [\boldsymbol{y}_S(t_1), \ldots, \boldsymbol{y}_S(t_K)] = [\boldsymbol{y}_1^S, \ldots, \boldsymbol{y}_K^S] \tag{5.13}$$

と定義する．ここでも $\boldsymbol{B}_S$ の j 番目の列を $\boldsymbol{y}_j^S$ と表す．すると式 (5.4) で表されたデータモデルはこれらの行列を用いて，

$$\boldsymbol{B} = \boldsymbol{B}_S + \boldsymbol{B}_\varepsilon \tag{5.14}$$

と表せる．ここで $\boldsymbol{B}_\varepsilon$ $(\boldsymbol{B}_\varepsilon \in \mathbb{R}^{M \times K})$ は時刻 $t_1, \ldots, t_K$ での計測データに重畳するノイズベクトルを列に持つノイズ行列である．

5.3 信号部分空間の推定

5.3.1 $\boldsymbol{\mathcal{E}}_S = \boldsymbol{\mathcal{C}}(\boldsymbol{B}_S)$ の証明

信号部分空間は式 (5.10) で定義される．しかし，信号部分空間を張る感度ベクトル $\boldsymbol{h}_1, \boldsymbol{h}_2, \ldots, \boldsymbol{h}_Q$ が未知な量であるため，この定義式を直接使って信号部分空間を推定することはできない．本節では，感度ベクトル $\boldsymbol{h}_1$, $\boldsymbol{h}_2, \ldots, \boldsymbol{h}_Q$ を知ることなしに信号部分空間を推定する方法について説明する．

まず，式 (5.13) で定義した信号行列を用いて，

$$\mathcal{E}_S = \mathcal{C}(\boldsymbol{B}_S) \tag{5.15}$$

となること，すなわち，信号部分空間は信号行列の列空間に等しいことを証明する．

証明　Q 個の信号源を仮定して，時刻 t_k における信号源強度を $s_1(t_k)$, $s_2(t_k), \ldots, s_Q(t_k)$ とする．q 番目の信号源の強度の時間変化 $s_q(t_1), s_q(t_2)$, $\ldots, s_q(t_K)$ を要素とする行ベクトルを $\boldsymbol{s}_q$ と定義する．すなわち，

$$\boldsymbol{s}_q = [s_q(t_1), s_q(t_2), \ldots, s_q(t_K)] \tag{5.16}$$

である．ここで，$s_q(t_1), s_q(t_2), \ldots, s_q(t_K)$ を信号源のタイムコースと呼び，$\boldsymbol{s}_q$ を信号源タイムコースベクトルと呼ぶ．本書では，各信号源のタイムコースは互いに線形独立である．つまり，ベクトル $\boldsymbol{s}_1, \ldots, \boldsymbol{s}_Q$ は互いに線形独立であると仮定する．

信号行列 $\boldsymbol{B}_S$ の k 番目の列は

$$\boldsymbol{y}_k^S = \sum_{q=1}^{Q} s_q(t_k)\boldsymbol{h}_q$$

と表されるので，結局，$\boldsymbol{B}_S$ ($\boldsymbol{B}_S \in \mathbb{R}^{M \times K}$) は

$$
\begin{aligned}
\boldsymbol{B}_S = [\boldsymbol{y}_1^S, \ldots, \boldsymbol{y}_K^S] &= \left[\sum_{q=1}^{Q} s_q(t_1)\boldsymbol{h}_q, \sum_{q=1}^{Q} s_q(t_2)\boldsymbol{h}_q, \ldots, \sum_{q=1}^{Q} s_q(t_K)\boldsymbol{h}_q \right] \\
&= \sum_{q=1}^{Q} \boldsymbol{h}_q \left[s_q(t_1), s_q(t_2), \ldots, s_q(t_K) \right] \\
&= \sum_{q=1}^{Q} \boldsymbol{h}_q \boldsymbol{s}_q = [\boldsymbol{h}_1, \boldsymbol{h}_2, \ldots, \boldsymbol{h}_Q] \begin{bmatrix} \boldsymbol{s}_1 \\ \boldsymbol{s}_2 \\ \vdots \\ \boldsymbol{s}_Q \end{bmatrix} = \boldsymbol{H}\boldsymbol{S}
\end{aligned}
\tag{5.17}
$$

と表される．ここで，$\boldsymbol{H}$ ($\boldsymbol{H} \in \mathbb{R}^{M \times Q}$) は

$$
\boldsymbol{H} = [\boldsymbol{h}_1, \boldsymbol{h}_2, \ldots, \boldsymbol{h}_Q] \tag{5.18}
$$

および，$\boldsymbol{S}$ ($\boldsymbol{S} \in \mathbb{R}^{Q \times K}$) は

$$
\boldsymbol{S} = \begin{bmatrix} \boldsymbol{s}_1 \\ \boldsymbol{s}_2 \\ \vdots \\ \boldsymbol{s}_Q \end{bmatrix} \tag{5.19}
$$

である．式 (5.10) の定義より，行列 $\boldsymbol{H}$ の列空間が信号部分空間 $\mathcal{E}_S$ に等しい．すなわち，

$$
\mathcal{E}_S = \mathcal{C}(\boldsymbol{H}) \tag{5.20}
$$

である．

ここで，3.4.1 項の項目 3 を用いれば，式 (5.17) において，$\boldsymbol{S}$ の行つまり信号源のタイムコースは線形独立であると仮定しているので，以下の関係

$$
\mathcal{C}(\boldsymbol{B}_S) = \mathcal{C}(\boldsymbol{H}) = \mathcal{E}_S \tag{5.21}
$$

を得る．つまり，信号部分空間は信号行列 $\boldsymbol{B}_S$ の列空間として求めることができる．ここで，$K > Q$ の仮定が暗に用いられていることに注意された

い．K はベクトル $\boldsymbol{s}_q$ の要素数であるので，$K < Q$ であれば $\boldsymbol{s}_1, \ldots, \boldsymbol{s}_Q$ は線形独立とはならないからである．　(証明終)

さて，式 (5.21) は証明できたが，式 (5.21) を用いて信号部分空間を推定することはまだできない．なぜなら，$\boldsymbol{B}_S$ そのものが未知な量であるため $\boldsymbol{B}_S$ の列空間は未知量である．式 (5.14) において，測定できるのは左辺の $\boldsymbol{B}$ である．実は，ここでノイズが式 (5.5) で表される正規ノイズであれば，測定時間点数 K が十分大きいと仮定すれば，$\boldsymbol{B}$ の左側特異値ベクトルと $\boldsymbol{B}_S$ の左側特異値ベクトルを等しくすることができる．一方，信号部分空間 $\mathcal{E}_S$ の基底ベクトルは $\boldsymbol{B}_S$ の列空間の基底ベクトルに等しく，$\boldsymbol{B}_S$ の左側特異値ベクトルから求めることができる．ここで $\boldsymbol{B}$ と $\boldsymbol{B}_S$ の左側特異値ベクトルが等しいので，信号部分空間の基底ベクトルは，計測可能な $\boldsymbol{B}$ の左側特異値ベクトルとして求まるのである．次節でこのことを証明しよう．

5.3.2　$\boldsymbol{B_S}$ と $\boldsymbol{B}$ の左側特異値ベクトルの関係

信号行列 $\boldsymbol{B}_S$ ($\boldsymbol{B}_S \in \mathbb{R}^{M \times K}$) はランク Q の行列であるので，Q 個のゼロでない特異値を持つ．したがって，信号行列 $\boldsymbol{B}_S$ の特異値展開は（$M < K$ を考慮して）式 (2.39) のエコノミー SVD の形で表せば

$$\boldsymbol{B}_S = [\boldsymbol{u}_1, \ldots, \boldsymbol{u}_Q, \boldsymbol{u}_{Q+1}, \ldots, \boldsymbol{u}_M]\,\boldsymbol{\Lambda} \begin{bmatrix} \boldsymbol{v}_1^T \\ \vdots \\ \boldsymbol{v}_Q^T \\ \boldsymbol{v}_{Q+1}^T \\ \vdots \\ \boldsymbol{v}_M^T \end{bmatrix} \tag{5.22}$$

と表すことができる．ここで，$\boldsymbol{\Lambda}$ は以下のような対角行列である．

$$\boldsymbol{\Lambda} = \begin{bmatrix} \gamma_1 & 0 & \cdots & \cdot & \cdots & 0 \\ 0 & \ddots & \cdot & \cdot & \cdot & 0 \\ \vdots & \cdot & \gamma_Q & \cdot & \cdot & \vdots \\ \cdot & \cdot & \cdot & 0 & \cdot & \cdot \\ \vdots & \cdot & \cdot & \cdot & \ddots & 0 \\ 0 & \cdot & \cdots & \cdot & 0 & 0 \end{bmatrix}$$

この特異値展開においてノンゼロ特異値 $\gamma_1, \ldots, \gamma_Q$ に対応した Q 個の特異値ベクトルのスパン $span([\boldsymbol{u}_1, \ldots, \boldsymbol{u}_Q])$ が $\boldsymbol{B}_S$ の列空間，すなわち，信号部分空間 $\mathcal{E}_S$ に等しい．つまり，これら特異値ベクトル $\boldsymbol{u}_1, \ldots, \boldsymbol{u}_Q$ は信号部分空間の正規直交基底となっている．

ここで，信号行列 $\boldsymbol{B}_S$ は未知量であるので，その特異値ベクトルを直接求めることはできない．しかし，ノイズ $\boldsymbol{\varepsilon}$ が式 (5.5) に従うと仮定すればその共分散行列を（データ点数 K が十分大きい場合に）$\varrho^2\boldsymbol{I}$ と表すことができるので，特異値ベクトル $\boldsymbol{u}_1, \ldots, \boldsymbol{u}_Q$ はデータ行列 $\boldsymbol{B}$ の Q 個の最大特異値に対応した特異値ベクトルに等しいことを以下のように示すことができる．

証明　まず，計測データ $\boldsymbol{B}$，信号成分 $\boldsymbol{B}_S$，およびノイズ $\boldsymbol{\varepsilon}$ のサンプル共分散行列をそれぞれ $\boldsymbol{R}$，$\boldsymbol{R}_S$，$\boldsymbol{R}_\varepsilon$ と表す．これらは，

$$\boldsymbol{R} = \frac{1}{K}\boldsymbol{B}\boldsymbol{B}^T \tag{5.23}$$

$$\boldsymbol{R}_S = \frac{1}{K}\boldsymbol{B}_S\boldsymbol{B}_S^T \tag{5.24}$$

$$\boldsymbol{R}_\varepsilon = \frac{1}{K}\boldsymbol{B}_\varepsilon\boldsymbol{B}_\varepsilon^T \tag{5.25}$$

として求まる[3)]．信号とノイズが無相関 $\boldsymbol{B}_S\boldsymbol{B}_\varepsilon^T = \boldsymbol{0}$ を仮定すれば，式 (5.14) からこれらサンプル共分散行列の間に

[3)] これらの行列は平均が引かれていないので，厳密には共分散行列ではなく 2 次モーメント行列と呼ぶべきではあるが，習慣的に共分散行列と呼ばれる．

$$\boldsymbol{R} = \boldsymbol{R}_S + \boldsymbol{R}_\varepsilon \tag{5.26}$$

の関係を得る．ここで，ノイズ $\boldsymbol{\varepsilon}$ が式 (5.5) で表される場合，$K \to \infty$ の極限で，$\boldsymbol{R}_\varepsilon \to \varrho^2 \boldsymbol{I}$ となる．したがって，時間点数 K が十分大きい極限で

$$\boldsymbol{R} = \boldsymbol{R}_S + \varrho^2 \boldsymbol{I} \tag{5.27}$$

が成り立つ．

一方，信号行列 $\boldsymbol{B}_S$ ($\boldsymbol{B}_S \in \mathbb{R}^{M \times K}$) の特異値展開が式 (5.22) で表されるので，式 (5.24) および式 (5.27) から，サンプル共分散行列 $\boldsymbol{R}$ の特異値展開は，

$$\boldsymbol{U}_S = [\boldsymbol{u}_1, \ldots, \boldsymbol{u}_Q] \tag{5.28}$$

$$\boldsymbol{U}_N = [\boldsymbol{u}_{Q+1}, \ldots, \boldsymbol{u}_M] \tag{5.29}$$

を用いて，

$$\begin{aligned} \boldsymbol{R} = \boldsymbol{R}_S + \varrho^2 \boldsymbol{I} &= \frac{1}{K} \boldsymbol{B}_S \boldsymbol{B}_S^T + \varrho^2 \boldsymbol{I} \\ &= [\boldsymbol{U}_S, \boldsymbol{U}_N]\, \boldsymbol{\Lambda}^2\, [\boldsymbol{U}_S, \boldsymbol{U}_N]^T + \varrho^2 \boldsymbol{I} \\ &= [\boldsymbol{U}_S, \boldsymbol{U}_N]\, \widetilde{\boldsymbol{\Lambda}}\, [\boldsymbol{U}_S, \boldsymbol{U}_N]^T \end{aligned} \tag{5.30}$$

と表される[4)]．ここで，$\widetilde{\boldsymbol{\Lambda}}$ は以下のような対角行列である．

$$\widetilde{\boldsymbol{\Lambda}} = \begin{bmatrix} \frac{1}{K}\gamma_1^2 + \varrho^2 & 0 & \cdots & \cdot & \cdots & 0 \\ 0 & \ddots & \cdot & \cdot & \cdot & 0 \\ \vdots & \cdot & \frac{1}{K}\gamma_Q^2 + \varrho^2 & \cdot & \cdot & \vdots \\ \cdot & \cdot & \cdot & \varrho^2 & \cdot & \cdot \\ \vdots & \cdot & \cdot & \cdot & \ddots & 0 \\ 0 & \cdot & \cdots & \cdot & 0 & \varrho^2 \end{bmatrix}$$

すなわち，計測データのサンプル共分散行列 $\boldsymbol{R}$ の特異値展開は，j 番目

4) 同時にこれは $\boldsymbol{R}$ の固有値展開でもある．ここでは $\boldsymbol{R}$ の特異値展開と呼ぶ．

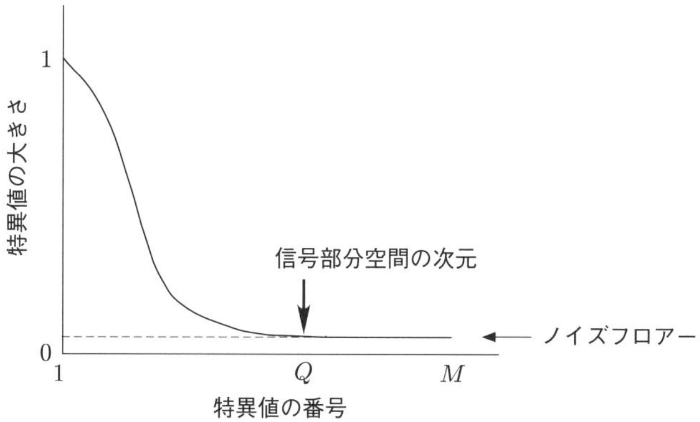

図 5.2 データ共分散行列 $\boldsymbol{R}$ の典型的な特異値スペクトルと信号部分空間の次元 Q の決め方を示す．次元 Q は特異値スペクトルがノイズフロアと接する位置での特異値の次数として求める．

$(j \le Q)$ の特異値が $\frac{1}{K}\gamma_j^2 + \varrho^2$ であり，左側，右側特異値ベクトルとも $\boldsymbol{u}_1$, $\boldsymbol{u}_2, \ldots, \boldsymbol{u}_M$ で表される．したがって，結局，

$$\mathcal{C}(\boldsymbol{B}_S) = span\{\boldsymbol{u}_1, \boldsymbol{u}_2, \ldots, \boldsymbol{u}_Q\} \tag{5.31}$$

が成り立つ．ここで，$\boldsymbol{u}_1, \boldsymbol{u}_2, \ldots, \boldsymbol{u}_Q$ は計測データ行列 $\boldsymbol{B}$ の左側特異値ベクトルとして求まる計測可能な量である．

ただし，計測データ行列 $\boldsymbol{B}$ を特異値展開して左側特異値ベクトル $\boldsymbol{u}_1$, $\boldsymbol{u}_2, \ldots, \boldsymbol{u}_M$ を求めることはできるが，上に述べたように信号部分空間の正規直交基底は $\boldsymbol{u}_1, \boldsymbol{u}_2, \ldots, \boldsymbol{u}_Q$ であるので，さらに信号部分空間の次元 Q を決める必要がある．データサンプル共分散行列 $\boldsymbol{R}$ の特異値は，式 (5.30) によれば

$$(\gamma_1/K) + \varrho^2 \ge (\gamma_2/K) + \varrho^2 \ge \cdots \ge (\gamma_Q/K) + \varrho^2 > \underbrace{\varrho^2 = \cdots = \varrho^2}_{M-Q} \tag{5.32}$$

と表される．すなわち，$\boldsymbol{R}$ の特異値は計測データに含まれるノイズの分散 ϱ^2 より大きな Q 個の特異値と，ノイズの分散に等しい $M-Q$ 個の特異値から構成される．したがって，信号部分空間の次元 Q は，ノイズの分散 ϱ^2 より大きな特異値の数として求めることができる．　(証明終)

図 **5.2** にデータ共分散行列 $\boldsymbol{R}$ の特異値スペクトルを模式的に示す．ノイズによって決まる後半の特異値の大きさを特異値スペクトルのノイズフロアと呼ぶ．信号部分空間の次元はノイズフロアより大きな特異値の数を求めることで行われる．すなわち，ノイズフロアの大きさを推定し，その大きさで閾値を決めて，その閾値よりも大きな特異値の数を決めることが必要となる．信号部分空間の次元 Q が決定されれば，信号部分空間の正規直交基底ベクトルは $\boldsymbol{u}_1, \boldsymbol{u}_2, \ldots, \boldsymbol{u}_Q$ として求まる．

ちなみに，$\boldsymbol{u}_{Q+1}, \boldsymbol{u}_2, \ldots, \boldsymbol{u}_M$ の張る空間 $span\{\boldsymbol{u}_{Q+1}, \boldsymbol{u}_2, \ldots, \boldsymbol{u}_M\}$ は，信号部分空間に対してノイズ部分空間と呼ばれている．3.5.2 項の説明から明らかなように，ノイズ部分空間は信号行列 $\boldsymbol{B}_S$ の左側零空間である．信号部分空間とノイズ部分空間が直交補空間をなすことは 3.9 節の議論から明らかである．

以上，本節ではノイズに式 (5.5) で表される正規分布を仮定し，データ点数 K が十分大きい極限で信号部分空間の正規直交基底はデータ行列 $\boldsymbol{B}$ の左特異値ベクトル $\boldsymbol{u}_1, \boldsymbol{u}_2, \ldots, \boldsymbol{u}_Q$ に等しいことを示した．しかしながら，通常の計測ではデータ点数 K は有限である．K が有限の場合にはこの結論はどうなるであろうか．実は K が有限の場合においてはデータ行列 $\boldsymbol{B}$ の左特異値ベクトル $\boldsymbol{u}_1, \boldsymbol{u}_2, \ldots, \boldsymbol{u}_Q$ が信号部分空間の正規直交基底の最尤推定解[5)]であることを示すことができる．この証明については 5.5 節で述べる．

5.4　信号とノイズの分離：信号部分空間投影

5.4.1　ノイズ除去への応用

本節では信号部分空間の考え方を，計測されたデータに混入したノイズ除去に応用する．計測データのモデルは式 (5.4) である．式 (5.4) をもう一度（時刻 t の依存性を省略して）書いてみると，

$$\boldsymbol{y} = \boldsymbol{y}_S + \boldsymbol{\varepsilon} \tag{5.33}$$

[5)] 最尤推定解については A.1.2 項を参照されたい．

である．各ベクトルは $\boldsymbol{y}, \boldsymbol{y}_S, \boldsymbol{\varepsilon} \in \mathbb{R}^M$ である．ここでノイズが重畳した計測データ $\boldsymbol{y}$ を信号成分 $\boldsymbol{y}_S$ とノイズ成分 $\boldsymbol{\varepsilon}$ に分離するにはどのようにしたらいいであろうか．手がかりは，ノイズベクトル $\boldsymbol{\varepsilon}$ は M 次元空間のどこにも存在し得るが，信号ベクトル $\boldsymbol{y}_S$ は M 次元空間の限られた領域にしか存在しないという事実である．この「限られた領域」が信号部分空間であるので，計測ベクトル $\boldsymbol{y}$ の信号部分空間に存在する成分を求めれば，それは信号成分にほぼ等しいと考えることができる（もちろん，ノイズベクトルも信号部分空間の成分を持っているが，一般的には，それは非常に小さいと仮定できる）．

計測ベクトルの信号部分空間に存在する成分を求めるには，信号部分空間への射影行列（射影演算子）$\boldsymbol{P}_S$ を求め，この射影行列を計測ベクトルに乗じればよい．射影行列を計測ベクトルに乗じることを「計測ベクトルを射影行列で（信号部分空間に）投影する」と言う．射影行列 $\boldsymbol{P}_S$ は，4.2 節の議論を用いれば，信号部分空間の正規直交基底 $\boldsymbol{u}_1, \boldsymbol{u}_2, \ldots, \boldsymbol{u}_Q$ を用いて，

$$\boldsymbol{P}_S = [\boldsymbol{u}_1, \ldots, \boldsymbol{u}_Q][\boldsymbol{u}_1, \ldots, \boldsymbol{u}_Q]^T \tag{5.34}$$

と求まる．これをデータベクトル $\boldsymbol{y}$ に左側から乗じれば，

$$\boldsymbol{P}_S\boldsymbol{y} = \boldsymbol{P}_S\boldsymbol{y}_S + \boldsymbol{P}_S\boldsymbol{\varepsilon} \tag{5.35}$$

を得る．ここで，$\boldsymbol{y}_S \in \mathcal{E}_S$ であるので，$\boldsymbol{P}_S\boldsymbol{y}_S = \boldsymbol{y}_S$ である．また，信号部分空間 $\mathcal{E}_S$ は，全空間 $\mathbb{R}^M$ の中で小さな領域のみを占めるとすれば $\boldsymbol{P}_S\boldsymbol{\varepsilon} \approx \boldsymbol{0}$ が成り立つであろう．したがって，

$$\boldsymbol{P}_S\boldsymbol{y} \approx \boldsymbol{y}_S$$

となり，計測データに混入したノイズの除去が達成できる．このように，計測データを信号部分空間に投影してノイズ除去を行う方法を信号部分空間投影（signal subspace projection，略して SSP）と呼ぶ．

信号部分空間投影の働きを少し詳しく見ていくため，信号ベクトル $\boldsymbol{y}_S$ を信号部分空間の基底ベクトル $\boldsymbol{u}_1, \boldsymbol{u}_2, \ldots, \boldsymbol{u}_Q$ で展開する．

$$\boldsymbol{y}_S = \sum_{j=1}^{Q} c_j \boldsymbol{u}_j \tag{5.36}$$

ここで，c_j は展開係数である．ノイズベクトル $\boldsymbol{\varepsilon}$ ($\boldsymbol{\varepsilon} \in \mathbb{R}^M$) はデータ行列 $\boldsymbol{B}$ の左側特異値ベクトル $\boldsymbol{u}_1, \ldots, \boldsymbol{u}_M$ により展開できる．すなわち，

$$\boldsymbol{\varepsilon} = \sum_{j=1}^{M} d_j \boldsymbol{u}_j \tag{5.37}$$

である．ここでやはり，d_j は展開係数である．射影行列 $\boldsymbol{P}_S$ を計測ベクトル $\boldsymbol{y}$ に作用させると，ノイズ除去後，すなわち信号ベクトルの推定結果 $\hat{\boldsymbol{y}}_S$ は

$$\hat{\boldsymbol{y}}_S = [\boldsymbol{u}_1, \ldots, \boldsymbol{u}_Q][\boldsymbol{u}_1, \ldots, \boldsymbol{u}_Q]^T \left[\sum_{j=1}^{Q} c_j \boldsymbol{u}_j + \sum_{j=1}^{M} d_j \boldsymbol{u}_j \right] = \sum_{j=1}^{Q} [c_j + d_j] \boldsymbol{u}_j \tag{5.38}$$

となる．式 (5.36) に示す $\boldsymbol{y}_S$ の展開と比較して，展開係数にノイズ由来の余分な項 d_j が入っているため，信号成分 $\boldsymbol{y}_S$ が完全に再現されるわけではない．この誤差はノイズベクトルの信号部分空間に属している成分，すなわち，信号部分空間への射影演算子が取り除くことができないノイズ成分によって生じる誤差である．ただし，通常はノイズベクトルの信号部分空間成分は非常に小さい．つまり，$d_1, \ldots, d_Q \approx 0$ が仮定できる．

5.3.2 項で述べたように，信号部分空間の基底ベクトルを求めるのに際して，次元 Q の決定にはあいまいさが入り込む可能性がある．次に，この次元の決定が誤差を含む場合の影響を考えてみよう．まず，推定した次元 $\widehat{Q}$ が実際よりも小さな場合, すなわち，$\widehat{Q} = Q - \zeta$ ($\zeta > 0$) の場合を考えてみる．式 (5.38) と同様の解析を行うと，

$$\begin{aligned} \hat{\boldsymbol{y}}_S &= [\boldsymbol{u}_1, \ldots, \boldsymbol{u}_{\widehat{Q}}][\boldsymbol{u}_1, \ldots, \boldsymbol{u}_{\widehat{Q}}]^T \left[\sum_{j=1}^{Q} c_j \boldsymbol{u}_j + \sum_{j=1}^{M} d_j \boldsymbol{u}_j \right] \\ &= \sum_{j=1}^{\widehat{Q}} c_j \boldsymbol{u}_j \end{aligned} \tag{5.39}$$

となる．ここで議論を簡単にするためノイズベクトルの信号部分空間成分を無視した，すなわち，$d_1, \ldots, d_Q = 0$ を仮定した．式 (5.36) と比較して，$j = \widehat{Q} + 1, \ldots, Q$ までの成分:

$$\sum_{j=\widehat{Q}+1}^{Q} c_j \boldsymbol{u}_j$$

が信号成分推定結果 $\hat{\boldsymbol{y}}_S$ に含まれておらず，したがって，信号ベクトルの形が歪んでしまうことがわかる．

次に，推定した次元 $\widehat{Q}$ が実際よりも大きな場合，すなわち，$\widehat{Q} = Q + \zeta$ $(\zeta > 0)$ の場合を考えてみる．式 (5.38) と同様の解析を行うと，

$$\begin{aligned}\hat{\boldsymbol{y}}_S &= [\boldsymbol{u}_1, \ldots, \boldsymbol{u}_{\widehat{Q}}][\boldsymbol{u}_1, \ldots, \boldsymbol{u}_{\widehat{Q}}]^T \left[\sum_{j=1}^{Q} c_j \boldsymbol{u}_j + \sum_{j=1}^{M} d_j \boldsymbol{u}_j\right] \\ &= \sum_{j=1}^{Q} c_j \boldsymbol{u}_j + \sum_{j=Q+1}^{\widehat{Q}} d_j \boldsymbol{u}_j \end{aligned} \tag{5.40}$$

となる．式 (5.36) と比較して，この場合，$j = Q + 1, \ldots, \widehat{Q}$ までのノイズ成分が信号成分推定結果 $\hat{\boldsymbol{y}}_S$ に重畳してしまうことがわかる．すなわち，余分に推定された次元の大きさに応じて，ノイズ除去の性能が低下してしまうことがわかる．

以上の説明から，信号部分空間の次元の推定において，実際の値よりも小さく推定した場合と，大きく推定した場合とでは影響が異なり，小さく推定した場合には信号ベクトルの歪みを，大きく推定した場合にはノイズ除去性能の低下を招くことがわかる．多くの応用では，信号成分が歪んでしまうことの方が，ノイズ除去性能が多少落ちることよりも深刻な影響となるため，信号部分空間の次元の推定にあいまいさがある場合には，若干，余分に推定しておくことが行われる．

信号部分空間投影の働きを，今度は式 (5.14) に示す行列形式のデータモデルを用いて見ていこう．$\boldsymbol{B}$ の特異値展開を

$$\boldsymbol{B} = \sum_{j=1}^{M} \tilde{\gamma}_j \boldsymbol{u}_j \tilde{\boldsymbol{v}}_j \tag{5.41}$$

と書く．ここで，$\boldsymbol{u}_j$ は行列 $\boldsymbol{B}$ および $\boldsymbol{B}_S$ の左側特異値ベクトルであり，信号部分空間の基底ベクトルである．$\tilde{\boldsymbol{v}}_j$ は $\boldsymbol{B}$ の右側特異値ベクトルであり，$\boldsymbol{B}$ の特異値を $\tilde{\gamma}_j$ と表した．すると，$\boldsymbol{P}_S$ をデータ行列 $\boldsymbol{B}$ に乗じて得られるノイズ除去結果を $\hat{\boldsymbol{B}}_S$ と書けば，

$$\hat{\boldsymbol{B}}_S = \boldsymbol{P}_S\boldsymbol{B} = [\boldsymbol{u}_1,\ldots,\boldsymbol{u}_Q][\boldsymbol{u}_1,\ldots,\boldsymbol{u}_Q]^T\left[\sum_{j=1}^{M}\tilde{\gamma}_j\boldsymbol{u}_j\tilde{\boldsymbol{v}}_j^T\right]$$
$$= \sum_{j=1}^{Q}\tilde{\gamma}_j\boldsymbol{u}_j\tilde{\boldsymbol{v}}_j^T \tag{5.42}$$

を得る．式 (5.42) 右辺は，データ行列 $\boldsymbol{B}$ を特異値展開し，ノイズレベルと思われる小さな特異値を強制的にゼロとおいてデータ行列を再計算する手順を示している．

データ行列を特異値展開し，ノイズレベルと思われる特異値をゼロとおいてノイズの低減を図ろうとする方法はSVDフィルターと呼ばれて知られている．すなわち，信号部分空間投影を用いたノイズ低減法はSVDフィルターとして知られている方法に等しい．

5.4.2　妨害信号除去への応用

次に，計測信号に重畳する妨害信号 (interference) の除去について述べる．ここで，妨害信号とは，計測の対象ではない「信号」のことであり，実世界の計測においては，妨害信号が計測対象の信号に重畳し問題を引き起こすことがしばしば起こる[6)]．ここでは計測データ $\boldsymbol{y}(t)$ に対してデータモデル

$$\boldsymbol{y}(t) = \boldsymbol{y}_S(t) + \boldsymbol{y}_I(t) + \boldsymbol{\varepsilon} \tag{5.43}$$

を仮定する．上式右辺で $\boldsymbol{y}_S(t)$ は計測対象の信号，$\boldsymbol{y}_I(t)$ が妨害信号である．$\boldsymbol{\varepsilon}$ は各センサーに固有なノイズを表し，妨害信号に対してセンサーノ

6) 妨害信号が重畳した計測を例えるのによく用いられるのが，列車の通過しているガード下で蚊の羽音を録音するという例である．この例では，蚊の羽音が計測対象の信号（関心信号）であり，列車の通過音が妨害信号である．微弱な信号を計測する生体信号計測の分野などでは「ガード下で蚊の羽音を録音する」ような計測が多く，妨害信号除去は必須の技術である．

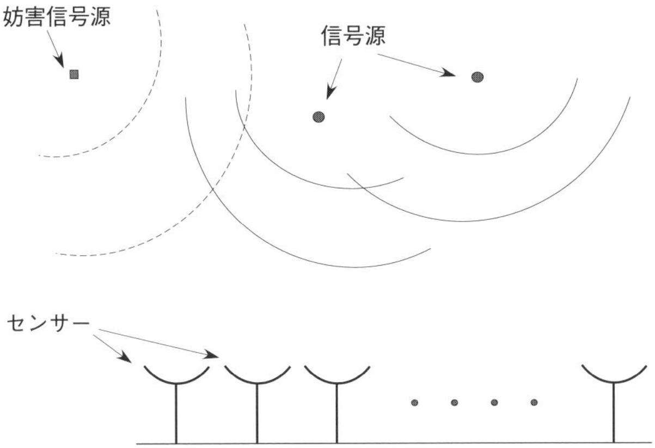

図 **5.3**　妨害信号が入り込む場合のセンサーアレイによる計測を示す．計測対象の信号（関心信号）が信号源から発生し，妨害信号は妨害信号源から発生して関心信号に重畳し，センサーに計測される．

イズと呼ぶ．

図 **5.3** に妨害信号が入り込む場合のセンサーアレイによる計測を概念的に示す．妨害信号も外部の信号源から発するもので，やはり，外部の信号源から生じる計測対象の信号と変わりはない．ただ，計測の対象になっているかどうかが異なるのである．計測対象の信号を妨害信号と区別するために，本書では関心信号 (signal of interest) という言葉を用いる．妨害信号を除去する技術を妨害信号除去 (interference removal, interference suppression) と呼ぶ．

式 (5.43) におけるセンサーノイズ $\boldsymbol{\varepsilon}$ はセンサーそのもの，あるいは周辺の回路などから生じる各センサーチャンネルに固有な内因性のノイズを意味する．通常，異なるセンサーチャンネル間で相関はないと仮定できるので，本書ではセンサーノイズを表すノイズベクトル $\boldsymbol{\varepsilon}$ の共分散行列を $\varrho^2\boldsymbol{I}$ と仮定する．

一般的には信号計測に対する妨害因子はすべて習慣的に「ノイズ」と呼ばれることが多いが，それらの除去のための信号処理法を議論する場合には妨害信号 $\boldsymbol{y}_I(t)$ とセンサーノイズ $\boldsymbol{\varepsilon}$ は区別して考える必要がある．したがって，本書では「ノイズ」はセンサーノイズのみを意味することとし，$\boldsymbol{\varepsilon}$ と表記する．

ここで，式 (5.8) で信号ベクトルを表したように，P 個の離散的な妨害信号源を仮定し，妨害信号ベクトル $\boldsymbol{y}_I(t)$ をセンサー応答ベクトルと妨害信号源の強度との線形和で表す．すなわち，第 p 番目の妨害信号源の時刻 t での強度を $\sigma_p(t)$，妨害信号源位置でのセンサー応答ベクトルを $\boldsymbol{\xi}_p$ として，妨害信号 $\boldsymbol{y}_I(t)$ を

$$\boldsymbol{y}_I(t) = \sum_{p=1}^{P} \sigma_p(t)\boldsymbol{\xi}_p \tag{5.44}$$

と表す．すると妨害信号部分空間 (interference subspace) $\mathcal{E}_I$ は

$$\mathcal{E}_I = span\{\boldsymbol{\xi}_1, \ldots, \boldsymbol{\xi}_P\} \tag{5.45}$$

と定義される．

ここで，$\boldsymbol{\xi}_1, \ldots, \boldsymbol{\xi}_P$ が既知であれば，すなわち，妨害信号源の位置がわかっていれば，データを妨害信号部分空間へ投影する射影行列 $\boldsymbol{P}_I$ は，行列 $\boldsymbol{H}_I = [\boldsymbol{\xi}_1, \ldots, \boldsymbol{\xi}_P]$ を用いて，

$$\boldsymbol{P}_I = \boldsymbol{H}_I \left(\boldsymbol{H}_I^T \boldsymbol{H}_I \right)^{-1} \boldsymbol{H}_I^T \tag{5.46}$$

で与えられる（式 (4.16) 参照）．したがって，データを妨害信号部分空間の直交補空間へ投影すれば，信号ベクトルの推定結果 $\hat{\boldsymbol{y}}_S(t)$ を

$$\begin{aligned}
\hat{\boldsymbol{y}}_S(t) &= (\boldsymbol{I} - \boldsymbol{P}_I)\boldsymbol{y}(t) \\
&= (\boldsymbol{I} - \boldsymbol{P}_I)\boldsymbol{y}_S(t) + (\boldsymbol{I} - \boldsymbol{P}_I)\boldsymbol{y}_I(t) + (\boldsymbol{I} - \boldsymbol{P}_I)\boldsymbol{\varepsilon} \\
&= \boldsymbol{y}_S(t) - \boldsymbol{P}_I\boldsymbol{y}_S(t) + \boldsymbol{\varepsilon}'
\end{aligned} \tag{5.47}$$

として求めることができる．ここで，$(\boldsymbol{I} - \boldsymbol{P}_I)\boldsymbol{y}_I(t) = \boldsymbol{0}$ を用いた [**問題 5.1**]．また，$\boldsymbol{\varepsilon}' = (\boldsymbol{I} - \boldsymbol{P}_I)\boldsymbol{\varepsilon}$ とした．式 (5.47) から，この投影により妨害信号が除去されるものの，関心信号成分も影響を受けることがわかる．信号成分 $\boldsymbol{y}_S(t)$ の受ける影響は式 (5.47) の右辺第 2 項で評価できる．この項の大きさは信号部分空間と妨害信号部分空間のなす角度（3.8 節を参照）で決まり，仮にこの 2 つの部分空間が直交していればこの項はゼロとなる．

反対に，2 つの部分空間のなす角度があまり大きくなければ，信号成分への影響が無視できないことになる．このような場合の例としては，妨害信号源と関心信号源の空間的な位置が近い場合が挙げられる．多くの物理計

測において，空間位置が近ければ，センサーの感度は同じようなものになるので，関心信号に対するセンサー応答ベクトル $\boldsymbol{h}_q$ と妨害信号に対するセンサー応答ベクトル $\boldsymbol{\xi}_p$ の内積 $\boldsymbol{h}_q^T\boldsymbol{\xi}_p$ はそれほど小さくはならず，結果として，妨害信号除去の射影演算子 $\boldsymbol{I}-\boldsymbol{P}_I$ は関心信号の一部を取り除いてしまう．

次に妨害信号源の位置に関して何の情報もない場合を考えよう．実際の応用ではこの場合が圧倒的に多い．ここでは，妨害信号のみを含み関心信号を含まないデータ区間が存在すると仮定する．このような区間はコントロール区間あるいはベースライン区間と呼ばれ T_C で表す．すなわち，区間 T_C において，計測データが

$$\bar{\boldsymbol{y}}(t)=\boldsymbol{y}_I(t)+\boldsymbol{\varepsilon} \quad \text{ただし} \quad t\in T_C \tag{5.48}$$

と表されるとする．一方，計測区間（すなわち関心信号が含まれている区間）では，式 (5.43) が成り立ち，計測区間を T_S と書くと

$$\boldsymbol{y}(t)=\boldsymbol{y}_S(t)+\boldsymbol{y}_I(t)+\boldsymbol{\varepsilon} \quad \text{ただし} \quad t\in T_S \tag{5.49}$$

である．

ベースライン区間が存在すれば，$\bar{K}$ をベースライン区間におけるデータ点数としてベースライン区間計測から得られるデータ行列 $\bar{\boldsymbol{B}}$ （$\bar{\boldsymbol{B}}\in\mathbb{R}^{M\times\bar{K}}$）を

$$\bar{\boldsymbol{B}}=[\bar{\boldsymbol{y}}(t_1),\ldots,\bar{\boldsymbol{y}}(t_{\bar{K}})] \tag{5.50}$$

と書くことができる．この行列を特異値展開して得られる空間方向の特異値ベクトル $\boldsymbol{e}_1,\ldots,\boldsymbol{e}_P$ を妨害信号部分空間の基底ベクトルとして求め，妨害信号部分空間への射影行列 $\boldsymbol{P}_I$ を

$$\boldsymbol{P}_I=[\boldsymbol{e}_1,\ldots,\boldsymbol{e}_P][\boldsymbol{e}_1,\ldots,\boldsymbol{e}_P]^T \tag{5.51}$$

として構成する．この射影行列を用いて，計測区間 T_S で取得したデータを妨害信号部分空間の直交補空間へ投影すれば，妨害信号 $\boldsymbol{y}_I(t)$ は

$$\boldsymbol{y}_I(t) = \sum_{j=1}^{P} c_j \boldsymbol{e}_j$$

と展開できるため，$(\boldsymbol{I} - \boldsymbol{P}_I)\boldsymbol{y}_I(t) = \boldsymbol{0}$ であり，

$$\hat{\boldsymbol{y}}_S(t) = (\boldsymbol{I} - \boldsymbol{P}_I)\boldsymbol{y}(t) = \boldsymbol{y}_S(t) - \boldsymbol{P}_I\boldsymbol{y}_S(t) + \boldsymbol{\varepsilon}' \tag{5.52}$$

を得る．式 (5.52) においても信号成分 $\boldsymbol{y}_S(t)$ の受ける影響は右辺第 2 項で評価できる．この項の大きさは信号部分空間と妨害信号部分空間のなす角度で決まり，2 つの部分空間の直交性が低ければ影響は無視できないものとなる．

5.5　補遺：信号部分空間の最尤推定

本節ではデータ行列 $\boldsymbol{B}$ の左側特異値ベクトル $\boldsymbol{u}_1, \boldsymbol{u}_2, \ldots, \boldsymbol{u}_Q$ が信号部分空間の正規直交基底の最尤推定解であることを示す．最尤推定については A.1.2 項に簡単な説明を載せた．なお，本節の導出は文献 [8] を参考にした．

本証明では式 (5.4) で表されたデータモデルを前提として，まず，信号部分空間と直交補空間の関係にあるノイズ部分空間の基底ベクトルの最尤推定解を求める．信号ベクトル $\boldsymbol{y}_S(t)$ $(\boldsymbol{y}_S(t) \in \mathbb{R}^M)$ は 5.2.3 項で説明したように信号部分空間に存在する．したがって，信号部分空間の次元を Q とすれば，$M - Q$ 個の線形独立なベクトル $\boldsymbol{a}_j$ $(\boldsymbol{a}_j \in \mathbb{R}^M)$ がノイズ部分空間に存在し，これらは

$$\boldsymbol{a}_j^T \boldsymbol{y}_S(t) = 0 \quad (j = Q+1, \ldots, M) \tag{5.53}$$

の関係を満たす．

ここでノイズ $\boldsymbol{\varepsilon}$ に対して式 (5.5) に示す正規分布を仮定し，K 個の時間点で観測された観測データを $\boldsymbol{y}(t_k)$ $(k = 1, \ldots, K)$ とすれば，信号成分 $\boldsymbol{y}_S(t_k)$ $(k = 1, \ldots, K)$ に対する対数尤度関数は

$$\log \mathcal{L}(\boldsymbol{y}_1^S, \ldots, \boldsymbol{y}_K^S) = -\frac{1}{2\varrho^2} \sum_{k=1}^{K} [\boldsymbol{y}_k - \boldsymbol{y}_k^S]^T [\boldsymbol{y}_k - \boldsymbol{y}_k^S] \tag{5.54}$$

で与えられる．なお，表記法 $\boldsymbol{y}_k = \boldsymbol{y}(t_k)$ および $\boldsymbol{y}_S(t_k) = \boldsymbol{y}_k^S$ を用いた（式 (5.54) 右辺では，説明に関係のない項は書くのを省略している）．信号ベクトル $\boldsymbol{y}_k^S$ $(k = 1, \ldots, K)$ の推定解は，式 (5.53) の制約条件のもとで式 (5.54) の対数尤度関数を最大にする解として求めることができる．

この制約付き最適化問題はラグランジュ未定乗数法により解くことができる[7)]．時間点 t_k でのラグランジュ乗数を $\kappa_j(t_k)$ $(j = Q+1, \ldots, M)$ と定義してラグランジアンを

$$\mathbb{L} = \sum_{k=1}^{K} \left[[\boldsymbol{y}(t_k) - \boldsymbol{y}_s(t_k)]^T [\boldsymbol{y}(t_k) - \boldsymbol{y}_s(t_k)] + \sum_{j=Q+1}^{M} \kappa_j(t_k) \boldsymbol{a}_j^T \boldsymbol{y}_s(t_k) \right] \tag{5.55}$$

と定義する．ここで，

$$\boldsymbol{A} = [\boldsymbol{a}_{Q+1}, \ldots, \boldsymbol{a}_M] \tag{5.56}$$

$$\boldsymbol{\kappa}_k = [\kappa_{Q+1}(t_k), \ldots, \kappa_M(t_k)]^T \tag{5.57}$$

と定義すればラグランジアンは

$$\mathbb{L} = \sum_{k=1}^{K} \left[[\boldsymbol{y}_k - \boldsymbol{y}_k^S]^T [\boldsymbol{y}_k - \boldsymbol{y}_k^S] + \boldsymbol{\kappa}_k^T \boldsymbol{A}^T \boldsymbol{y}_k^S \right] \tag{5.58}$$

と表される．

このラグランジアンを最小にする $\boldsymbol{y}_k^S$ は式 (5.53) の制約条件のもとで式 (5.54) の対数尤度関数を最大にする $\boldsymbol{y}_k^S$ である．ラグランジアンの最小値を求めるために式 (5.58) の右辺を $\boldsymbol{y}_k^S$ で微分すれば，

$$\frac{\partial \mathbb{L}}{\partial \boldsymbol{y}_k^S} = -2 \left[\boldsymbol{y}_k - \boldsymbol{y}_k^S \right] + \boldsymbol{A}\boldsymbol{\kappa}_k \tag{5.59}$$

となり，この式の右辺をゼロとおいて

$$\boldsymbol{y}_k^S = \boldsymbol{y}_k - \frac{1}{2}\boldsymbol{A}\boldsymbol{\kappa}_k \tag{5.60}$$

を得る．次に式 (5.58) の右辺を $\boldsymbol{\kappa}_k^T$ で微分してゼロとおけば，制約条件の

---

7) 制約付き最適化問題を無制約最適化問題に変換する手法で物理数学などでよく用いられる．ラグランジュ未定乗数法の詳細については他の参考書を参照されたい．

式である $\boldsymbol{A}^T\boldsymbol{y}_k^S = \boldsymbol{0}$ を得るので，これに式 (5.60) を代入すれば

$$\boldsymbol{A}^T\left[\boldsymbol{y}_k - \frac{1}{2}\boldsymbol{A}\boldsymbol{\kappa}_k\right] = \boldsymbol{0} \tag{5.61}$$

となる．上式よりラグランジェ乗数の値として

$$\boldsymbol{\kappa}_k = 2(\boldsymbol{A}^T\boldsymbol{A})^{-1}\boldsymbol{A}^T\boldsymbol{y}_k \tag{5.62}$$

を得る．これを再び式 (5.60) に代入して，$\boldsymbol{y}_k^S$ の最尤推定解 $\hat{\boldsymbol{y}}_k^S$ は

$$\hat{\boldsymbol{y}}_k^S = \boldsymbol{y}_k - \boldsymbol{A}(\boldsymbol{A}^T\boldsymbol{A})^{-1}\boldsymbol{A}^T\boldsymbol{y}_k = (\boldsymbol{I} - \boldsymbol{P}_A)\boldsymbol{y}_k \tag{5.63}$$

として求まる．ここで $\boldsymbol{P}_A$ は $\boldsymbol{A}$ の列空間，すなわちノイズ部分空間への射影行列

$$\boldsymbol{P}_A = \boldsymbol{A}(\boldsymbol{A}^T\boldsymbol{A})^{-1}\boldsymbol{A}^T$$

である．

式 (5.63) に示す解 $\hat{\boldsymbol{y}}_k^S$ は $\boldsymbol{A}$ が既知の場合の $\boldsymbol{y}_k^S$ に対する最尤推定解である．ここで求めようとしているのは $\boldsymbol{A}$ の最尤推定解である．このため，式 (5.63) の推定解 $\hat{\boldsymbol{y}}_k^S$ を尤度関数（式 (5.54)）に代入して，対数尤度の残差を求め，この残差を最大とする $\boldsymbol{P}_A$ を最尤推定解として求めるのである．

式 (5.63) の $\hat{\boldsymbol{y}}_k^S$ を式 (5.54) に代入すれば，尤度関数の残差は，

$$\log \mathcal{L}(\boldsymbol{P}_A) = -\frac{1}{2\varrho^2}\sum_{k=1}^{K}\boldsymbol{y}_k^T\boldsymbol{P}_A\boldsymbol{y}_k = -\frac{1}{2\varrho^2}\,\mathrm{tr}[\boldsymbol{P}_A\boldsymbol{B}\boldsymbol{B}^T] \tag{5.64}$$

と表される．式 (5.64) の右辺に示す残差を最大とする $\boldsymbol{P}_A$ を求めるのであるが，$\tilde{\gamma}_j$ と $\boldsymbol{u}_j$ を $\boldsymbol{B}$ の j 番目の特異値と左側特異値ベクトルとして，この残差は上限

$$-\frac{1}{2\varrho^2}\,\mathrm{tr}[\boldsymbol{P}_A\boldsymbol{B}\boldsymbol{B}^T] \le -\frac{1}{2\varrho^2}\sum_{j=Q+1}^{M}\tilde{\gamma}_j^2 \tag{5.65}$$

を持ち，上限は $\boldsymbol{P}_A$ が

$$\boldsymbol{P}_A = [\boldsymbol{u}_{Q+1},\ldots,\boldsymbol{u}_M][\boldsymbol{u}_{Q+1},\ldots,\boldsymbol{u}_M]^T \tag{5.66}$$

である場合に達成される [問題 **5.2**]．式 (5.66) に示す射影演算子がノイズ部分区間への射影演算子の最尤推定解であるので，$\boldsymbol{u}_{Q+1},\ldots,\boldsymbol{u}_M$ がノイズ部分空間の正規直交基底の最尤推定解である．したがって，$\boldsymbol{R}$ の Q 番目までの最大特異値に対応した特異値ベクトル $\boldsymbol{u}_1,\ldots,\boldsymbol{u}_Q$ が信号部分空間の正規直交基底の最尤推定解となる．

問　題

5.1 式 (5.46) で求まる射影演算子 $\boldsymbol{P}_I$ を用いて，$(\boldsymbol{I}-\boldsymbol{P}_I)\boldsymbol{y}_I(t)=\boldsymbol{0}$ が成り立つことを示せ．

5.2 式 (5.65) において

$$\mathrm{tr}[\boldsymbol{P}_A\boldsymbol{B}\boldsymbol{B}^T] \geq \sum_{j=Q+1}^{M} \tilde{\gamma}_j^2$$

であることを証明し，等号は $\boldsymbol{P}_A$ が式 (5.66) に示される射影演算子の場合に成立することを示せ．

第6章　時間領域での信号とノイズの分離

第5章では，部分空間の考え方に基づき，センサーアレイ計測データにおいて信号とノイズの分離および関心信号と妨害信号の分離を行う方法について説明した．第5章で定義した信号部分空間はセンサー応答ベクトルを用いて定義されたもので，いわば空間的な信号部分空間である．一方，信号部分空間は時間領域でも定義できる．本章では，時間領域で定義された信号部分空間とそれを用いたノイズおよび妨害信号除去について述べる．

6.1　時間領域における信号部分空間の定義

まず，時間領域で信号部分空間を定義する．前節までで議論した空間領域の信号部分空間の定義は式 (5.9) を基にしたもので，任意の時刻の信号ベクトル $\boldsymbol{y}_S(t)$ が感度ベクトル $\boldsymbol{h}_1, \ldots, \boldsymbol{h}_Q$ の張る部分空間の要素となることから，この $span\{\boldsymbol{h}_1, \ldots, \boldsymbol{h}_Q\}$ を信号部分空間と定義した．本節ではまず，式 (5.9) に対応した時間領域の関係式を導く．

信号ベクトルを $\boldsymbol{y}_S(t) = [y_1^S(t), y_2^S(t), \ldots, y_M^S(t)]^T$ と成分表記すれば，第 j 番目のセンサーの時刻 t での信号成分は式 (5.9) より

$$y_j^S(t) = \sum_{q=1}^{Q} h_q^j s_q(t) \tag{6.1}$$

と表すことができる．ここで h_q^j はセンサー応答ベクトル $\boldsymbol{h}_q$ の j 番目の成分，すなわち，j 番目のセンサーの q 番目の信号源に対する感度であり，$s_q(t)$ は q 番目の信号源の時刻 t における強度である．信号行列 $\boldsymbol{B}_S$ の j 番目の行ベクトル $\boldsymbol{\beta}_j$ は

$$\boldsymbol{\beta}_j = [y_j^S(t_1), y_j^S(t_2), \ldots, y_j^S(t_K)] \tag{6.2}$$

と表され，上式に式 (6.1) を代入することにより，

$$\boldsymbol{\beta}_j = \sum_{q=1}^{Q} h_q^j \boldsymbol{s}_q = h_1^j \boldsymbol{s}_1 + \cdots + h_Q^j \boldsymbol{s}_Q \tag{6.3}$$

を得る．ここで，$\boldsymbol{s}_q$ は式 (5.16) で定義された，q 番目の信号源のタイムコースを要素とする行ベクトルである．

信号行列 $\boldsymbol{B}_S$ の j 番目の行ベクトル $\boldsymbol{\beta}_j$ がタイムコースベクトル $\boldsymbol{s}_1, \ldots,$ $\boldsymbol{s}_Q$ の線形結合で表されることを示した式 (6.3) は，空間領域で得られた列ベクトルの関係式 (5.9) に対応した時間領域の関係式である．つまり，

$$\boldsymbol{\beta}_j \in span\{\boldsymbol{s}_1, \ldots, \boldsymbol{s}_Q\} \tag{6.4}$$

が成り立ち，この式は式 (5.11) に対応している．したがって，時間領域の信号部分空間 $\mathcal{K}_S$ を

$$\mathcal{K}_S = span\{\boldsymbol{s}_1, \ldots, \boldsymbol{s}_Q\} \tag{6.5}$$

と定義することが妥当であることがわかる．

式 (5.17) によれば信号行列 $\boldsymbol{B}_S$ が

$$\boldsymbol{B}_S = \boldsymbol{H}\boldsymbol{S} \tag{6.6}$$

と表される．ここで，$\boldsymbol{H}$ はセンサーの信号源位置における感度ベクトルを列に持つ行列であり，式 (5.18) で表される．また，$\boldsymbol{S}$ は信号源のタイムコースを行に持つ行列で式 (5.19) で表される．空間領域の信号部分空間 $\mathcal{E}_S$ において $\mathcal{E}_S = \mathcal{C}(\boldsymbol{H}) = \mathcal{C}(\boldsymbol{B}_S)$ が成り立つことは，3.4.1 項の項目 3 の事実を用いて 5.3.1 項で証明した．時間領域の信号部分空間 $\mathcal{K}_S$ については，3.4.1 項の項目 4 の事実を用いれば，式 (6.6) の $\boldsymbol{H}$ の列ベクトルは線形独立であると仮定しているので，

$$\mathcal{R}(\boldsymbol{B}_S) = \mathcal{R}(\boldsymbol{S}) = \mathcal{K}_S \tag{6.7}$$

が成り立つ．つまり，信号行列 $\boldsymbol{B}_S$ の行空間が時間領域の信号部分空間に等しい．

ここで，信号行列 $\boldsymbol{B}_S$ に対して式 (5.22) の特異値展開を仮定すれば，3.5

節の議論より，時間領域の信号部分空間の正規直交基底は Q 個の最大特異値に対応した $\boldsymbol{B}_S$ の右側特異ベクトル $\boldsymbol{v}_1, \boldsymbol{v}_2, \ldots, \boldsymbol{v}_Q$ として求められる．時間領域の信号部分空間 $\mathcal{K}_S$ の直交補空間，すなわち，信号行列 $\boldsymbol{B}_S$ の零空間を時間領域のノイズ部分空間と呼ぶ．この時間領域のノイズ部分空間の正規直交基底は $\boldsymbol{v}_{Q+1}, \boldsymbol{v}_{Q+2}, \ldots, \boldsymbol{v}_K$ となることは3.5.2項の議論より明らかである．

6.2　時間領域の信号部分空間投影

空間領域における信号部分空間投影と全く同様に，時間領域においても信号部分空間の基底ベクトルを求めることができれば，これを用いて射影行列（射影演算子）を構成し，データ行列を信号部分空間の直交補空間に投影することによりノイズを除去できる．この方法を時間領域における信号部分空間投影と呼ぶ．すでに述べたように，信号行列 $\boldsymbol{B}_S$ の右側特異値ベクトル $\boldsymbol{v}_1, \boldsymbol{v}_2, \ldots, \boldsymbol{v}_Q$ が時間領域の信号部分空間 $\mathcal{K}_S$ の正規直交基底である．ここで，$\boldsymbol{B}_S$ は未知量なので $\boldsymbol{v}_1, \boldsymbol{v}_2, \ldots, \boldsymbol{v}_Q$ も未知量であるが，5.5節とほとんど同じ議論を用いて，データ行列 $\boldsymbol{B}$ の Q 番目までの右側特異値ベクトル $\tilde{\boldsymbol{v}}_1, \tilde{\boldsymbol{v}}_2, \ldots, \tilde{\boldsymbol{v}}_Q$ が時間領域の信号部分空間 $\mathcal{K}_S$ の正規直交基底の最尤推定解であることを示すことができる[**問題 6.1**]．したがって，時間領域における信号部分空間 $\mathcal{K}_S$ への射影行列 $\boldsymbol{\Pi}_S$ は

$$\boldsymbol{\Pi}_S = [\tilde{\boldsymbol{v}}_1, \ldots, \tilde{\boldsymbol{v}}_Q][\tilde{\boldsymbol{v}}_1, \ldots, \tilde{\boldsymbol{v}}_Q]^T \tag{6.8}$$

として求めることができる．

センサーノイズ除去は計測行列 $\boldsymbol{B}$ に対して射影行列 $\boldsymbol{\Pi}_S$ を右側から乗ずることで行われる．ノイズ除去後の結果を $\hat{\boldsymbol{B}}_S$ と書くことにして，式(5.41)の特異値展開を用いれば，

$$\hat{\boldsymbol{B}}_S = \boldsymbol{B}\boldsymbol{\Pi}_S = \left[\sum_{j=1}^{M} \tilde{\gamma}_j \boldsymbol{u}_j \tilde{\boldsymbol{v}}_j^T\right] [\tilde{\boldsymbol{v}}_1, \ldots, \tilde{\boldsymbol{v}}_Q][\tilde{\boldsymbol{v}}_1, \ldots, \tilde{\boldsymbol{v}}_Q]^T = \sum_{j=1}^{Q} \tilde{\gamma}_j \boldsymbol{u}_j \tilde{\boldsymbol{v}}_j^T \tag{6.9}$$

を得る．上式は，式(5.42)と全く同じ式であり，センサーノイズ除去は空

間領域の信号部分空間投影でも時間領域の信号部分空間投影でも全く同じ結果となる．

6.3 妨害信号の除去

6.3.1 妨害信号に対する信号部分空間投影

次に，時間領域での妨害信号の除去を考えてみよう．妨害信号が関心信号に重畳している場合のデータモデルとして，式 (5.43) に示すモデルを行列形式で表現した，

$$\boldsymbol{B} = \boldsymbol{B}_S + \boldsymbol{B}_I + \boldsymbol{B}_\varepsilon \tag{6.10}$$

を用いる．ここで，データ行列 $\boldsymbol{B}$ は式 (5.12) で，信号行列 $\boldsymbol{B}_S$ は式 (5.13) で与えられる．また，$\boldsymbol{B}_\varepsilon$ はノイズ行列である．$\boldsymbol{B}_I$ は，計測データにおける妨害信号成分を表し，

$$\boldsymbol{B}_I = [\boldsymbol{y}_I(t_1), \ldots, \boldsymbol{y}_I(t_K)] \tag{6.11}$$

と定義され，妨害信号行列と呼ばれる．6.1 節の議論より，時間領域の妨害信号部分空間 $\mathcal{K}_I$ は妨害信号行列 (6.11) の行空間に等しい．つまり，

$$\mathcal{K}_I = \mathcal{R}(\boldsymbol{B}_I) \tag{6.12}$$

である．したがって，$\boldsymbol{B}_I$ の行空間 $\mathcal{R}(\boldsymbol{B}_I)$ の基底ベクトルが既知であれば，$\mathcal{K}_I$ への射影演算子 $\boldsymbol{\Pi}_I$ を構成でき，計測行列 $\boldsymbol{B}$ から妨害信号成分 $\boldsymbol{B}_I$ を除去した結果を $\hat{\boldsymbol{B}}_S$ と書けば，$\hat{\boldsymbol{B}}_S$ は

$$\begin{aligned}\hat{\boldsymbol{B}}_S &= \boldsymbol{B}(\boldsymbol{I} - \boldsymbol{\Pi}_I) = \boldsymbol{B}_S(\boldsymbol{I} - \boldsymbol{\Pi}_I) + \boldsymbol{B}_I(\boldsymbol{I} - \boldsymbol{\Pi}_I) + \boldsymbol{B}_\varepsilon(\boldsymbol{I} - \boldsymbol{\Pi}_I) \\ &= \boldsymbol{B}_S - \boldsymbol{B}_S\boldsymbol{\Pi}_I + \boldsymbol{B}'_\varepsilon \end{aligned} \tag{6.13}$$

として求めることができる．上式では，$\boldsymbol{B}_I(\boldsymbol{I} - \boldsymbol{\Pi}_I) = \boldsymbol{0}$ が成立することを用いた [**問題 6.2**]．また，$\boldsymbol{B}'_\varepsilon = \boldsymbol{B}_\varepsilon(\boldsymbol{I} - \boldsymbol{\Pi}_I)$ と書いた．

式 (6.13) において右辺の $\boldsymbol{B}_S\boldsymbol{\Pi}_I$ の項は，射影演算子が信号成分に与える影響を表している．この項は部分空間 $\mathcal{K}_S$ と $\mathcal{K}_I$ のなす角度（3.8 節参照）が大きければ，すなわち，信号のタイムコースと妨害信号のタイムコースと

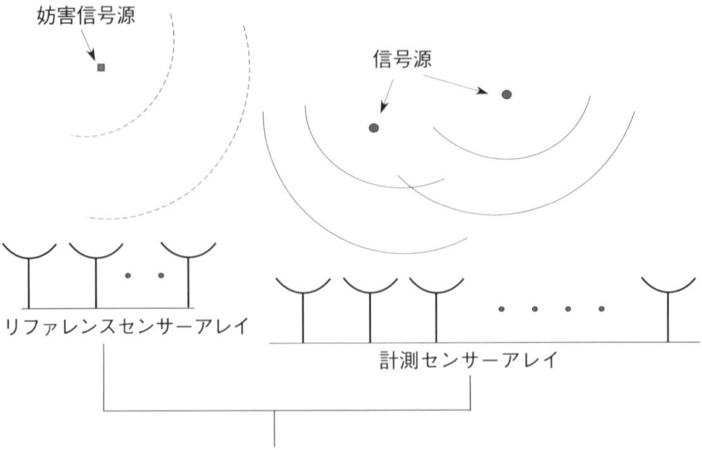

図 **6.1**　適応ノイズ除去 (adaptive noise cancelling) を実施するためのセンサーシステム．計測センサーにより計測対象の信号を計測するが，この計測データには妨害信号も重畳してしまう．そのため，妨害信号源の近くにリファレンスセンサーを配置し妨害信号のみを計測し，この計測データを用いて妨害信号を除去する．

の相関が小さければ小さな値となり，信号成分に与える影響を小さくできる．ここで，当然ながら式 (6.13) を実施するためには妨害信号部分空間 $\mathcal{K}_I$ の基底ベクトルを推定しなければならない．この推定を以下に述べる．

6.3.2　適応ノイズ除去

時間領域の信号部分空間投影を用いた妨害信号除去法で比較的よく知られた方法に適応ノイズ除去 (adaptive noise cancelling) と呼ばれる方法がある[1)]．この方法は図 **6.1** のようなセンサーシステムを必要とする．すなわち，計測センサーにより計測対象の関心信号を計測する．しかし，この計測データには妨害信号源からの妨害信号も重畳してしまう．そこで，妨害信号源の近くに，妨害信号のみを計測するリファレンスセンサーを配置し，このリファレンスセンサーデータを用いて，計測センサーのデータに重畳している妨害信号を除去しようとするものである．

[1)]「適応ノイズ除去」の名前における「ノイズ」は妨害信号の意味である．信号に対してそれ以外の「邪魔者」は習慣的にノイズと呼ばれるのでこの名前が流布していて本書でも用いているが，本書においては原則として「ノイズ」はセンサーノイズ，すなわち，各センサーチャンネルに固有なノイズを意味し，妨害信号とは厳密に区別して考える．

リファレンスセンサーのセンサー数を L として，L は妨害信号源の数 P より大きいとする．すなわち，$L > P$ を仮定する．リファレンスセンサーからの計測データには関心対象の信号は含まれていないと仮定して，リファレンスセンサーにおける計測ベクトル $\boldsymbol{y}_R(t)$ ($\boldsymbol{y}_R(t) \in \mathbb{R}^L$) は,

$$\boldsymbol{y}_R(t) = \bar{\boldsymbol{y}}_I(t) + \bar{\boldsymbol{y}}_\varepsilon \tag{6.14}$$

と表される．ここで $\bar{\boldsymbol{y}}_I(t)$ ($\bar{\boldsymbol{y}}_I(t) \in \mathbb{R}^L$) はリファレンスセンサーで計測された妨害信号成分で，$\bar{\boldsymbol{y}}_\varepsilon$ ($\bar{\boldsymbol{y}}_\varepsilon \in \mathbb{R}^L$) はリファレンスセンサーのセンサーノイズを表す．

計測が時間点 $t_1, t_2, \ldots, t_K$ で行われるとして以下の行列を定義する．

$$\boldsymbol{B}_R = [\boldsymbol{y}_R(t_1), \boldsymbol{y}_R(t_2), \ldots, \boldsymbol{y}_R(t_K)] \tag{6.15}$$

$$\bar{\boldsymbol{B}}_I = [\bar{\boldsymbol{y}}_I(t_1), \bar{\boldsymbol{y}}_I(t_2), \ldots, \bar{\boldsymbol{y}}_I(t_K)] \tag{6.16}$$

ここで，$\boldsymbol{B}_R \in \mathbb{R}^{L\times K}$ および $\bar{\boldsymbol{B}}_I \in \mathbb{R}^{L\times K}$ であり，$K > L$ を仮定する．式 (6.14) の行列形式での表現は

$$\boldsymbol{B}_R = \bar{\boldsymbol{B}}_I + \bar{\boldsymbol{B}}_\varepsilon \tag{6.17}$$

である．右辺の $\bar{\boldsymbol{B}}_\varepsilon$ はリファレンスセンサーに対するノイズ行列であり，やはり $\bar{\boldsymbol{B}}_\varepsilon \in \mathbb{R}^{L\times K}$ である．

リファレンスセンサーのセンサー数 L は妨害信号源の数 P より大きいと仮定しているので,

$$\mathcal{R}(\bar{\boldsymbol{B}}_I) = \mathcal{K}_I \tag{6.18}$$

が成り立つ．ここで，リファレンスセンサーの計測データの SN 比（信号対雑音比）が十分高く，センサーノイズが無視できると仮定する．すると，$\boldsymbol{B}_R \approx \bar{\boldsymbol{B}}_I$ が成り立つので，結局，近似的に

$$\mathcal{R}(\boldsymbol{B}_R) \approx \mathcal{K}_I \tag{6.19}$$

が成立する．したがって，時間領域の妨害信号部分空間への射影演算子は $\boldsymbol{B}_R$ の行空間への射影演算子として求まり

$$\boldsymbol{\Pi}_I \approx \boldsymbol{B}_R^T(\boldsymbol{B}_R\boldsymbol{B}_R^T)^{-1}\boldsymbol{B}_R \tag{6.20}$$

である．妨害信号除去は，式 (6.13) に従い

$$\hat{\boldsymbol{B}}_S = \boldsymbol{B}(\boldsymbol{I} - \boldsymbol{\Pi}_I) = \boldsymbol{B}[\boldsymbol{I} - \boldsymbol{B}_R^T(\boldsymbol{B}_R\boldsymbol{B}_R^T)^{-1}\boldsymbol{B}_R] \tag{6.21}$$

を用いて行うことができる．すなわち，適応ノイズ除去として知られている方法は，リファレンスセンサーのデータ行列の行空間が時間領域の妨害信号部分空間を近似していると仮定して，この行空間の直交補空間に計測データ行列を投影することにより妨害信号除去を行う方法である．

6.3.3　適応ノイズ除去：従来の導出

適応ノイズ除去は音響工学等の分野では以前からよく知られた方法であるが，その導出は必ずしも信号部分空間と関連づけたものではなかった．この方法の基本的なアイデアは計測センサーデータからリファレンスセンサーデータに相関する成分を最大限取り除こうとするものである．これは，計測センサーデータ $\boldsymbol{y}(t)$ をリファレンスセンサーデータ $\boldsymbol{y}_R(t)$ で回帰することで達成できる．すなわち，

$$\boldsymbol{y}(t) = \boldsymbol{Z}\boldsymbol{y}_R(t) + \boldsymbol{d}(t) \tag{6.22}$$

とおく．ここで，$\boldsymbol{d}(t)$ $(\in \mathbb{R}^M)$ は回帰残差であり，$\boldsymbol{y}(t) \in \mathbb{R}^M$ であり，$\boldsymbol{y}_R(t) \in \mathbb{R}^L$ であるので回帰係数行列 $\boldsymbol{Z}$ は $M \times L$ の行列である．回帰係数行列の推定値 $\hat{\boldsymbol{Z}}$ は最小二乗法

$$\hat{\boldsymbol{Z}} = \underset{\boldsymbol{Z}}{\operatorname{argmin}}\langle\|\boldsymbol{y}(t) - \boldsymbol{Z}\boldsymbol{y}_R(t)\|^2\rangle \tag{6.23}$$

により求める．上式で $\langle\cdot\rangle$ はすべての計測時間点における平均を意味する．この $\hat{\boldsymbol{Z}}$ を用いて計算した回帰残差 $\boldsymbol{d}(t)$ が妨害信号除去結果である．回帰残差は

$$\boldsymbol{d}(t) = \boldsymbol{y}(t) - \hat{\boldsymbol{Z}}\boldsymbol{y}_R(t) = \boldsymbol{y}(t) - \langle\boldsymbol{y}(t)\boldsymbol{y}_R^T(t)\rangle\left[\langle\boldsymbol{y}_R(t)\boldsymbol{y}_R^T(t)\rangle\right]^{-1}\boldsymbol{y}_R(t) \tag{6.24}$$

と与えられる [問題 **6.3**]．この $\boldsymbol{d}(t)$ は，計測センサーデータ $\boldsymbol{y}(t)$ からリフ

ァレンスセンサーデータ $\boldsymbol{y}_R(t)$ に相関する成分をすべて取り除いたものである．実際，$\boldsymbol{d}(t)$ と $\boldsymbol{y}_R(t)$ は無相関であることを示すことができる [問題 **6.4**].

ここで，式 (6.24) の解と式 (6.21) の解との等価性を調べるために，式 (6.24) をデータ行列を用いて表現してみよう．

$$\langle \boldsymbol{y}(t)\boldsymbol{y}_R^T(t)\rangle = \frac{1}{K}\boldsymbol{B}\boldsymbol{B}_R^T \tag{6.25}$$

$$\langle \boldsymbol{y}_R(t)\boldsymbol{y}_R^T(t)\rangle = \frac{1}{K}\boldsymbol{B}_R\boldsymbol{B}_R^T \tag{6.26}$$

を用いれば，式 (6.24) は，$\hat{\boldsymbol{B}}_S = [\boldsymbol{d}(t_1), \ldots, \boldsymbol{d}(t_K)]$ と書くことにして，

$$\hat{\boldsymbol{B}}_S = \boldsymbol{B} - \boldsymbol{B}\boldsymbol{B}_R^T(\boldsymbol{B}_R\boldsymbol{B}_R^T)^{-1}\boldsymbol{B}_R = \boldsymbol{B}[\boldsymbol{I} - \boldsymbol{B}_R^T(\boldsymbol{B}_R\boldsymbol{B}_R^T)^{-1}\boldsymbol{B}_R] \tag{6.27}$$

となる．式 (6.27) は式 (6.21) に等しい．つまり，「計測センサーデータからリファレンスセンサーデータに相関する成分を最大限取り除く」として導いた方法は，実は「計測データ（行列）をリファレンスデータのデータ行列の行空間の直交補空間に投影する」として導いた方法と等しくなるのである．

6.4 共通部分空間投影

6.4.1 共通部分空間とは

適応ノイズ除去は，式 (6.19) を仮定して，時間領域の信号部分空間投影により妨害信号を除去しようとするものであった．しかし，式 (6.19) はリファレンスセンサーデータの SN 比が高い場合に近似的に成り立つ仮定であり，実際，リファレンスセンサーデータに含まれるセンサーノイズは妨害信号除去結果の信号対雑音比（SN 比）を大きく劣化させてしまう [問題 **6.5**].

本節では，妨害信号部分空間を，計測データの行空間 $\mathcal{R}(\boldsymbol{B})$ とリファレンスデータの行空間 $\mathcal{R}(\boldsymbol{B}_R)$ の共通部分空間 $\mathcal{R}(\boldsymbol{B}) \cap \mathcal{R}(\boldsymbol{B}_R)$ から推定する方法を紹介する．すなわち，本節で述べる方法は，

$$\mathcal{K}_I = \mathcal{R}(\boldsymbol{B}) \cap \mathcal{R}(\boldsymbol{B}_R) \tag{6.28}$$

を仮定し，共通部分空間 $\mathcal{R}(\boldsymbol{B}) \cap \mathcal{R}(\boldsymbol{B}_R)$ の基底ベクトルを求めて射影演算

子を構成し，計測データを共通部分空間の直交補空間へ投影することにより妨害信号を除去しようとするものである．式 (6.28) の妥当性については 6.4.4 項で議論する．

6.4.2　部分空間の角度と角度ベクトルの計算

3.8 節で述べたように，2 つの部分空間の共通部分空間を求めるには，部分空間のなす角度を求めなければならない．本節ではその角度の計算法について述べる．部分空間 $\mathcal{E}_F$ と $\mathcal{E}_G$ の正規直交基底がそれぞれ $\{\boldsymbol{f}_1, \ldots, \boldsymbol{f}_\mu\}$ と $\{\boldsymbol{g}_1, \ldots, \boldsymbol{g}_\nu\}$ と与えられる場合，特異値展開を用いることで，$\mathcal{E}_F$ と $\mathcal{E}_G$ の角度 (principal angle) と角度ベクトル (principal vector) を簡単に計算できる．以下，本節では $\mu > \nu$ を仮定する．

$\mathcal{E}_F$ に属する任意のベクトル $\boldsymbol{u}$ と，$\mathcal{E}_G$ に属する任意のベクトル $\boldsymbol{v}$ は

$$\boldsymbol{u} = \sum_{j=1}^{\mu} c_j \boldsymbol{f}_j = \boldsymbol{F}\boldsymbol{c} \quad \text{および} \quad \boldsymbol{v} = \sum_{j=1}^{\nu} d_j \boldsymbol{g}_j = \boldsymbol{G}\boldsymbol{d}$$

と表すことができる．ここで，

$$\boldsymbol{F} = [\boldsymbol{f}_1, \ldots, \boldsymbol{f}_\mu] \quad \text{および} \quad \boldsymbol{c} = [c_1, \ldots, c_\mu]^T \tag{6.29}$$

$$\boldsymbol{G} = [\boldsymbol{g}_1, \ldots, \boldsymbol{g}_\nu] \quad \text{および} \quad \boldsymbol{d} = [d_1, \ldots, d_\nu]^T \tag{6.30}$$

である．ここで $\boldsymbol{u}$ と $\boldsymbol{v}$ が単位ベクトルとすれば $\boldsymbol{c}$ と $\boldsymbol{d}$ も単位ベクトルである．したがって，式 (3.21) の最適化は，

$$\cos(\theta) = \max_{\boldsymbol{u},\, \boldsymbol{v}} \boldsymbol{u}^T \boldsymbol{v} = \max_{\boldsymbol{c},\, \boldsymbol{d}} \boldsymbol{c}^T [\boldsymbol{F}^T \boldsymbol{G}] \boldsymbol{d} \tag{6.31}$$

と表される．ただし，$\|\boldsymbol{c}\| = 1$ および $\|\boldsymbol{d}\| = 1$ である．この結果得られた θ を θ_1 とし，この θ_1 を与える $\boldsymbol{c}$ と $\boldsymbol{d}$ を $\boldsymbol{c}_1$ と $\boldsymbol{d}_1$ として，$\boldsymbol{u}_1 = \boldsymbol{F}\boldsymbol{c}_1$ および $\boldsymbol{v}_1 = \boldsymbol{G}\boldsymbol{d}_1$ とする．

次に式 (3.22) の最適化は

$$\cos(\theta) = \max_{\boldsymbol{c},\, \boldsymbol{d}} \boldsymbol{c}^T [\boldsymbol{F}^T \boldsymbol{G}] \boldsymbol{d}$$
$$\text{subject to} \quad \boldsymbol{c}^T \boldsymbol{F}^T \boldsymbol{F} \boldsymbol{c}_1 = 0 \quad \text{および} \quad \boldsymbol{d}^T \boldsymbol{G}^T \boldsymbol{G} \boldsymbol{d}_1 = 0 \tag{6.32}$$

と書き換えることができる．ただし $\|\boldsymbol{c}\| = 1$ および $\|\boldsymbol{d}\| = 1$ である．この

結果得られた θ を θ_2 とし，この θ_2 を与える $\boldsymbol{c}$ と $\boldsymbol{d}$ を $\boldsymbol{c}_2$ と $\boldsymbol{d}_2$ とする．同様の最適化を繰り返せば，θ_j, $\boldsymbol{c}_j$, $\boldsymbol{d}_j$ $(j = 1, 2, \ldots, \nu)$ を得る．

実は，$\boldsymbol{c}_j$, $\boldsymbol{d}_j$, θ_j $(j = 1, 2, \ldots, \nu)$ は行列 $\boldsymbol{F}^T\boldsymbol{G}$ の特異値展開から求めることができることは 2.5 節ですでに述べた．すなわち，$\boldsymbol{F}^T\boldsymbol{G}$ の特異値展開を

$$\boldsymbol{F}^T\boldsymbol{G} = \sum_{j=1}^{\nu} \rho_j \boldsymbol{\zeta}_j \boldsymbol{\eta}_j$$

と書けば，$j = 1, 2, \ldots, \nu$ に対して

$$\cos(\theta_j) = \rho_j \tag{6.33}$$

$$\boldsymbol{c}_j = \boldsymbol{\zeta}_j \tag{6.34}$$

$$\boldsymbol{d}_j = \boldsymbol{\eta}_j \tag{6.35}$$

として求まり，2 つの角度ベクトルは

$$\boldsymbol{u}_j = \boldsymbol{F}\boldsymbol{\zeta}_j \quad \text{および} \quad \boldsymbol{v}_j = \boldsymbol{G}\boldsymbol{\eta}_j \tag{6.36}$$

として求めることができる．

6.4.3 共通部分空間投影による妨害信号の除去

共通部分空間投影の手順をまとめると以下のとおりである．

1. 共通部分空間を計算する 2 つの行空間 $\mathcal{R}(\boldsymbol{B})$ と $\mathcal{R}(\boldsymbol{B}_R)$ の正規直交基底を求める．つまり，行列 $\boldsymbol{B}$ と $\boldsymbol{B}_R$ の特異値展開を行い，ノイズレベル以上の大きさを持つ特異値に対応した右側特異値ベクトルを求める．特異値展開により

$$\mathcal{R}(\boldsymbol{B}) = span\{\tilde{\boldsymbol{v}}_1^T, \tilde{\boldsymbol{v}}_2^T, \ldots, \tilde{\boldsymbol{v}}_\mu^T\} \tag{6.37}$$

$$\mathcal{R}(\boldsymbol{B}_R) = span\{\boldsymbol{w}_1^T, \boldsymbol{w}_2^T, \ldots, \boldsymbol{w}_\nu^T\} \tag{6.38}$$

と求まるものとする．上式で μ と ν は行空間 $\mathcal{R}(\boldsymbol{B})$ と $\mathcal{R}(\boldsymbol{B}_R)$ の推定された次元である．また，$\tilde{\boldsymbol{v}}_1, \ldots, \tilde{\boldsymbol{v}}_\mu$ は $\boldsymbol{B}$ の μ 個の最大特異値に対応した右側特異値ベクトルであり，$\boldsymbol{w}_1, \ldots, \boldsymbol{w}_\nu$ は $\boldsymbol{B}_R$ の ν 個の最大

特異値に対応した右側特異値ベクトルである．ここで，$M > \mu$ および $L > \nu$ および $\mu > \nu$ を仮定する．

2. 2 つの部分空間 $\mathcal{R}(\boldsymbol{B})$ と $\mathcal{R}(\boldsymbol{B}_R)$ の共通部分空間の基底ベクトルを求める．2 つの部分空間の共通部分空間はその角度がゼロとなる部分であるので，これら部分空間の角度を 6.4.2 項で説明した方法で求める．まず，これら部分空間の基底ベクトルを列に持つ行列を

$$\tilde{\boldsymbol{V}} = [\tilde{\boldsymbol{v}}_1, \tilde{\boldsymbol{v}}_2, \ldots, \tilde{\boldsymbol{v}}_\mu] \tag{6.39}$$

$$\boldsymbol{W} = [\boldsymbol{w}_1, \boldsymbol{w}_2, \ldots, \boldsymbol{w}_\nu] \tag{6.40}$$

と定義し，行列 $\tilde{\boldsymbol{V}}^T\boldsymbol{W}$ を計算する．$\mu > \nu$ を仮定しているので，この行列の特異値展開は

$$\tilde{\boldsymbol{V}}^T\boldsymbol{W} = \boldsymbol{S}\begin{bmatrix} \cos(\theta_1) & \cdots & 0 \\ \vdots & \ddots & \vdots \\ 0 & \ldots & \cos(\theta_\nu) \end{bmatrix}\boldsymbol{T}^T \tag{6.41}$$

と書くことができる．ここで，$\boldsymbol{S}$ と $\boldsymbol{T}$ はこの特異値展開の特異値ベクトルを列に持つ行列であり，このときの特異値は 2 つの部分空間 $\mathcal{R}(\boldsymbol{B})$ と $\mathcal{R}(\boldsymbol{B}_R)$ のなす角度のコサインに等しい．

3. 共通部分空間 $\mathcal{R}(\boldsymbol{B}) \cap \mathcal{R}(\boldsymbol{B}_R)$ の次元 r を，特異値の大きさについての関係

$$1 \approx \cos(\theta_1) \approx \cos(\theta_2) \approx \cdots \approx \cos(\theta_r) > \cos(\theta_{r+1})$$

を調べることで決定する．

4. 共通部分空間の次元が r と決まれば，共通部分空間の正規直交基底は，行列 $\tilde{\boldsymbol{V}}\boldsymbol{S}$ の最初の r 列を構成する列ベクトル，あるいは行列 $\boldsymbol{W}\boldsymbol{T}$ の最初の r 列を構成する列ベクトルとして求まる．どちらかの列ベクトルを $\boldsymbol{\psi}_1, \ldots, \boldsymbol{\psi}_r$ とおけば，$\boldsymbol{\psi}_1, \ldots, \boldsymbol{\psi}_r$ は正規直交系をなし

$$\mathcal{R}(\boldsymbol{B}) \cap \mathcal{R}(\boldsymbol{B}_R) = span\{\boldsymbol{\psi}_1^T, \boldsymbol{\psi}_2^T, \ldots, \boldsymbol{\psi}_r^T\} \tag{6.42}$$

が成り立つ．

5. 行空間 $\mathcal{R}(\boldsymbol{B})$ と $\mathcal{R}(\boldsymbol{B}_R)$ の共通部分空間の基底ベクトルが式 (6.42) に

示すように求まれば，妨害信号部分空間への射影演算子を

$$\boldsymbol{\Pi}_C = [\boldsymbol{\psi}_1, \boldsymbol{\psi}_2, \ldots, \boldsymbol{\psi}_r][\boldsymbol{\psi}_1, \boldsymbol{\psi}_2, \ldots, \boldsymbol{\psi}_r]^T \tag{6.43}$$

として求め

$$\hat{\boldsymbol{B}}_S = \boldsymbol{B}(\boldsymbol{I} - \boldsymbol{\Pi}_C) \tag{6.44}$$

を計算することにより，妨害信号除去を行う．この妨害信号除去方法を共通部分空間投影と呼ぶ．

6.4.4　共通部分空間投影の妥当性

それでは，式 (6.28) の妥当性はどう議論できるのであろうか．その議論のため，あらためて式 (6.10) と式 (6.17) を並べて書いてみると，

$$\boldsymbol{B} = \boldsymbol{B}_{S+\varepsilon} + \boldsymbol{B}_I \tag{6.45}$$

$$\boldsymbol{B}_R = \bar{\boldsymbol{B}}_I + \bar{\boldsymbol{B}}_\varepsilon \tag{6.46}$$

である．ここで $\boldsymbol{B}_{S+\varepsilon} = \boldsymbol{B}_S + \boldsymbol{B}_\varepsilon$ と書いた．$\mathcal{K}_I = \mathcal{R}(\boldsymbol{B}_I) = \mathcal{R}(\bar{\boldsymbol{B}}_I)$ であるので，式 (6.28) は

$$\mathcal{R}(\boldsymbol{B}_I) = \mathcal{R}(\bar{\boldsymbol{B}}_I) = \mathcal{R}(\boldsymbol{B}) \cap \mathcal{R}(\boldsymbol{B}_R) \tag{6.47}$$

が成り立つことを主張している．しかし，一般的には式 (6.47) は成立しない．式 (6.45) と式 (6.46) の行空間の関係を 3 次元空間 $\mathbb{R}^3$ に単純化した例で考えてみよう．

図 **6.2**(a) にそのような例を示す．3 つの基底ベクトル $\boldsymbol{e}_x = [1, 0, 0]$, $\boldsymbol{e}_y = [0, 1, 0]$, $\boldsymbol{e}_z = [0, 0, 1]$ を定義し，部分空間 $\mathcal{A} = span\{\boldsymbol{e}_x + \boldsymbol{e}_y\}$ と $\mathcal{B} = span\{\boldsymbol{e}_y + \boldsymbol{e}_z\}$ を考える．$\mathcal{A}$ は x-y 平面において原点を通る x 軸および y 軸と 45 度の角度をなす直線であり，$\mathcal{B}$ は y-z 平面において原点を通る y 軸および z 軸と 45 度の角度をなす直線である．$\mathcal{A}$ および $\mathcal{B}$ とも基底ベクトルは $\boldsymbol{e}_y$ 成分を共通に持つが，他の成分も持っているため $\boldsymbol{e}_y$ とは異なるベクトルとなっている．

この例では $\boldsymbol{e}_x$ が $\mathcal{R}(\boldsymbol{B}_{S+\varepsilon})$ の基底を，$\boldsymbol{e}_y$ が $\mathcal{R}(\boldsymbol{B}_I) = \mathcal{R}(\bar{\boldsymbol{B}}_I) = \mathcal{K}_I$ の基底を，$\boldsymbol{e}_z$ が $\mathcal{R}(\bar{\boldsymbol{B}}_\varepsilon)$ の基底を表している．また，部分空間 $\mathcal{A} = span\{\boldsymbol{e}_x$

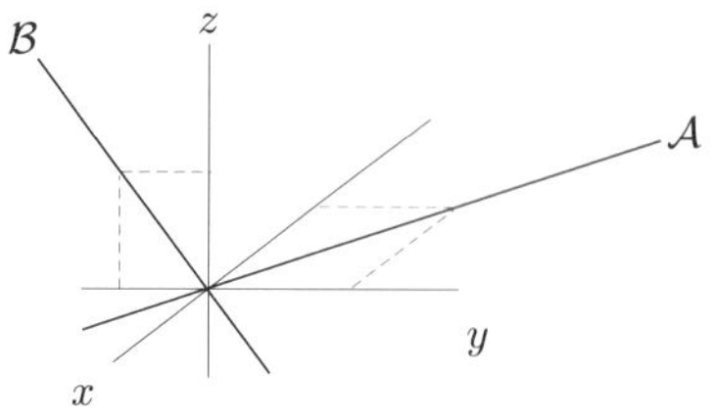

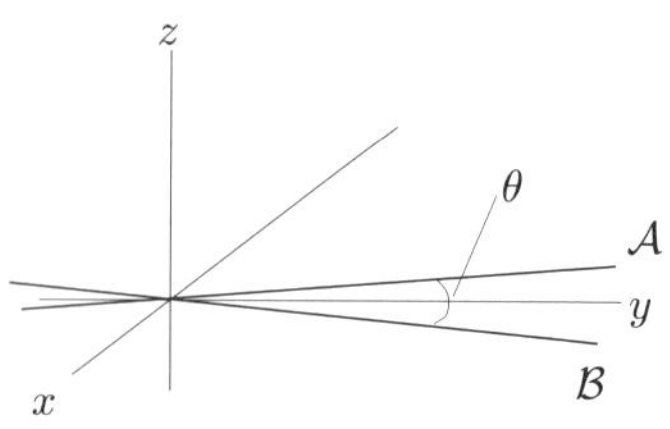

図 6.2　式 (6.45) と式 (6.46) で表す部分空間の関係を 3 次元空間 $\mathbb{R}^3$ に単純化した場合の例を示す．(a) 部分空間が $\mathcal{A} = span\{\boldsymbol{e}_x + \boldsymbol{e}_y\}$ と $\mathcal{B} = span\{\boldsymbol{e}_y + \boldsymbol{e}_z\}$ で定義される場合を示す．(b) 部分空間が $\mathcal{A} = span\{\boldsymbol{e}_x + \alpha\boldsymbol{e}_y\}$ と $\mathcal{B} = span\{\beta\boldsymbol{e}_y + \boldsymbol{e}_z\}$ $(\alpha \gg 1, \beta \gg 1)$ で定義される場合を示す．

$+ \boldsymbol{e}_y\}$ が $\mathcal{R}(\boldsymbol{B})$ を表し，$\mathcal{B} = span\{\boldsymbol{e}_y + \boldsymbol{e}_z\}$ が $\mathcal{R}(\boldsymbol{B}_R)$ を表している．したがって，式 (6.47) の仮定は，この例では

$$\mathcal{A} \cap \mathcal{B} = span\{\boldsymbol{e}_x + \boldsymbol{e}_y\} \cap span\{\boldsymbol{e}_y + \boldsymbol{e}_z\} = span\{\boldsymbol{e}_y\}$$

が成り立つこと，すなわち，部分空間 $\mathcal{A}$ と $\mathcal{B}$ の共通部分が y 軸となることを主張している．しかし，図 6.2(a) から明らかなように実際には $\mathcal{A} \cap \mathcal{B} = \{\boldsymbol{0}\}$ であり，$\mathcal{A} \cap \mathcal{B}$ は y 軸には等しくない．

それでは，式 (6.45) と式 (6.46) において，もし妨害信号が支配的で，信号およびセンサーノイズより十分大きい場合にはどうなるであろうか．この場合は部分空間 $\mathcal{A}$ と $\mathcal{B}$ が，$\alpha \gg 1, \beta \gg 1$ として

$$\mathcal{A} = span\{\boldsymbol{e}_x + \alpha\boldsymbol{e}_y\} \tag{6.48}$$

$$\mathcal{B} = span\{\beta\boldsymbol{e}_y + \boldsymbol{e}_z\} \tag{6.49}$$

となる場合に相当する．この場合を図 6.2(b) に示す．図に示されるように $\mathcal{A}$ および $\mathcal{B}$ とも y 軸に漸近して行き，α と β が十分大きい極限で y 軸に一致する．このとき，式 (3.21) で定義された部分空間 $\mathcal{A}$ と $\mathcal{B}$ のなす角度 θ は α と β が十分大きい場合に非常に小さくなるので，$\mathcal{A} \cap \mathcal{B}$ は $span\{\boldsymbol{e}_y\}$ に一致する．つまり，式 (6.28) の仮定により妨害信号部分空間の基底ベクトルを得るためには，計測センサーデータおよびリファレンスセンサーデータにおいて，妨害信号が支配的でなければならない．

問　題

6.1 データ行列 $\boldsymbol{B}$ の右側特異値ベクトル $\tilde{\boldsymbol{v}}_1, \tilde{\boldsymbol{v}}_2, \ldots, \tilde{\boldsymbol{v}}_Q$ が時間領域の信号部分空間 $\mathcal{K}_S$ の正規直交基底の最尤推定解であることを示せ.

6.2 $\boldsymbol{B}_I(\boldsymbol{I} - \boldsymbol{\Pi}_I) = \boldsymbol{0}$ が成立することを示せ.

6.3 式 (6.24) を導出せよ.

6.4 式 (6.24) において $\boldsymbol{d}(t)$ と $\boldsymbol{y}_R(t)$ は無相関であることを示せ.

6.5 計測センサーとリファレンスセンサーがともにシングルセンサーの簡単なスカラーモデル, すなわち, 計測センサーデータ $y(t)$ とリファレンスセンサーデータ $y_R(t)$ が, 関心信号 $s(t)$ と妨害信号 $\phi(t)$ を用いて,

$$y(t) = s(t) + \phi(t) \tag{6.50}$$

$$y_R(t) = G\phi(t) \tag{6.51}$$

と表される場合に適応ノイズ除去を議論せよ. ここで, G は未知のゲインである.

6.6 センサーノイズを考慮したスカラーモデル, すなわち,

$$y(t) = s(t) + \phi(t) + \varepsilon_1 \tag{6.52}$$

$$y_R(t) = G\phi(t) + \varepsilon_2 \tag{6.53}$$

を用いて, 適応ノイズ除去におけるセンサーノイズの影響を議論せよ. 上式において ε_1 は計測データに入り込むセンサーノイズ, ε_2 はリファレンスデータに入り込むセンサーノイズである.

第7章　信号源推定

センサーアレイによって計測された計測データから，その信号を発している発生源（信号源と呼ぶ）のパラメータ（その位置や強度など）を推定する問題を信号源推定と呼ぶ．例えば，レーダーやソナーのデータから航空機や潜水艦の位置を推定したり，地震計データから地震の震源の位置や強度を推定する問題がそれに当たる．信号源推定はセンサーアレイ信号処理では中核をなす分野であり，多くの研究がなされている．本章では，それらのうちで特に線形代数の諸概念を積極的に使った方法を紹介する．

7.1　問題の定式化

信号源が Q 個の離散的な信号源で構成されていて，それぞれの位置を $\boldsymbol{r}_1,\ldots,\boldsymbol{r}_Q$，強度を $s_1(t),\ldots,s_Q(t)$ で表す．これら信号源のパラメータと計測ベクトル $\boldsymbol{y}(t)$ との間の関係がセンサー応答ベクトル $\boldsymbol{h}(\boldsymbol{r}_1),\boldsymbol{h}(\boldsymbol{r}_2),\ldots,\boldsymbol{h}(\boldsymbol{r}_Q)$ を用いて以下のように記述できることは第5章で述べた．すなわち，

$$\boldsymbol{y}(t)=\sum_{q=1}^{Q}s_q(t)\boldsymbol{h}(\boldsymbol{r}_q)+\boldsymbol{\varepsilon}=\boldsymbol{H}\boldsymbol{x}+\boldsymbol{\varepsilon} \tag{7.1}$$

である．ただし，

$$\boldsymbol{H}=[\boldsymbol{h}(\boldsymbol{r}_1),\boldsymbol{h}(\boldsymbol{r}_2),\ldots,\boldsymbol{h}(\boldsymbol{r}_Q)] \tag{7.2}$$

および

$$\boldsymbol{x}=[s_1(t),s_2(t),\ldots,s_Q(t)]^T \tag{7.3}$$

である．$\boldsymbol{\varepsilon}$ は式 (5.5) で表された確率モデルを持つノイズベクトルである．式 (7.1) において，信号源のパラメータ $\boldsymbol{r}_1,\ldots,\boldsymbol{r}_Q$ および $s_1(t),\ldots,s_Q(t)$ は未知量である．$\boldsymbol{r}_1,\ldots,\boldsymbol{r}_Q$ が未知量なので $\boldsymbol{h}(\boldsymbol{r}_1),\boldsymbol{h}(\boldsymbol{r}_2),\ldots,\boldsymbol{h}(\boldsymbol{r}_Q)$ も未

知量であるが，センサー応答ベクトルを計算する物理モデルは既知であるとする．すなわち，位置 $\boldsymbol{r}$ が与えられれば，センサー応答ベクトル $\boldsymbol{h}(\boldsymbol{r})$ は計算できるとする．

このような仮定のもとで，センサー計測データ $\boldsymbol{y}(t)$ から，信号源パラメータ $\boldsymbol{r}_1, \ldots, \boldsymbol{r}_Q$ および $s_1(t), \ldots, s_Q(t)$ を求める問題を信号源推定問題 (source localization) と呼ぶ[1]．

ここで，信号源の数 Q はセンサー数 M よりも小さいと仮定する．これは，第 5 章で述べた低ランク信号の仮定である．

多くの応用において，信号源が存在する可能性のある領域をある範囲に限定できる場合が多い．（すでに第 5 章で述べたように）この信号源が存在する可能性のある領域を信号源空間 (source space) と呼び，Ω で表す．信号源空間においてセンサー応答ベクトル $\boldsymbol{h}(\boldsymbol{r})$ がとり得る $\mathbb{R}^M$ の部分集合を Θ とすれば，

$$\Theta = \{\boldsymbol{h}(\boldsymbol{r}) \,|\, \boldsymbol{r} \in \Omega\} \tag{7.4}$$

と表される．この部分集合はセンサーマニフォールドあるいはアレイマニフォールド (array manifold) と呼ばれる．一般的には，信号源推定問題はセンサーマニフォールドにおいてある評価関数を計算し，評価関数が最大（あるいは最小）となる空間位置を見つける問題として定式化できる．

7.2　非線形最小二乗法を用いた解

信号源推定において，考え方として「簡単」な方法は非線形最小二乗法を用いる方法である．信号源の個数が 1 個である（ことがわかっている）場合をまず考えてみよう．この場合，その信号源の位置を $\boldsymbol{r}$，信号源の強度を $s(t)$ とすれば，計測データ $\boldsymbol{y}(t)$ は，

$$\boldsymbol{y}(t) = \boldsymbol{h}(\boldsymbol{r})s(t) + \boldsymbol{\varepsilon} \tag{7.5}$$

---

[1] レーダーソナーなどの軍事技術では到来方向推定問題 (direction of arrival estimation) と呼ばれる．9.6 節で到来方向推定問題のコンピュータシミュレーションを行う．

と表すことができる．したがって $\boldsymbol{r}$ と $s(t)$ の最も確からしい推定値は，以下の最小二乗のコスト関数

$$F = \|\boldsymbol{y}(t) - \boldsymbol{h}(\boldsymbol{r})s(t)\|^2 \tag{7.6}$$

を最小とする $\boldsymbol{r}$ と $s(t)$ である．すなわち，これらの最適推定値を $\hat{\boldsymbol{r}}$ と $\hat{s}(t)$ とすれば，

$$\hat{\boldsymbol{r}}, \hat{s}(t) = \underset{\boldsymbol{r}, s(t)}{\operatorname{argmin}}\, F = \underset{\boldsymbol{r}, s(t)}{\operatorname{argmin}}\, \|\boldsymbol{y}(t) - \boldsymbol{h}(\boldsymbol{r})s(t)\|^2 \tag{7.7}$$

として求まる．

式 (7.5) に示されるように，信号源強度 $s(t)$ は計測データ $\boldsymbol{y}(t)$ と線形な関係にある未知量である．一方，信号源位置 $\boldsymbol{r}$ はセンサー応答ベクトル $\boldsymbol{h}(\boldsymbol{r})$ を介して $\boldsymbol{y}(t)$ に関係する．一般的には，$\boldsymbol{h}(\boldsymbol{r})$ は $\boldsymbol{r}$ の非線形な関数であり，したがって，$\boldsymbol{r}$ は $\boldsymbol{y}(t)$ に対して非線形な関係を持つ未知量である．式 (7.7) の最小化を用いて $\hat{\boldsymbol{r}}$ と $\hat{s}(t)$ を求めるのであるが，$\boldsymbol{h}(\boldsymbol{r})$ が求まったとしたときの $s(t)$ の最小二乗解

$$\hat{s}(t) = [\boldsymbol{h}^T(\boldsymbol{r})\boldsymbol{h}(\boldsymbol{r})]^{-1}\boldsymbol{h}^T(\boldsymbol{r})\boldsymbol{y}(t)$$

をコスト関数 (7.6) に代入し，コスト関数を

$$\begin{aligned} F = \|\boldsymbol{y}(t) - \boldsymbol{h}(\boldsymbol{r})s(t)\|^2 &= \|\boldsymbol{y}(t) - \boldsymbol{h}(\boldsymbol{r})[\boldsymbol{h}^T(\boldsymbol{r})\boldsymbol{h}(\boldsymbol{r})]^{-1}\boldsymbol{h}^T(\boldsymbol{r})\boldsymbol{y}(t)\|^2 \\ &= \|[\boldsymbol{I} - \boldsymbol{P}_C(\boldsymbol{r})]\boldsymbol{y}(t)\|^2 = \|\boldsymbol{P}_C^{\perp}(\boldsymbol{r})\boldsymbol{y}(t)\|^2 \end{aligned} \tag{7.8}$$

と書き直す．上式で $\boldsymbol{P}_C(\boldsymbol{r})$ および $\boldsymbol{P}_C^{\perp}(\boldsymbol{r})$ は，

$$\boldsymbol{P}_C(\boldsymbol{r}) = \boldsymbol{h}(\boldsymbol{r})[\boldsymbol{h}^T(\boldsymbol{r})\boldsymbol{h}(\boldsymbol{r})]^{-1}\boldsymbol{h}^T(\boldsymbol{r}) \tag{7.9}$$

$$\boldsymbol{P}_C^{\perp}(\boldsymbol{r}) = \boldsymbol{I} - \boldsymbol{P}_C(\boldsymbol{r}) \tag{7.10}$$

で与えられる．$\boldsymbol{P}_C(\boldsymbol{r})$ は行列 $\boldsymbol{H}$ を $\boldsymbol{H} = [\boldsymbol{h}(\boldsymbol{r})]$ とすれば，$\boldsymbol{H}$ の列空間への射影演算子であり，$\boldsymbol{P}_C^{\perp}(\boldsymbol{r}) = \boldsymbol{I} - \boldsymbol{P}_C(\boldsymbol{r})$ は $\boldsymbol{H}$ の列空間の直交補空間，すなわち左側零空間への射影演算子である．$\boldsymbol{r}$ が信号源位置に等しければ，$\boldsymbol{H}$ の列空間は信号部分空間に等しくなり，$\boldsymbol{P}_C$ は信号部分空間への射影演算子，$\boldsymbol{P}_C^{\perp}$ はノイズ部分空間への射影演算子に等しくなる．信号源位置の推定結果 $\hat{\boldsymbol{r}}$ は

$$\hat{\boldsymbol{r}} = \underset{\boldsymbol{r}\in\Omega}{\operatorname{argmin}} \|[\boldsymbol{I} - \boldsymbol{P}_C(\boldsymbol{r})]\boldsymbol{y}(t)\|^2 \tag{7.11}$$

として求まる．信号源強度の推定解 $\hat{s}(t)$ は，上で求まった $\hat{\boldsymbol{r}}$ を用いて，

$$\hat{s}(t) = [\boldsymbol{h}^T(\hat{\boldsymbol{r}})\boldsymbol{h}(\hat{\boldsymbol{r}})]^{-1}\boldsymbol{h}^T(\hat{\boldsymbol{r}})\boldsymbol{y}(t) \tag{7.12}$$

として求める．

上に述べた方法は任意の個数 Q 個の場合に拡張できる．この場合も信号源の個数 Q が既知であることが前提となる．未知の信号源位置と信号源強度をそれぞれ，$\boldsymbol{r}_1, \ldots, \boldsymbol{r}_Q$ および $s_1(t), \ldots, s_Q(t)$ とすれば，式 (7.5) に対応した計測データのモデルは以下のように書くことができる．

$$\boldsymbol{y}(t) = \sum_{j=1}^{Q} \boldsymbol{h}(\boldsymbol{r}_j)s_j(t) + \boldsymbol{\varepsilon} = \boldsymbol{H}\boldsymbol{x}(t) + \boldsymbol{\varepsilon} \tag{7.13}$$

ここで，

$$\boldsymbol{H} = [\boldsymbol{h}(\boldsymbol{r}_1), \ldots, \boldsymbol{h}(\boldsymbol{r}_Q)] \tag{7.14}$$

$$\boldsymbol{x}(t) = [s_1(t), \ldots, s_Q(t)]^T \tag{7.15}$$

である．この場合のコスト関数は $\widehat{\boldsymbol{x}}(t) = (\boldsymbol{H}^T\boldsymbol{H})^{-1}\boldsymbol{H}^T\boldsymbol{y}(t)$ を $F = \|\boldsymbol{y}(t) - \boldsymbol{H}\widehat{\boldsymbol{x}}(t)\|^2$ に代入して，以下を得る．

$$F = \|\boldsymbol{y}(t) - \boldsymbol{H}\widehat{\boldsymbol{x}}(t)\|^2 = \|[\boldsymbol{I} - \boldsymbol{P}_C(\boldsymbol{r}_1, \ldots, \boldsymbol{r}_Q)]\boldsymbol{y}(t)\|^2 \tag{7.16}$$

$\boldsymbol{P}_C$ は

$$\boldsymbol{P}_C(\boldsymbol{r}_1, \ldots, \boldsymbol{r}_Q) = \boldsymbol{H}(\boldsymbol{H}^T\boldsymbol{H})^{-1}\boldsymbol{H}^T \tag{7.17}$$

と表される．式 (7.11) の形で表せば，

$$\hat{\boldsymbol{r}}_1, \ldots, \hat{\boldsymbol{r}}_Q = \underset{\boldsymbol{r}_1,\ldots,\boldsymbol{r}_Q\in\Omega}{\operatorname{argmin}} \|[\boldsymbol{I} - \boldsymbol{P}_C(\boldsymbol{r}_1, \ldots, \boldsymbol{r}_Q)]\boldsymbol{y}(t)\|^2 \tag{7.18}$$

となる．信号源強度は式 (7.14) によりあらためて $\boldsymbol{H}$ を

$$\hat{\boldsymbol{H}} = [\boldsymbol{h}(\hat{\boldsymbol{r}}_1), \ldots, \boldsymbol{h}(\hat{\boldsymbol{r}}_Q)] \tag{7.19}$$

と計算し $\widehat{\boldsymbol{x}}(t) = (\hat{\boldsymbol{H}}^T\hat{\boldsymbol{H}})^{-1}\hat{\boldsymbol{H}}^T\boldsymbol{y}(t)$ から求める．

式 (7.18) を用いた最小二乗推定には2つの大きな問題がある．まず，信号源数 Q に関する先見情報を必要とする．しかしながら，信号源数 Q は通常未知量である．さらに，式 (7.18) を用いた最小二乗推定は Q 個の信号源位置に関して同時最適化を行わなければならない．信号源空間 Ω が3次元空間であれば，これは，解を求めるのに $3Q$ 次元空間の探査が必要であることを意味している．したがって，本節で述べた方法は一般的には信号源数 Q が1個あるいは，せいぜい2個程度の場合に有効な方法で，Q がこれ以上になると解の探査に必要な計算量が飛躍的に大きくなり実用的な方法ではなくなる．

7.3　ノイズ部分空間の性質を用いた信号源推定法

7.3.1　ノイズ部分空間の性質

次にノイズ部分空間の性質を積極的に用いる方法について述べよう．この方法は信号源数 Q によらず，3次元の探査で信号源の位置を求めることができることを大きな特徴とする．

まず信号およびノイズ部分空間についてこれまでの議論を整理してみる．Q 個の信号源を仮定し，それらの位置を $\boldsymbol{r}_1, \boldsymbol{r}_2, \ldots, \boldsymbol{r}_Q$ とする．信号源位置におけるセンサー応答ベクトル $\boldsymbol{h}(\boldsymbol{r}_1), \boldsymbol{h}(\boldsymbol{r}_2), \ldots, \boldsymbol{h}(\boldsymbol{r}_Q)$ の張る空間 $span\{\boldsymbol{h}(\boldsymbol{r}_1), \boldsymbol{h}(\boldsymbol{r}_2), \ldots, \boldsymbol{h}(\boldsymbol{r}_Q)\}$ を信号部分空間と呼び $\mathcal{E}_S$ で表す (式 (5.10))．すなわち，信号源位置におけるセンサー応答ベクトルを列に持つ行列 $\boldsymbol{H}$ を $\boldsymbol{H} = [\boldsymbol{h}(\boldsymbol{r}_1), \boldsymbol{h}(\boldsymbol{r}_2), \ldots, \boldsymbol{h}(\boldsymbol{r}_Q)]$ とすれば，

$$\mathcal{E}_S = \mathcal{C}(\boldsymbol{H}) \tag{7.20}$$

が信号部分空間である．ノイズ部分空間 $\mathcal{E}_N$ は行列 $\boldsymbol{H}$ の左側零空間として定義される．すなわち，

$$\mathcal{E}_N = \mathcal{L}(\boldsymbol{H}) \tag{7.21}$$

である．

第3章で説明したとおり，信号部分空間の次元が Q であればノイズ部分空間の次元は $M-Q$ であり，信号部分空間 $\mathcal{E}_S$ とノイズ部分空間 $\mathcal{E}_N$ は直交

補空間をなす．したがって，ノイズ部分空間の基底ベクトルを $\boldsymbol{e}_1, \boldsymbol{e}_2, \ldots, \boldsymbol{e}_{M-Q}$ とすれば，これらの基底ベクトルは信号源位置でのセンサー応答ベクトル $\boldsymbol{h}(\boldsymbol{r}_1), \boldsymbol{h}(\boldsymbol{r}_2), \ldots, \boldsymbol{h}(\boldsymbol{r}_Q)$ と直交する．すなわち，

$$\boldsymbol{h}^T(\boldsymbol{r}_j)\,[\boldsymbol{e}_1, \boldsymbol{e}_2, \ldots, \boldsymbol{e}_{M-Q}] = \boldsymbol{0} \quad (j = 1, 2, \ldots, Q) \tag{7.22}$$

が成り立つ．また，信号源位置以外の $\boldsymbol{h}(\boldsymbol{r})$ $(\boldsymbol{r} \neq \boldsymbol{r}_1, \ldots, \boldsymbol{r}_Q)$ は

$$\boldsymbol{h}^T(\boldsymbol{r})\,[\boldsymbol{e}_1, \boldsymbol{e}_2, \ldots, \boldsymbol{e}_{M-Q}] \neq \boldsymbol{0} \tag{7.23}$$

が成り立つ [**問題 7.1**]．したがって，式 (7.22) により，センサー応答ベクトルがノイズ部分空間に直交する位置 $\boldsymbol{r}$ を求めれば，それが信号源の位置である．しかし，センサー応答ベクトルとノイズ部分空間の直交性を評価するためにはノイズ部分空間の基底ベクトルを求めることが必要である．5.5 節で示したとおり，ノイズ部分空間の基底ベクトルの最尤推定解はデータ共分散行列の $M-Q$ 個の最小特異値に対応した特異値ベクトルとして求めることができる．

7.3.2 MUSIC アルゴリズム

信号源位置におけるセンサー応答ベクトル $\boldsymbol{h}(\boldsymbol{r}_1), \boldsymbol{h}(\boldsymbol{r}_2), \ldots, \boldsymbol{h}(\boldsymbol{r}_Q)$ はノイズ部分空間の基底ベクトル $\boldsymbol{e}_1, \boldsymbol{e}_2, \ldots, \boldsymbol{e}_{M-Q}$ と直交する．この事実を利用して信号源位置を推定することができる．このアルゴリズムは multiple signal classification アルゴリズム，略して MUSIC アルゴリズムと呼ばれる．このアルゴリズムをまとめると以下のとおりである．

1. 時間点 $t_1, \ldots, t_K$ で計測された時系列データから求まるデータ行列 $\boldsymbol{B}$（式 (5.12)）を用いて，$\boldsymbol{R} = \boldsymbol{B}\boldsymbol{B}^T/K$ からデータサンプル共分散行列 $\boldsymbol{R}$（式 (5.23)）を計算する．$\boldsymbol{R}$ の特異値展開から，5.3 節で説明した方法で信号部分空間の次元 Q を求める．

2. データ共分散行列 $\boldsymbol{R}$ の $Q+1$ 番目から M 番目の特異値に対応した特異値ベクトル $\boldsymbol{u}_{Q+1}, \boldsymbol{u}_{Q+2}, \ldots, \boldsymbol{u}_M$ を求め，ノイズ部分空間の基底ベクトルとする．

3. センサー応答ベクトル $\boldsymbol{h}(\boldsymbol{r})$ とノイズ部分空間の直交性を信号源空間

Ω のすべての点で調べる．つまり，$\boldsymbol{U}_N = [\boldsymbol{u}_{Q+1}, \boldsymbol{u}_{Q+2}, \ldots, \boldsymbol{u}_M]$ を用いて，$\|\boldsymbol{h}^T(\boldsymbol{r})\boldsymbol{U}_N\|^2 \approx 0$ となる $\boldsymbol{r} \in \Omega$ を見つける．実際の計算では，

$$J(\boldsymbol{r}) = \frac{1}{\|\boldsymbol{h}^T(\boldsymbol{r})\boldsymbol{U}_N\|^2} = \frac{1}{\boldsymbol{h}^T(\boldsymbol{r})\boldsymbol{U}_N\boldsymbol{U}_N^T\boldsymbol{h}(\boldsymbol{r})} \tag{7.24}$$

を信号源空間 Ω において $\boldsymbol{r}$ を変えながら計算し，周囲に比べて大きな値を持つ（ピークを形成する）$\boldsymbol{r}$ の値を信号源位置として求める．式 (7.24) に示す評価関数 $J(\boldsymbol{r})$ は MUSIC メトリックと呼ばれる．信号源空間 Ω 内で，MUSIC メトリックを位置を変えながら計算して行くことを MUSIC スキャンと呼ぶ．

4. 信号源強度 $\boldsymbol{x}(t)$ は，ノイズ部分空間に直交するセンサー応答ベクトル $\boldsymbol{h}(\hat{\boldsymbol{r}}_1), \boldsymbol{h}(\hat{\boldsymbol{r}}_2), \ldots, \boldsymbol{h}(\hat{\boldsymbol{r}}_Q)$ から，式 (7.19) を用いてあらためて $\hat{\boldsymbol{H}}$ を計算し，$\widehat{\boldsymbol{x}}(t) = (\hat{\boldsymbol{H}}^T\hat{\boldsymbol{H}})^{-1}\hat{\boldsymbol{H}}^T\boldsymbol{y}(t)$ として推定する．

7.3.3　多次元 MUSIC アルゴリズム

MUSIC アルゴリズムは，3 次元の探査で複数信号源の位置を求めることができるという大きな利点があるものの，もし，複数の信号源がコヒーレントな活動をしているとうまく機能しないという欠点が知られている（コヒーレントな信号源活動とは，相関係数の非常に大きなタイムコースを持った複数個の信号源活動を意味する）．

コヒーレントな信号源活動がある場合に対する MUSIC アルゴリズムの拡張を行ってみよう．極端な場合として，2 個の信号源が存在し，タイムコースが全く等しい場合を考えてみよう．2 つの信号源が $\boldsymbol{r}_1$ と $\boldsymbol{r}_2$ に存在し，それらの位置でのセンサー応答ベクトルを $\boldsymbol{h}_1$ および $\boldsymbol{h}_2$ とする．また，2 つの信号源のタイムコースを同じタイムコースベクトル $\boldsymbol{s}$ で表せば，式 (5.17) に対応して，

$$\boldsymbol{B}_S = \sum_{q=1}^{2} \boldsymbol{h}_q\boldsymbol{s} = [\boldsymbol{h}_1, \boldsymbol{h}_2] \begin{bmatrix} \boldsymbol{s} \\ \boldsymbol{s} \end{bmatrix} = \boldsymbol{HS} \tag{7.25}$$

と表される．ここで，

$$\boldsymbol{H} = [\boldsymbol{h}_1, \boldsymbol{h}_2] \tag{7.26}$$

および，

$$\boldsymbol{S} = \begin{bmatrix} \boldsymbol{s} \\ \boldsymbol{s} \end{bmatrix} \tag{7.27}$$

である．この場合，行列 $\boldsymbol{S}$ の 2 つの行は等しく，$\boldsymbol{S}$ は行が線形独立ではないので，式 (5.21) は成り立たず，

$$\mathcal{C}(\boldsymbol{B}_S) \neq \mathcal{C}(\boldsymbol{H}) = \mathcal{E}_S$$

である．したがって，ノイズあるいは信号部分空間の基底ベクトルをデータ行列 $\boldsymbol{B}$ あるいはデータ共分散行列 $\boldsymbol{R}$ の特異値展開から求めることはできない．

それでは，データ行列 $\boldsymbol{B}$ あるいはその共分散行列 $\boldsymbol{R}$ の特異値展開は信号部分空間に関連した手がかりを与えるであろうか．式 (7.25) を見直してみると，

$$\boldsymbol{B}_S = \sum_{q=1}^{2} \boldsymbol{h}_q \boldsymbol{s} = (\boldsymbol{h}_1 + \boldsymbol{h}_2)\boldsymbol{s} \tag{7.28}$$

であるので，信号行列はセンサー応答ベクトル $\boldsymbol{h}_1+\boldsymbol{h}_2$ を持ち，タイムコースが $\boldsymbol{s}$ で表される 1 個の架空の信号源によって作り出される信号行列に等しい．したがって，データ共分散行列 $\boldsymbol{R}$ の特異値展開は唯一の（ノイズフロアーを超える）大きな特異値を持つ．その特異値に対応した特異値ベクトル $\boldsymbol{u}_1$ は $\boldsymbol{u}_1 \propto \boldsymbol{h}_1 + \boldsymbol{h}_2$ であるので，残りの特異値ベクトル $\boldsymbol{u}_2, \ldots, \boldsymbol{u}_M$ は架空の信号源に対するセンサー応答ベクトル $\boldsymbol{h}_1 + \boldsymbol{h}_2$ と直交する．一方，$\boldsymbol{h}_1$ と $\boldsymbol{h}_2$ は線形独立と仮定しているので，結局，$\boldsymbol{u}_2, \ldots, \boldsymbol{u}_M$ は $\boldsymbol{h}_1$ および $\boldsymbol{h}_2$ と直交する．すなわち，

$$[\boldsymbol{h}_1, \boldsymbol{h}_2]^T [\boldsymbol{u}_2, \ldots, \boldsymbol{u}_M] = \boldsymbol{0} \tag{7.29}$$

が成立する．したがって，$\boldsymbol{U}_N = [\boldsymbol{u}_2, \ldots, \boldsymbol{u}_M]$ として，この場合 MUSIC メトリックを

$$J(\boldsymbol{r}_1, \boldsymbol{r}_2) = \frac{1}{\|\left[\boldsymbol{h}(\boldsymbol{r}_1), \boldsymbol{h}(\boldsymbol{r}_2)\right] \boldsymbol{U}_N\|^2} \tag{7.30}$$

として，2 つの位置変数 $\boldsymbol{r}_1$ と $\boldsymbol{r}_2$ についてスキャンを行い，$J(\boldsymbol{r}_1, \boldsymbol{r}_2)$ がピークを形成する $\boldsymbol{r}_1$ と $\boldsymbol{r}_2$ を見出せば，それらがコヒーレントに（すなわち強い相関のある）活動している信号源の位置に等しい．以上の方法は MUSIC アルゴリズムを多次元に拡張したものであり，多次元 MUSIC アルゴリズム (multi-dimensional MUSIC algorithm) と呼ばれる．

もし計測データの発生に $\widetilde{Q}$ 個のコヒーレントなソースが関わっているとの先見情報があるなら，多次元 MUSIC アルゴリズムによる MUSIC メトリックは

$$\begin{aligned} J(\boldsymbol{r}_1, \ldots, \boldsymbol{r}_{\widetilde{Q}}) &= \frac{1}{\left\|\left[\boldsymbol{h}(\boldsymbol{r}_1), \ldots, \boldsymbol{h}(\boldsymbol{r}_{\widetilde{Q}})\right] \boldsymbol{U}_N\right\|^2} \\ &= \frac{1}{\left[\boldsymbol{h}(\boldsymbol{r}_1), \ldots, \boldsymbol{h}(\boldsymbol{r}_{\widetilde{Q}})\right]^T \boldsymbol{U}_N \boldsymbol{U}_N^T \left[\boldsymbol{h}(\boldsymbol{r}_1), \ldots, \boldsymbol{h}(\boldsymbol{r}_{\widetilde{Q}})\right]} \end{aligned} \tag{7.31}$$

と任意の $\widetilde{Q}$ 個の場合に拡張できる．しかし，これは上記の MUSIC メトリックにより（信号源空間が 3 次元なら）$3\widetilde{Q}$ 次元の空間を探査しなければならないことを意味している．したがって，（7.2 節で述べた非線形最適化の方法の場合と同じで）現実的にはコヒーレントな信号源数 $\widetilde{Q}$ がせいぜい 2 個程度までの場合に有効な方法であろう．

7.4　ビームフォーミング

7.4.1　空間フィルター

ビームフォーミング（アダプティブビームフォーミング）(beamforming) はセンサーアレイ信号処理においてポピュラーな信号源推定法である．ビームフォーミングの説明のため，本節ではまず空間フィルター (spatial filter) について説明する．空間フィルターとは，ある空間位置の信号源強度を推定するのにその位置に固有な重みベクトルを計測ベクトルに乗じて行う方法の総称である．すなわち，空間フィルターにおいては，位置 $\boldsymbol{r}$ における信号源強度 $s(\boldsymbol{r}, t)$ の推定結果 $\hat{s}(\boldsymbol{r}, t)$ を，$\boldsymbol{r}$ に依存した重みベクトル $\boldsymbol{w}(\boldsymbol{r})$ を計

測ベクトル $\boldsymbol{y}(t)$ に乗じる，つまり，

$$\hat{s}(\boldsymbol{r},t) = \boldsymbol{w}^T(\boldsymbol{r})\boldsymbol{y}(t) \tag{7.32}$$

として求める方法である．ここで，この位置 $\boldsymbol{r}$ を「フィルターがポイントしている位置」(filter pointing location) と表現する．

フィルターとしての表現を用いて，推定結果 $\hat{s}(\boldsymbol{r},t)$ をフィルター出力，計測ベクトル $\boldsymbol{y}(t)$ をフィルターへの入力と呼ぶ場合もある．信号源強度の 2 乗の時間平均 $\langle s^2(\boldsymbol{r},t)\rangle$ を信号源のパワーと呼ぶ（記号 $\langle\cdot\rangle$ は測定時間幅における時間平均を表す）．推定された信号源強度のパワー（すなわちフィルターの出力パワー）は $t_1,\ldots,t_K$ を判定が行われた時間点として

$$\begin{aligned}\langle \hat{s}^2(\boldsymbol{r},t)\rangle &= \frac{1}{K}\sum_{k=1}^{K}\hat{s}^2(\boldsymbol{r},t_k) = \boldsymbol{w}^T(\boldsymbol{r})\left[\frac{1}{K}\sum_{k=1}^{K}\boldsymbol{y}(t_k)\boldsymbol{y}^T(t_k)\right]\boldsymbol{w}(\boldsymbol{r})\\ &= \boldsymbol{w}^T(\boldsymbol{r})\boldsymbol{R}\boldsymbol{w}(\boldsymbol{r})\end{aligned} \tag{7.33}$$

で与えられる．ここで，$\boldsymbol{R}$ は式 (5.23) で定義されたデータ共分散行列である．

7.4.2 ミニマムノルムフィルター

空間フィルターにおいて，問題はどのようにして有効な重みを導出するかである．この重み導出に関して，すぐに思いつく方法はすでに 4.4 節で述べたミニマムノルム法を用いることである．

計測データ $\boldsymbol{y}(t)$ と信号源パラメータ $\boldsymbol{x}(t)$ は線形方程式 (7.1) で表されるため，第 4 章で述べた線形最小二乗法を基にした方法を用いて解くことができそうであるが，ここで問題は $\boldsymbol{y}(t)$ と $\boldsymbol{x}(t)$ を関連づける行列 $\boldsymbol{H}$ が信号源位置でのセンサー応答ベクトルを列として持つ行列であり，未知な量であることである．なぜなら信号源位置は（これから推定を行う）未知な量であり，信号源位置が未知量であれば行列 $\boldsymbol{H}$ の列ベクトルを計算できないからである．しかし，何らかの方法で $\boldsymbol{H}$ を既知の行列 $\tilde{\boldsymbol{H}}$ で近似できれば，この $\tilde{\boldsymbol{H}}$ を用いて式 (7.1) を近似した線形方程式を導出できるので，推定問題を第 4 章で述べた線形方程式の解法として解くことができる．

このような $\tilde{\boldsymbol{H}}$ を求める手っ取り早い方法は信号源空間を細かい領域に分

割し，式 (7.1) を近似することである．この分割された細かい領域は画像工学の分野ではしばしばピクセル（pixel，画素）あるいはボクセル (voxel) と呼ばれる．各ボクセルの座標を $\widetilde{\boldsymbol{r}}_1, \widetilde{\boldsymbol{r}}_2, \ldots, \widetilde{\boldsymbol{r}}_N$ とすると式 (7.1) は

$$\boldsymbol{y}(t) \approx \sum_{j=1}^{N} s(\widetilde{\boldsymbol{r}}_j, t)\boldsymbol{h}(\widetilde{\boldsymbol{r}}_j) + \boldsymbol{\varepsilon} \tag{7.34}$$

となる．したがって，

$$\tilde{\boldsymbol{H}} = [\boldsymbol{h}(\widetilde{\boldsymbol{r}}_1), \boldsymbol{h}(\widetilde{\boldsymbol{r}}_2), \ldots, \boldsymbol{h}(\widetilde{\boldsymbol{r}}_N)] \tag{7.35}$$

$$\widetilde{\boldsymbol{x}}(t) = \begin{bmatrix} s(\widetilde{\boldsymbol{r}}_1, t) \\ s(\widetilde{\boldsymbol{r}}_2, t) \\ \vdots \\ s(\widetilde{\boldsymbol{r}}_N, t) \end{bmatrix} \tag{7.36}$$

とすれば，式 (7.1) に対応した

$$\boldsymbol{y}(t) \approx \tilde{\boldsymbol{H}}\widetilde{\boldsymbol{x}}(t) + \boldsymbol{\varepsilon} \tag{7.37}$$

が得られる．式 (7.37) においては，$\tilde{\boldsymbol{H}}$ ($\tilde{\boldsymbol{H}} \in \mathbb{R}^{M \times N}$) はボクセル位置でのセンサー応答ベクトルを列として持つ行列であり，ボクセル感度行列と呼ぶ．ボクセル位置はわれわれが決めることができるため $\tilde{\boldsymbol{H}}$ は既知な行列である．

ボクセルは十分な細かさで設定しなければならないため，通常，ボクセル数 N はセンサー数 M を遙かに超えてしまう．したがって，線形方程式 (7.37) を解くのに，4.4 節で述べたミニマムノルム法を用いることになる．ミニマムノルム解を式 (7.32) に示す空間フィルター表現で表してみよう．正則化ミニマムノルム解は（正則化定数を τ として）

$$\begin{bmatrix} \hat{s}(\widetilde{\boldsymbol{r}}_1, t) \\ \hat{s}(\widetilde{\boldsymbol{r}}_2, t) \\ \vdots \\ \hat{s}(\widetilde{\boldsymbol{r}}_N, t) \end{bmatrix} = \begin{bmatrix} \boldsymbol{h}^T(\widetilde{\boldsymbol{r}}_1) \\ \boldsymbol{h}^T(\widetilde{\boldsymbol{r}}_2) \\ \vdots \\ \boldsymbol{h}^T(\widetilde{\boldsymbol{r}}_N) \end{bmatrix} (\tilde{\boldsymbol{H}}\tilde{\boldsymbol{H}}^T + \tau\boldsymbol{I})^{-1}\boldsymbol{y}(t) \tag{7.38}$$

と書くことができる．したがって，j 番目のボクセル位置の推定は

$$\hat{s}(\tilde{\boldsymbol{r}}_j, t) = \boldsymbol{h}^T(\boldsymbol{r}_j)(\boldsymbol{G} + \tau\boldsymbol{I})^{-1}\boldsymbol{y}(t) \tag{7.39}$$

と表すことができる．ここで，$\boldsymbol{G}$ はボクセル感度行列 $\tilde{\boldsymbol{H}}$ のグラム行列 $\boldsymbol{G} = \tilde{\boldsymbol{H}}\tilde{\boldsymbol{H}}^T$ を表す．式 (7.39) はミニマムノルム法が，フィルター重みベクトル

$$\boldsymbol{w}(\boldsymbol{r}) = (\boldsymbol{G} + \tau\boldsymbol{I})^{-1}\boldsymbol{h}(\boldsymbol{r}) \tag{7.40}$$

を持つ空間フィルター

$$\hat{s}(\boldsymbol{r}, t) = \boldsymbol{w}^T(\boldsymbol{r})\boldsymbol{y}(t) \tag{7.41}$$

として表すことができることを示している．フィルター出力のパワー，すなわち推定された信号源のパワーは

$$\langle \hat{s}^2(\boldsymbol{r}, t)\rangle = \boldsymbol{w}^T(\boldsymbol{r})\boldsymbol{R}\boldsymbol{w}(\boldsymbol{r}) = \boldsymbol{h}^T(\boldsymbol{r})[(\boldsymbol{G} + \tau\boldsymbol{I})^{-1}\boldsymbol{R}(\boldsymbol{G} + \tau\boldsymbol{I})^{-1}]\boldsymbol{h}(\boldsymbol{r}) \tag{7.42}$$

で表すことができる．つまりミニマムノルム法は，式 (7.42) を各ボクセルで計算し，ピークを形成する位置を見つけることで信号源の位置を求めようとするスキャニング法であるとの解釈も可能である．

7.4.3 ビームフォーマー重みベクトルの導出

ビームフォーマー（あるいはアダプティブビームフォーマーと呼ばれる）は空間フィルターの一種であるが，そのフィルター重みベクトルはミニマムノルム法とは異なった考え方で導かれる．その考え方を以下に説明する．

式 (7.32) のフィルター重みベクトルの役割を考えてみよう．今，前提として，7.1 節で述べたように Q 個の離散的な信号源が存在し，それぞれの位置を $\boldsymbol{r}_1, \ldots, \boldsymbol{r}_Q$，強度を $s_1(t), \ldots, s_Q(t)$ とする．計測ベクトル $\boldsymbol{y}(t)$ は信号源位置のセンサー応答ベクトルを用いて式 (7.1) で表される．したがって，$\boldsymbol{r}_p$ の位置にある信号源を再構成しようとすれば，空間フィルター出力は，ノイズ項を無視して

$$\hat{s}(\boldsymbol{r}_p, t) = \boldsymbol{w}^T(\boldsymbol{r}_p)\boldsymbol{y}(t) = \boldsymbol{w}^T(\boldsymbol{r}_p)\sum_{q=1}^{Q} s_q(t)\boldsymbol{h}(\boldsymbol{r}_q)$$
$$= s_p(t)\boldsymbol{w}^T(\boldsymbol{r}_p)\boldsymbol{h}(\boldsymbol{r}_p) + \sum_{q\neq p} s_q(t)\boldsymbol{w}^T(\boldsymbol{r}_p)\boldsymbol{h}(\boldsymbol{r}_q) \qquad (7.43)$$

となる．ここで，$\sum_{q\neq p}$ は $q = p$ 以外の場合について q に関する和をとることを意味する．p 番目のソースが再構成されるためには，重みベクトルが

$$\boldsymbol{w}^T(\boldsymbol{r}_p)\boldsymbol{h}(\boldsymbol{r}_q) = \begin{cases} 1 & p = q \\ 0 & p \neq q \end{cases} \qquad (7.44)$$

を満たせば理想的である．つまり，フィルター重みベクトル $\boldsymbol{w}(\boldsymbol{r})$ は，ポイントしている位置 $\boldsymbol{r}$ に存在する信号源からの信号を選択的に通過させ，他の信号源からの信号はブロックするような特性を持つことが望ましい．

さらに，信号源が存在しない位置 $\boldsymbol{r}$ （$\boldsymbol{r} \neq \boldsymbol{r}_1, \ldots, \boldsymbol{r}_Q$）に対して，

$$\hat{s}(\boldsymbol{r}, t) = \boldsymbol{w}^T(\boldsymbol{r})\boldsymbol{y}(t) = \boldsymbol{w}^T(\boldsymbol{r})\sum_{q=1}^{Q} s_q(t)\boldsymbol{h}(\boldsymbol{r}_q) = \sum_{q=1}^{Q} s_q(t)\boldsymbol{w}^T(\boldsymbol{r})\boldsymbol{h}(\boldsymbol{r}_q) \qquad (7.45)$$

であるので，重みベクトルは

$$\boldsymbol{w}^T(\boldsymbol{r})\boldsymbol{h}(\boldsymbol{r}_q) = 0 \quad (q = 1, \ldots, Q) \qquad (7.46)$$

を満たすことが望ましい．つまり，信号源が存在しない位置をポイントしたフィルターの出力はゼロとなることが望ましい．

各信号源の位置に関する情報なしに，このような重みベクトルはどのようにして求まるであろうか．アダプティブビームフォーマーでは，重みベクトル $\boldsymbol{w}(\boldsymbol{r})$ を制約条件 $\boldsymbol{w}^T(\boldsymbol{r})\boldsymbol{h}(\boldsymbol{r}) = 1$ のもとで出力のパワー $\boldsymbol{w}^T(\boldsymbol{r})\boldsymbol{R}\boldsymbol{w}(\boldsymbol{r})$ を最小化する $\boldsymbol{w}(\boldsymbol{r})$ として求める．すなわち，以下の最適化

$$\boldsymbol{w}(\boldsymbol{r}) = \underset{\boldsymbol{w}(\boldsymbol{r})}{\operatorname{argmin}}\, \boldsymbol{w}^T(\boldsymbol{r})\boldsymbol{R}\boldsymbol{w}(\boldsymbol{r}) \quad \text{subject to} \quad \boldsymbol{w}^T(\boldsymbol{r})\boldsymbol{h}(\boldsymbol{r}) = 1 \qquad (7.47)$$

を用いて求めるのである．右辺の制約条件について見てみると，位置 $\boldsymbol{r}$ に存在する単位強度の信号源からの信号が $\boldsymbol{h}(\boldsymbol{r})$ で表される．したがって，条

件 $\boldsymbol{w}^T(\boldsymbol{r})\boldsymbol{h}(\boldsymbol{r}) = 1$ は位置 $\boldsymbol{r}$ に存在する単位強度の信号源からの信号をゲイン 1 で（すなわち，この信号を増幅も減衰もさせず）通過させる制約であり，ユニットゲイン制約と呼ばれる．

式 (7.47) の最適化は，位置 $\boldsymbol{r}$ に存在する信号源に対するゲインを 1 としたまま，出力パワーを最小にするフィルターを求めることを意味している．フィルター出力には $\boldsymbol{r}$ 以外の位置に存在する信号源の影響やノイズの影響などの「好ましくない」影響を含んでいるため，制約条件 $\boldsymbol{w}^T(\boldsymbol{r})\boldsymbol{h}(\boldsymbol{r}) = 1$ のもとでフィルター出力のパワーを最小化するフィルターは，$\boldsymbol{r}$ に存在する信号源からの信号には影響を与えずに，これら「好ましくない」影響を最小にするフィルターとなることが期待される．実際に式 (7.47) を解いて，フィルターの重みベクトルを求めてみると，

$$\boldsymbol{w}(\boldsymbol{r}) = \frac{\boldsymbol{R}^{-1}\boldsymbol{h}(\boldsymbol{r})}{[\boldsymbol{h}^T(\boldsymbol{r})\boldsymbol{R}^{-1}\boldsymbol{h}(\boldsymbol{r})]} \tag{7.48}$$

を得る [**問題 7.2**]．この重みを持つ空間フィルターを minimum-variance distortionless beamformer，あるいは単に（アダプティブ）ビームフォーマーと呼ぶ．

7.4.4 重みベクトルの特性

式 (7.47) の最適化の結果求まった重みベクトル（式 (7.48)）が「$\boldsymbol{r}$ の位置にある信号源からの信号のみを通過させ，他の信号源からの信号はブロックする」という期待どおりの特性を持っているであろうか．これを検証するためにビームフォーマーの出力を計算してみよう．話を簡単にするためノイズを無視して，計測データは

$$\boldsymbol{y}(t) = \sum_{q=1}^{Q} s_q(t)\boldsymbol{h}(\boldsymbol{r}_q) = \boldsymbol{H}\boldsymbol{x}(t) \tag{7.49}$$

で与えられるとする．ここで，$\boldsymbol{y}(t) \in \mathbb{R}^M$ であり，$\boldsymbol{H}$ および $\boldsymbol{x}(t)$ は，式 (7.2) および式 (7.3) で与えられる．式 (7.49) よりデータ共分散行列は

$$\boldsymbol{R} = \langle \boldsymbol{y}(t)\boldsymbol{y}^T(t)\rangle = \boldsymbol{H}\langle \boldsymbol{x}(t)\boldsymbol{x}^T(t)\rangle\boldsymbol{H}^T = \boldsymbol{H}\boldsymbol{R}_x\boldsymbol{H}^T \tag{7.50}$$

と書くことができる．ここで，$\langle\cdot\rangle$ は時間平均を表す．また，$\boldsymbol{R}_x$ は信号源

活動の共分散行列 (source covariance matrix) であり，以下で与えられる．

$$\boldsymbol{R}_x = \langle \boldsymbol{x}(t)\boldsymbol{x}^T(t)\rangle$$
$$= \begin{bmatrix} \langle s_1^2(t)\rangle & \langle s_1(t)s_2(t)\rangle & \dots & \langle s_1(t)s_Q(t)\rangle \\ \langle s_2(t)s_1(t)\rangle & \langle s_2^2(t)\rangle & \dots & \langle s_2(t)s_Q(t)\rangle \\ \vdots & \vdots & \ddots & \vdots \\ \langle s_Q(t)s_1(t)\rangle & \langle s_Q(t)s_2(t)\rangle & \dots & \langle s_Q^2(t)\rangle \end{bmatrix} \tag{7.51}$$

$\boldsymbol{R}_x$ がランク Q であるとすれば，データ共分散行列 $\boldsymbol{R}$ のランクも Q である．$M > Q$（低ランク信号の仮定）は仮定されているので，$\boldsymbol{R}$ は逆行列を持たない．ここで，本章では $\boldsymbol{R}$ の特異値展開を

$$\boldsymbol{R} = \sum_{j=1}^{M} \lambda_j \boldsymbol{u}_j \boldsymbol{u}_j^T \tag{7.52}$$

と表すことにして，式 (2.52) で定義した擬似逆行列で $\boldsymbol{R}^{-1}$ を近似する．すなわち，

$$\boldsymbol{R}^{-1} \approx \boldsymbol{R}^{+} = \sum_{j=1}^{Q} \frac{1}{\lambda_j} \boldsymbol{u}_j \boldsymbol{u}_j^T$$

である．すると，

$$\boldsymbol{R}^{-1} \approx \boldsymbol{R}^{+} = [\boldsymbol{H}\boldsymbol{R}_x\boldsymbol{H}^T]^{+} = (\boldsymbol{H}^T)^{+}\boldsymbol{R}_x^{+}\boldsymbol{H}^{+} = (\boldsymbol{H}^{+})^T\boldsymbol{R}_x^{-1}\boldsymbol{H}^{+} \tag{7.53}$$

が成り立つ．ここで，$\boldsymbol{R}_x$ はランク Q であるので逆行列が存在する．したがって，$\boldsymbol{R}_x^{+} = \boldsymbol{R}_x^{-1}$ とした．また，式 (7.53) の右辺の導出では転置演算と擬似逆行列をとる演算は交換可能であることを用いた [問題 **7.3**]．

ここで，$\boldsymbol{H}$ の各列が線形独立であるので $\boldsymbol{H}$ のランクは Q である．したがって，擬似逆行列 $\boldsymbol{H}^{+}$ は

$$\boldsymbol{H}^{+} = (\boldsymbol{H}^T\boldsymbol{H})^{-1}\boldsymbol{H}^T$$

に等しい（4.4 節参照）．すると，$\boldsymbol{H}^{+}\boldsymbol{H} = (\boldsymbol{H}^T\boldsymbol{H})^{-1}\boldsymbol{H}^T\boldsymbol{H} = \boldsymbol{I}$ が成り立つので，

$$\boldsymbol{H}^{+}\boldsymbol{h}(\boldsymbol{r}_q) = \mathbf{1}_q \tag{7.54}$$

が成り立つ．ここで，$\mathbf{1}_q$ ($\mathbf{1}_q \in \mathbb{R}^M$) は q 番目の成分のみ 1 で他の成分はすべてゼロの列ベクトルを表す．以上を用いて，$\boldsymbol{r}_p$ をポイントしているフィルター $\boldsymbol{w}(\boldsymbol{r}_p)$ の q 番目の信号源からの信号に対する応答 $\boldsymbol{w}^T(\boldsymbol{r}_p)\boldsymbol{h}(\boldsymbol{r}_q)$ を計算してみると，式 (7.48) を用いて，

$$\boldsymbol{w}^T(\boldsymbol{r}_p)\boldsymbol{h}(\boldsymbol{r}_q) = \frac{\boldsymbol{h}^T(\boldsymbol{r}_p)\boldsymbol{R}^{-1}\boldsymbol{h}(\boldsymbol{r}_q)}{[\boldsymbol{h}^T(\boldsymbol{r}_p)\boldsymbol{R}^{-1}\boldsymbol{h}(\boldsymbol{r}_p)]} \tag{7.55}$$

である．したがって，式 (7.53) を用いて，

$$\begin{aligned}\boldsymbol{w}^T(\boldsymbol{r}_p)\boldsymbol{h}(\boldsymbol{r}_q) &= \frac{\boldsymbol{h}^T(\boldsymbol{r}_p)[(\boldsymbol{H}^{+})^T\boldsymbol{R}_x^{-1}\boldsymbol{H}^{+}]\boldsymbol{h}(\boldsymbol{r}_q)}{\boldsymbol{h}^T(\boldsymbol{r}_p)[(\boldsymbol{H}^{+})^T\boldsymbol{R}_x^{-1}\boldsymbol{H}^{+}]\boldsymbol{h}(\boldsymbol{r}_p)} \\ &= \frac{[\boldsymbol{H}^{+}\boldsymbol{h}(\boldsymbol{r}_p)]^T\boldsymbol{R}_x^{-1}[\boldsymbol{H}^{+}\boldsymbol{h}(\boldsymbol{r}_q)]}{[\boldsymbol{H}^{+}\boldsymbol{h}(\boldsymbol{r}_p)]^T\boldsymbol{R}_x^{-1}[\boldsymbol{H}^{+}\boldsymbol{h}(\boldsymbol{r}_p)]} = \frac{\mathbf{1}_p^T\boldsymbol{R}_x^{-1}\mathbf{1}_q}{\mathbf{1}_q^T\boldsymbol{R}_x^{-1}\mathbf{1}_q} = \frac{[\boldsymbol{R}_x^{-1}]_{p,q}}{[\boldsymbol{R}_x^{-1}]_{q,q}}\end{aligned} \tag{7.56}$$

を得る．ここで，$[\boldsymbol{R}_x^{-1}]_{p,q}$ は行列 $\boldsymbol{R}_x^{-1}$ の (p,q) 成分を表す．

今，信号源活動が無相関と仮定すれば，信号源共分散行列 $\boldsymbol{R}_x$ の逆行列は，$\sigma_j^2 = \langle s_j^2(t)\rangle$ として，

$$\boldsymbol{R}_x^{-1} = \begin{bmatrix} \sigma_1^{-2} & 0 & \ldots & 0 \\ 0 & \sigma_2^{-2} & \ldots & 0 \\ \vdots & \vdots & \ddots & \vdots \\ 0 & 0 & \ldots & \sigma_Q^{-2} \end{bmatrix} \tag{7.57}$$

で表される．したがって，

$$[\boldsymbol{R}_x^{-1}]_{p,q} = 0 \quad (p \neq q) \quad \text{および} \quad [\boldsymbol{R}_x^{-1}]_{p,p} = 1/\sigma_p^2$$

であるので，これらを式 (7.56) に代入すれば，ビームフォーマーの重みベクトルの特性として式 (7.44) を得る．すなわち，ビームフォーマーの重みベクトルはポイントしている位置にある信号源からの信号はゲイン 1 で通過させるが，それ以外の信号源からの信号はブロックする．すなわち，信号源活動が無相関と仮定すれば，（ノイズが限りなく小さい極限で）理想的なフィルター特性を持つことを示すことができた．

以上の議論から，信号源位置でのビームフォーマーの重みベクトルは信号部分空間に属している．すなわち，$\boldsymbol{w}(\boldsymbol{r}_1),\ldots,\boldsymbol{w}(\boldsymbol{r}_Q)\in\mathcal{E}_S$ が成り立つことがわかる．ところで，重みベクトル $\boldsymbol{w}(\boldsymbol{r}_1),\ldots,\boldsymbol{w}(\boldsymbol{r}_Q)$ は互いに線形独立であり [**問題 7.4**]，一方，信号部分空間は Q 次元である．したがって，信号源位置以外をポイントした重みベクトル $\boldsymbol{w}(\boldsymbol{r})$ $(\boldsymbol{r}\neq\boldsymbol{r}_1,\ldots,\boldsymbol{r}_Q)$ はノイズ部分空間に属さなければならない．したがって，$\boldsymbol{w}(\boldsymbol{r})$ は信号源位置でのリードフィールド $\boldsymbol{h}(\boldsymbol{r}_1),\ldots,\boldsymbol{h}(\boldsymbol{r}_Q)$ に直交するので，フィルターがポイントしている位置に信号源が存在しなければビームフォーマーの出力はゼロとなる．すなわち，ビームフォーマーの重みベクトルは式 (7.46) を満たす．

7.4.5　ビームフォーマーパワー出力と MUSIC メトリックの関係

推定された信号源強度のパワー，すなわち，ビームフォーマー出力パワーは

$$\begin{aligned}\langle\hat{s}^2(\boldsymbol{r},t)\rangle&=\boldsymbol{w}^T(\boldsymbol{r})\boldsymbol{R}\boldsymbol{w}(\boldsymbol{r})\\&=\frac{\boldsymbol{h}^T(\boldsymbol{r})\boldsymbol{R}^{-1}}{[\boldsymbol{h}^T(\boldsymbol{r})\boldsymbol{R}^{-1}\boldsymbol{h}(\boldsymbol{r})]}\boldsymbol{R}\frac{\boldsymbol{R}^{-1}\boldsymbol{h}(\boldsymbol{r})}{[\boldsymbol{h}^T(\boldsymbol{r})\boldsymbol{R}^{-1}\boldsymbol{h}(\boldsymbol{r})]}=\frac{1}{[\boldsymbol{h}^T(\boldsymbol{r})\boldsymbol{R}^{-1}\boldsymbol{h}(\boldsymbol{r})]}\end{aligned}\tag{7.58}$$

で与えられる．式 (7.58) は，式 (7.24) で述べた MUSIC アルゴリズムのメトリック関数と類似性がある．両式を比べてみると，分母で $\boldsymbol{R}^{-1}$ が用いられているか，$\boldsymbol{U}_N\boldsymbol{U}_N^T$ が用いられているかの違いのみである．この違いをさらに詳細に見てみると，$\boldsymbol{R}$ の特異値展開（式 (7.52)）を用いれば，$\boldsymbol{R}^{-1}$ と $\boldsymbol{U}_N\boldsymbol{U}_N^T$ は（ノイズの存在の基で $\boldsymbol{R}$ は正定値行列であり $\lambda_j>0$ なので）

$$\boldsymbol{R}^{-1}=\sum_{j=1}^{M}\frac{1}{\lambda_j}\boldsymbol{u}_j\boldsymbol{u}_j^T\tag{7.59}$$

$$\boldsymbol{U}_N\boldsymbol{U}_N^T=\sum_{j=Q+1}^{M}\boldsymbol{u}_j\boldsymbol{u}_j^T\tag{7.60}$$

と表すことができる．上記 2 つの違いは，$\boldsymbol{R}^{-1}$ がランク 1 の行列 $\boldsymbol{u}_j\boldsymbol{u}_j^T$ に $1/\lambda_j$ の重みを付けて和をとるのに対して，$\boldsymbol{U}_N\boldsymbol{U}_N^T$ では，$j>Q$ に対し重み 1 を，$j\leq Q$ に対しては重みを 0 として $\boldsymbol{R}^{-1}$ を近似していることになっ

ている．つまり，$\boldsymbol{R}^{-1}$ と $\boldsymbol{U}_N\boldsymbol{U}_N^T$ の違いは，行列 $\boldsymbol{u}_j\boldsymbol{u}_j^T$ に与える重みの違いのみである．

信号源位置 $\boldsymbol{r}_1,\ldots,\boldsymbol{r}_Q$ を求めるのに，ビームフォーマーでは式 (7.58) の $\langle\hat{s}^2(\boldsymbol{r},t)\rangle$ を用いて信号源空間をスキャンする．これをビームフォーマースキャニングと呼ぶ場合がある．MUSIC 評価関数の場合と同じく，ビームフォーマーによるスキャニングでもコヒーレントな信号源活動が存在すると信号源推定はうまく行かない．これについては次節で議論する．

7.4.6 信号源の相関の影響

信号源活動が無相関であるとの仮定が成り立たない場合には，ビームフォーマーの出力はどうなるであろうか．関係式 (7.56) を用いて，信号源活動が相関を持つ場合のビームフォーマー出力を求めてみよう．

Q 個の離散的な信号源が存在し，それぞれの位置を $\boldsymbol{r}_1,\ldots,\boldsymbol{r}_Q$，強度を $s_1(t),\ldots,s_Q(t)$ とすれば，p 番目の信号源位置 $\boldsymbol{r}_p$ におけるビームフォーマー出力は

$$\hat{s}(\boldsymbol{r}_p,t)=s_p(t)+\sum_{q\neq p}\frac{[\boldsymbol{R}_x^{-1}]_{p,q}}{[\boldsymbol{R}_x^{-1}]_{p,p}}s_q(t) \tag{7.61}$$

で与えられる．他の信号源が p 番目の信号源と無相関であれば式 (7.61) の右辺第 2 項はゼロとなり $\hat{s}(\boldsymbol{r}_p,t)=s_p(t)$ が達成される．もし無相関でなければ，この第 2 項はフィルター出力 $\hat{s}(\boldsymbol{r}_p,t)$ に含まれる他の信号源からの漏れこみ (leakage) を表す．

次にこの漏れこみの影響を調べてみよう．2 個の信号源が存在し，互いに相関のある活動をしていると仮定し，これらの信号源活動の相関係数を μ とする．また，それぞれのパワーを $\langle s_1^2(t)\rangle=\sigma_1^2$ および $\langle s_2^2(t)\rangle=\sigma_2^2$ とする．この場合の信号源共分散行列は

$$\boldsymbol{R}_x=\begin{bmatrix}\sigma_1^2 & \mu\sigma_1\sigma_2\\ \mu\sigma_1\sigma_2 & \sigma_2^2\end{bmatrix} \tag{7.62}$$

と与えられるので，逆行列 $\boldsymbol{R}_x^{-1}$ は

$$\boldsymbol{R}_x^{-1} = \frac{1}{\sigma_1^2\sigma_2^2(1-\mu^2)}\begin{bmatrix} \sigma_2^2 & -\mu\sigma_1\sigma_2 \\ -\mu\sigma_1\sigma_2 & \sigma_1^2 \end{bmatrix} \tag{7.63}$$

である．

式 (7.63) を式 (7.61) に代入すれば，信号源位置におけるビームフォーマー出力は

$$\hat{s}(\boldsymbol{r}_1, t) = s(\boldsymbol{r}_1, t) - \left(\frac{\sigma_1}{\sigma_2}\mu\right) s(\boldsymbol{r}_2, t) \tag{7.64}$$

および

$$\hat{s}(\boldsymbol{r}_2, t) = s(\boldsymbol{r}_2, t) - \left(\frac{\sigma_2}{\sigma_1}\mu\right) s(\boldsymbol{r}_1, t) \tag{7.65}$$

として求まる．これらを用い，

$$\langle s(\boldsymbol{r}_1, t)s(\boldsymbol{r}_2, t)\rangle = \mu\sigma_1\sigma_2$$

の関係に留意すると，ビームフォーマー出力パワーを

$$\langle \hat{s}^2(\boldsymbol{r}_1, t)\rangle = \sigma_1^2(1-\mu^2) \tag{7.66}$$

$$\langle \hat{s}^2(\boldsymbol{r}_2, t)\rangle = \sigma_2^2(1-\mu^2) \tag{7.67}$$

と求めることができる．式 (7.66) および式 (7.67) によれば，推定された信号源のパワーは相関係数による変調を受け，相関係数が大きくなるに従ってパワーが減少する．そして，$\mu = \pm 1$ の極限でゼロとなる．このように，相関を持った信号源活動に対する再構成結果のパワーが減少する現象をシグナルキャンセレーション (signal cancellation) と呼ぶ．以上のことから，ビームフォーマーによる信号源推定においてはコヒーレントな信号源に対してシグナルキャンセレーションが起きてしまうことがわかる．

7.4.7　出力の SN 比とアレイミスマッチ

SN 比伝達関数

次に，ビームフォーマーのノイズに対する特性について考察する．まずビームフォーマー出力の SN 比を，1 個の信号源が位置 $\boldsymbol{r}_1$ に存在する簡単な場合で導いてみる．信号源のパワーを σ_1^2 として，重畳するノイズのパ

ワーを ϱ^2 とする．$\boldsymbol{r}_1$ をポイントしたビームフォーマー出力は，センサー応答ベクトルを $\boldsymbol{f} = \boldsymbol{h}(\boldsymbol{r}_1)$ とおいて，

$$\hat{s}(\boldsymbol{r}_1, t) = \boldsymbol{w}^T(\boldsymbol{r}_1)\left[s_1(t)\boldsymbol{f} + \boldsymbol{\varepsilon}\right] = s_1(t)\boldsymbol{w}^T(\boldsymbol{r}_1)\boldsymbol{f} + \boldsymbol{w}^T(\boldsymbol{r}_1)\boldsymbol{\varepsilon}$$

であり，上式右辺の第 1 項がビームフォーマー出力における信号成分，第 2 項がノイズ成分である．したがって，ビームフォーマー出力における信号パワーは

$$\langle s_1^2(t)\rangle[\boldsymbol{w}^T(\boldsymbol{r}_1)\boldsymbol{f}]^2 = \sigma_1^2[\boldsymbol{w}^T(\boldsymbol{r}_1)\boldsymbol{f}]^2 \tag{7.68}$$

で与えられ，ノイズパワーは $\langle\boldsymbol{\varepsilon}\boldsymbol{\varepsilon}^T\rangle = \varrho^2\boldsymbol{I}$ を仮定して，

$$\langle\boldsymbol{w}^T(\boldsymbol{r}_1)\boldsymbol{\varepsilon}(\boldsymbol{w}^T(\boldsymbol{r}_1)\boldsymbol{\varepsilon})^T\rangle = \boldsymbol{w}^T(\boldsymbol{r}_1)\langle\boldsymbol{\varepsilon}\boldsymbol{\varepsilon}^T\rangle\boldsymbol{w}(\boldsymbol{r}_1) = \varrho^2\|\boldsymbol{w}(\boldsymbol{r}_1)\|^2 \tag{7.69}$$

となるので，このときの SN 比は

$$\frac{\sigma_1^2|\boldsymbol{w}^T(\boldsymbol{r}_1)\boldsymbol{f}|^2}{\varrho^2\|\boldsymbol{w}(\boldsymbol{r}_1)\|^2} = \frac{\sigma_1^2\|\boldsymbol{f}\|^2}{\varrho^2}\frac{|\boldsymbol{w}^T(\boldsymbol{r}_1)\boldsymbol{f}|^2}{\|\boldsymbol{f}\|^2\|\boldsymbol{w}(\boldsymbol{r}_1)\|^2} = \alpha\Theta \tag{7.70}$$

で与えられる．ここで，

$$\alpha = \frac{\sigma_1^2\|\boldsymbol{f}\|^2}{\varrho^2} \tag{7.71}$$

はビームフォーマー入力の SN 比である[2)]．また，

$$\Theta = \frac{|\boldsymbol{w}^T(\boldsymbol{r}_1)\boldsymbol{f}|^2}{\|\boldsymbol{f}\|^2\|\boldsymbol{w}^T(\boldsymbol{r}_1)\|^2} \tag{7.72}$$

が SN 比伝達関数であり，入力の SN 比から出力の SN 比を予測する係数であり，SN 比がビームフォーマーの再構成プロセスにおいてどの程度保たれるかを示すものである．式 (7.48) に示す実際の重みベクトルを代入して，

$$\Theta = \frac{[\boldsymbol{f}^T\boldsymbol{R}^{-1}\boldsymbol{f}]^2}{\|\boldsymbol{f}\|^2[\boldsymbol{f}^T\boldsymbol{R}^{-2}\boldsymbol{f}]} \tag{7.73}$$

を得る．

本節で議論しているシナリオ「信号源が 1 個 $\boldsymbol{r}_1$ に存在し，信号源のパワーを σ_1^2，ノイズのパワーを ϱ^2，センサー応答ベクトルを $\boldsymbol{f} = \boldsymbol{h}(\boldsymbol{r}_1)$ と

2) なぜなら，$\sigma_1^2\|\boldsymbol{f}\|^2$ がビームフォーマーの入力における信号パワーであり，これを入力のノイズパワー ϱ^2 で割った α がビームフォーマーの入力における SN 比となる．

する」では理論的なデータ共分散行列は

$$\boldsymbol{R} = \sigma_1^2 \boldsymbol{f}\boldsymbol{f}^T + \varrho^2 \boldsymbol{I} \tag{7.74}$$

で表され，これを用いると $\Theta = 1$ を導くことができる [問題 **7.5**]．したがって，ビームフォーマー出力のSN比は入力のSN比に等しくSN比の損失はないことがわかる．

アレイミスマッチの問題

それでは，条件が理想的な場合からずれた場合はどうであろうか．実は，ビームフォーマーの重みベクトルの計算に用いるセンサー応答ベクトルが正確でないと大きなSN比の低下が引き起こされることが知られている．これをアレイミスマッチ (array mismatch) の問題と呼ぶ．以下，このSN比伝達関数を用いてアレイミスマッチの問題を調べてみよう．

ビームフォーマーの重みベクトルの計算に用いるセンサー応答ベクトルは，多くの応用において計測対象の物理量の計測モデルから推定されるが，真の感度とは多かれ少なかれ違いがあるのが普通である．重み計算に用いる応答ベクトルが $\boldsymbol{f}$ ではなく，ある誤差を含んだ $\boldsymbol{f}_e = \boldsymbol{f} + \Delta\boldsymbol{f}$ であったとすれば，SN比伝達関数は，

$$\Theta = \frac{[\boldsymbol{f}_e^T \boldsymbol{R}^{-1} \boldsymbol{f}]^2}{\|\boldsymbol{f}\|^2 [\boldsymbol{f}_e^T \boldsymbol{R}^{-2} \boldsymbol{f}_e]} \tag{7.75}$$

で与えられる．ここで，データ共分散行列を式 (5.30) を用いて，信号部分空間の成分とノイズ部分空間の成分に書き直す．つまり，式 (5.28) と式 (5.29) で定義した $\boldsymbol{U}_S$ と $\boldsymbol{U}_N$ を用いて，データ共分散行列 $\boldsymbol{R}$ は

$$\boldsymbol{R} = \boldsymbol{U}_S \boldsymbol{\Lambda}_S \boldsymbol{U}_S^T + \boldsymbol{U}_N \boldsymbol{\Lambda}_N \boldsymbol{U}_N^T \tag{7.76}$$

と表すことができる．ここで，$\boldsymbol{\Lambda}_S$ は $\boldsymbol{R}$ の Q 番目までの特異値（固有値）を対角成分とする対角行列であり，$\boldsymbol{\Lambda}_N$ は $Q+1$ 番目から M 番目までの特異値（固有値）を対角成分とする対角行列である．すると，

$$\boldsymbol{R}^{-1} = \boldsymbol{U}_S \boldsymbol{\Lambda}_S^{-1} \boldsymbol{U}_S^T + \boldsymbol{U}_N \boldsymbol{\Lambda}_N^{-1} \boldsymbol{U}_N^T \tag{7.77}$$

$$\boldsymbol{R}^{-2} = \boldsymbol{U}_S \boldsymbol{\Lambda}_S^{-2} \boldsymbol{U}_S^T + \boldsymbol{U}_N \boldsymbol{\Lambda}_N^{-2} \boldsymbol{U}_N^T \tag{7.78}$$

であるため，これらを式 (7.75) に代入すれば，

$$\Theta = \frac{[\boldsymbol{f}_e^T[\boldsymbol{U}_S\boldsymbol{\Lambda}_S^{-1}\boldsymbol{U}_S^T + \boldsymbol{U}_N\boldsymbol{\Lambda}_N^{-1}\boldsymbol{U}_N^T]\boldsymbol{f}]^2}{\|\boldsymbol{f}\|^2[\boldsymbol{f}_e^T[\boldsymbol{U}_S\boldsymbol{\Lambda}_S^{-2}\boldsymbol{U}_S^T + \boldsymbol{U}_N\boldsymbol{\Lambda}_N^{-2}\boldsymbol{U}_N^T]\boldsymbol{f}_e]} \tag{7.79}$$

を得る．

ところで，信号源位置での（真の）センサー応答ベクトル $\boldsymbol{f}$ は信号部分空間に存在するので，ノイズ部分空間の基底ベクトルと直交する．すなわち，$\boldsymbol{U}_N^T\boldsymbol{f} = \boldsymbol{0}$ が成り立つので，この関係を考慮すれば，λ_j を $\boldsymbol{R}$ の j 番目の特異値として

$$\Theta \approx \frac{[\sum_{j=1}^{Q}(\boldsymbol{f}^T\boldsymbol{u}_j)^2/\lambda_j]^2}{\|\boldsymbol{f}\|^2[\sum_{j=1}^{Q}(\boldsymbol{f}^T\boldsymbol{u}_j)^2/\lambda_j^2 + \sum_{j=Q+1}^{M}(\Delta\boldsymbol{f}^T\boldsymbol{u}_j)^2/\lambda_j^2]} \tag{7.80}$$

を得る [問題 **7.7**]．ここで，$\boldsymbol{f}_e \approx \boldsymbol{f}$ を仮定した．式 (7.80) の右辺の分母の第 2 項に着目しよう．ノイズレベル特異値が分母に入ってきており，ノイズレベル特異値が非常に小さくなる場合，仮にセンサー応答ベクトルの誤差 $\Delta\boldsymbol{f}$ が小さなものであったとしても，この第 2 項はかなり大きなものになる可能性がある．したがって，感度ベクトルのわずかな誤差（ミスマッチ）が再構成結果において大きな SN 比の低下をもたらすことが起こる[3)]．このビームフォーマー出力における SN 比の低下は，SN 比の高い計測データにおいてより顕著であることを特徴とする．なぜなら，SN 比の高い計測結果では信号レベルの特異値 $\lambda_1, \ldots, \lambda_Q$ とノイズレベル特異値 $\lambda_{Q+1}, \ldots, \lambda_M$ の大きさの比がより大きいからである．

重みベクトルの信号部分空間への投影

信号源位置 $\boldsymbol{r}_1$ をポイントしているビームフォーマーの重みベクトルは式 (7.48) より，

$$\boldsymbol{w}(\boldsymbol{r}_1) = \xi\boldsymbol{R}^{-1}\boldsymbol{f} = \xi\boldsymbol{U}_S\boldsymbol{\Lambda}_S^{-1}\boldsymbol{U}_S^T\boldsymbol{f} + \xi\boldsymbol{U}_N\boldsymbol{\Lambda}_N^{-1}\boldsymbol{U}_N^T\boldsymbol{f} \tag{7.81}$$

と表される．ここで，$\boldsymbol{f} = \boldsymbol{h}(\boldsymbol{r}_1)$ および $\xi = 1/(\boldsymbol{f}^T\boldsymbol{R}^{-1}\boldsymbol{f})$ である．最右辺の第 2 項は，$\boldsymbol{f}$ が誤差を含まなければ（$\boldsymbol{U}_N^T\boldsymbol{f} = \boldsymbol{0}$ が成り立つので）本来は

3) ここで説明している状況は 4.5.3 項で説明した状況と類似している．

ゼロとなる項であるが，$\boldsymbol{f}$ が誤差を含む場合にはノンゼロの値を持ってしまい，SN 比の低下を引き起こす．

したがって，重みベクトルを信号部分空間に投影し式 (7.81) の右辺第 2 項を強制的にゼロにしてやれば，アレイミスマッチによる SN 比の劣化を防ぐことが期待できる．実際，信号部分空間に投影した重みベクトルを $\boldsymbol{w}_S(\boldsymbol{r}_1)$ と書けば，

$$\boldsymbol{w}_S(\boldsymbol{r}_1) = \boldsymbol{U}_S\boldsymbol{U}_S^T\boldsymbol{w}(\boldsymbol{r}_1) = \xi\boldsymbol{U}_S\boldsymbol{\Lambda}_S^{-1}\boldsymbol{U}_S^T\boldsymbol{f} \tag{7.82}$$

となる．この重みベクトルを式 (7.72) に代入して，（再び $\boldsymbol{f}_e \approx \boldsymbol{f}$ を用い）SN 比伝達関数を計算すれば，

$$\Theta \approx \frac{[\sum_{j=1}^{Q}(\boldsymbol{f}^T\boldsymbol{u}_j)^2/\lambda_j]^2}{\|\boldsymbol{f}\|^2[\sum_{j=1}^{Q}(\boldsymbol{f}^T\boldsymbol{u}_j)^2/\lambda_j^2]} \tag{7.83}$$

を得る [**問題 7.8**]．上式右辺の分母には，式 (7.80) の場合のようにノイズレベル特異値を含む項が存在しない．したがって，信号部分空間に投影して得た重みベクトル $\boldsymbol{w}_S(\boldsymbol{r}_1)$ を用いれば，アレイミスマッチによる SN 比の劣化を回避できることがわかる．式 (7.82) の重みベクトルを用いるビームフォーマーを信号部分空間投影ビームフォーマー (signal subspace projection beamformer) と呼ぶ．

問　題

7.1 式 (7.23) が成り立つことを示せ．

7.2 式 (7.48) の重みベクトルを導け．

7.3 式 (7.53) の導出において用いる「転置演算と擬似逆行列は交換可能である」が成り立つことを示せ．

7.4 $\boldsymbol{r}_1, \ldots, \boldsymbol{r}_Q$ を信号源位置として，ビームフォーマーの重みベクトル $\boldsymbol{w}(\boldsymbol{r}_1), \ldots, \boldsymbol{w}(\boldsymbol{r}_Q)$ は線形独立であることを示せ．

7.5 共分散行列が式 (7.74) で与えられるとき，SN 比伝達関数 Θ は $\Theta = 1$ であることを示せ．

7.6 式 (7.40) で与えられるミニマムノルムフィルターの重みでは $\Theta < 1$

となることを示せ.

7.7 式 (7.80) を導出せよ.

7.8 式 (7.83) を導出せよ.

第 8 章　ベイズ機械学習の基礎

ベイズ機械学習の分野においてもその理論的な枠組みは線形代数を使って記述される．本章ではベイズ機械学習の基本であり，最もよく用いられる多変量の正規分布を用いた線形ガウスモデルについて述べ，EM アルゴリズムを用いたハイパーパラメータの学習について解説する．応用例として，ベイズ線形回帰と混合正規分布モデルによるデータのクラス分類について説明する．なお，ベイズ定理とそれを用いた未知量の推定に関して基本的な事柄を A.1.3 項にまとめてある．

8.1　ベクトル確率変数と多変量正規分布

8.1.1　ベクトル確率変数

N 個の確率変数 $x_1, x_2, \ldots, x_N$ に対して，$\boldsymbol{x} = [x_1, x_2, \ldots, x_N]^T$ という列ベクトル $\boldsymbol{x}$ を用いて確率変数 $x_1, x_2, \ldots, x_N$ を表す．これをベクトル確率変数 (vector random variable) と呼ぶ．さらに x_j の期待値を μ_j，すなわち $E(x_j) = \mu_j$ とすれば，列ベクトル $\boldsymbol{\mu} = [\mu_1, \mu_2, \ldots, \mu_N]^T$ を用いて，$\boldsymbol{x}$ の期待値を

$$E(\boldsymbol{x}) = [E(x_1), E(x_2), \ldots, E(x_N)]^T = [\mu_1, \mu_2, \ldots, \mu_N]^T = \boldsymbol{\mu}$$

と表す[1)]．

スカラー確率変数の分散に対応したベクトル確率変数の統計量である共分散行列 (covariance matrix)$\boldsymbol{\Sigma}$ を以下のように定義する．

$$\boldsymbol{\Sigma} = E\left[(\boldsymbol{x} - \boldsymbol{\mu})(\boldsymbol{x} - \boldsymbol{\mu})^T\right] \tag{8.1}$$

共分散行列の j 番目の対角要素

1)期待値と分散に関しては補足の説明が A.1.1 項にある．

$$E\left[(x_j - \mu_j)^2\right]$$

は確率変数 x_j の分散を表す．この行列の (i, j) 非対角要素

$$E\left[(x_i - \mu_i)(x_j - \mu_j)\right]$$

は確率変数 x_i と x_j の共分散を表す．共分散行列に関しては

$$\boldsymbol{\Sigma} = E\left[(\boldsymbol{x} - \boldsymbol{\mu})(\boldsymbol{x} - \boldsymbol{\mu})^T\right] = E\left[\boldsymbol{x}\boldsymbol{x}^T\right] - \boldsymbol{\mu}\boldsymbol{\mu}^T \tag{8.2}$$

の関係がある．また，確率変数 $x_1, \ldots, x_N$ が独立で同一の分布 (independently, identically distributed) を持つとき，共分散行列の非対角要素はすべてゼロとなり，すべての x_j が同じ分散を持つので，この分散を σ^2 とすれば共分散行列は

$$\boldsymbol{\Sigma} = \sigma^2 \boldsymbol{I}$$

と表される．

8.1.2　多変量正規分布

ベクトル確率変数 $\boldsymbol{x} = [x_1, x_2, \ldots, x_N]^T$ に対する多変量正規分布 (multivariate Gaussian distribution) は

$$p(\boldsymbol{x}) = \frac{1}{(2\pi)^{N/2}|\boldsymbol{\Sigma}|^{1/2}} \exp\left[-\frac{1}{2}(\boldsymbol{x} - \boldsymbol{\mu})^T \boldsymbol{\Sigma}^{-1}(\boldsymbol{x} - \boldsymbol{\mu})\right] \tag{8.3}$$

で表される．式 (8.3) において，$\boldsymbol{\mu}$ は $\boldsymbol{x}$ の期待値であり，$\boldsymbol{\Sigma}$ が共分散行列である．式 (8.3) に示す正規分布，すなわち，期待値が $\boldsymbol{\mu}$ で共分散行列が $\boldsymbol{\Sigma}$ である正規分布はしばしば，

$$p(\boldsymbol{x}) = \mathcal{N}(\boldsymbol{x}|\boldsymbol{\mu}, \boldsymbol{\Sigma}) \tag{8.4}$$

と略記される．本書でもこの表記をすでに式 (5.5) で用いた．

確率変数 $\boldsymbol{x}_1$ から変換

$$\boldsymbol{x}_2 = \boldsymbol{A}\boldsymbol{x}_1 + \boldsymbol{c}$$

により，新しい確率変数 $\boldsymbol{x}_2$ を作り出したとする．ただし，$\boldsymbol{A}$ は定数行列，

$\boldsymbol{c}$ は定数ベクトルである．このとき，$\boldsymbol{x}_1$ の確率分布 $p(\boldsymbol{x}_1)$ が

$$p(\boldsymbol{x}_1) = \mathcal{N}(\boldsymbol{x}_1|\boldsymbol{\mu}, \boldsymbol{\Sigma})$$

であれば，$\boldsymbol{x}_2$ の確率分布 $p(\boldsymbol{x}_2)$ は

$$p(\boldsymbol{x}_2) = \mathcal{N}(\boldsymbol{x}_2|\boldsymbol{A}\boldsymbol{\mu} + \boldsymbol{c}, \boldsymbol{A}\boldsymbol{\Sigma}\boldsymbol{A}^T) \tag{8.5}$$

となる．すなわち，$\boldsymbol{x}_2$ も正規分布をして，その平均は $\boldsymbol{A}\boldsymbol{\mu} + \boldsymbol{c}$，分散は $\boldsymbol{A}\boldsymbol{\Sigma}\boldsymbol{A}^T$ である．

ベイズ機械学習の議論では，しばしば共分散行列ではなく共分散行列の逆行列を用いた方が数式が簡単になる．共分散行列の逆行列は精度行列 (precision matrix) と呼ばれる．精度行列を用いた場合には，共分散行列 $\boldsymbol{\Sigma}$ に対応した精度行列を $\boldsymbol{\Upsilon}$ ($\boldsymbol{\Upsilon} = \boldsymbol{\Sigma}^{-1}$) として，多変量正規分布の式 (8.3) は

$$p(\boldsymbol{x}) = \frac{|\boldsymbol{\Upsilon}|^{1/2}}{(2\pi)^{N/2}} \exp\left[-\frac{1}{2}(\boldsymbol{x} - \boldsymbol{\mu})^T\boldsymbol{\Upsilon}(\boldsymbol{x} - \boldsymbol{\mu})\right] \tag{8.6}$$

と書かれる．式 (8.4) による略記法では

$$p(\boldsymbol{x}) = \mathcal{N}(\boldsymbol{x}|\boldsymbol{\mu}, \boldsymbol{\Upsilon}^{-1}) \tag{8.7}$$

と表記される．

8.2　ガウス確率モデルとベイズ線形回帰

8.2.1　ガウス確率モデル

4.4 節で議論した線形方程式

$$\boldsymbol{y} = \boldsymbol{H}\boldsymbol{x} + \boldsymbol{\varepsilon} \tag{8.8}$$

における未知量 $\boldsymbol{x}$ を推定することを考えよう．ここで $\boldsymbol{y} \in \mathbb{R}^M$，$\boldsymbol{x} \in \mathbb{R}^N$，$\boldsymbol{H} \in \mathbb{R}^{M\times N}$ である．観測データに重畳するノイズ $\boldsymbol{\varepsilon}$ ($\boldsymbol{\varepsilon} \in \mathbb{R}^M$) は，精度行列を $\boldsymbol{\Lambda}$ とした正規分布

$$p(\boldsymbol{\varepsilon}) = \mathcal{N}(\boldsymbol{\varepsilon}|\boldsymbol{0}, \boldsymbol{\Lambda}^{-1}) \tag{8.9}$$

に従うと仮定する．A.1.2 節で述べた最尤推定法においては $\boldsymbol{x}$ は確率変数で

はないので，$\boldsymbol{y}$ の確率分布 $p(\boldsymbol{y})$，すなわち尤度は式 (8.5) および式 (8.8) より，

$$p(\boldsymbol{y}) = \mathcal{N}(\boldsymbol{y}|\boldsymbol{H}\boldsymbol{x}, \boldsymbol{\Lambda}^{-1}) \tag{8.10}$$

となる．ただし，A.1.3 項で述べているように，ベイズ推定では $\boldsymbol{x}$ も確率変数とみなすので，式 (8.10) の $p(\boldsymbol{y})$ は $\boldsymbol{x}$ が与えられた場合の $\boldsymbol{y}$ の条件付き確率分布と考えて，

$$p(\boldsymbol{y}|\boldsymbol{x}) = \mathcal{N}(\boldsymbol{y}|\boldsymbol{H}\boldsymbol{x}, \boldsymbol{\Lambda}^{-1}) = \frac{|\boldsymbol{\Lambda}|^{1/2}}{(2\pi)^{M/2}} \exp\left[-\frac{1}{2}(\boldsymbol{y} - \boldsymbol{H}\boldsymbol{x})^T \boldsymbol{\Lambda}(\boldsymbol{y} - \boldsymbol{H}\boldsymbol{x})\right] \tag{8.11}$$

と書く．

さらに，未知量 $\boldsymbol{x}$ に対して事前分布を，

$$p(\boldsymbol{x}) = \mathcal{N}(\boldsymbol{x}|\boldsymbol{0}, \boldsymbol{\Phi}^{-1}) = \frac{|\boldsymbol{\Phi}|^{1/2}}{(2\pi)^{N/2}} \exp\left[-\frac{1}{2}\boldsymbol{x}^T \boldsymbol{\Phi}\boldsymbol{x}\right] \tag{8.12}$$

と仮定する．つまり $\boldsymbol{x}$ の事前分布が平均 $\boldsymbol{0}$，精度行列 $\boldsymbol{\Phi}$ の正規分布であるとした．ここで，データ尤度 $p(\boldsymbol{y}|\boldsymbol{x})$ と事前確率分布 $p(\boldsymbol{x})$ を正規分布と仮定すれば事後分布も正規分布となる．このように，事前分布，データ尤度および事後分布のすべてを正規分布とする確率モデルをベイズガウスモデル (Bayes Gaussian model) と呼ぶ．

8.2.2　事後確率分布の導出

ベイズ定理を用いて事後分布 $p(\boldsymbol{x}|\boldsymbol{y})$ を求めてみよう．ここで，簡単に事後分布を計算するために「事後分布も正規分布である」という事実を用いてしまおう．つまり，事後分布の平均を $\bar{\boldsymbol{x}}$，精度行列を $\boldsymbol{\Gamma}$ として，

$$p(\boldsymbol{x}|\boldsymbol{y}) = \mathcal{N}(\boldsymbol{x}|\bar{\boldsymbol{x}}, \boldsymbol{\Gamma}^{-1}) = \frac{|\boldsymbol{\Gamma}|^{1/2}}{(2\pi)^{N/2}} \exp\left[-\frac{1}{2}(\boldsymbol{x} - \bar{\boldsymbol{x}})^T \boldsymbol{\Gamma}(\boldsymbol{x} - \bar{\boldsymbol{x}})\right] \tag{8.13}$$

と仮定する．求めなければならないのは正規分布のパラメータである平均 $\bar{\boldsymbol{x}}$ と精度行列 $\boldsymbol{\Gamma}$ である．式 (8.13) の右辺の指数部分は

$$-\frac{1}{2}(\boldsymbol{x} - \bar{\boldsymbol{x}})^T \boldsymbol{\Gamma}(\boldsymbol{x} - \bar{\boldsymbol{x}}) = -\frac{1}{2}\boldsymbol{x}^T \boldsymbol{\Gamma}\boldsymbol{x} + \bar{\boldsymbol{x}}^T \boldsymbol{\Gamma}\boldsymbol{x} + \mathcal{C} \tag{8.14}$$

となる．ここで，$\mathcal{C}$ は $\boldsymbol{x}$ を含まない項をまとめて表したものである．上式は，まず，$\boldsymbol{x}$ に関する 2 次の項の係数が $-\frac{1}{2}\boldsymbol{\Gamma}$ であり，1 次の項の係数が

$\bar{\boldsymbol{x}}^T\boldsymbol{\Gamma}$ であることを示している.

一方, ベイズ定理から事後分布を表してみよう.

$$p(\boldsymbol{x}|\boldsymbol{y}) \propto p(\boldsymbol{y}|\boldsymbol{x})p(\boldsymbol{x}) \tag{8.15}$$

が成立するので, 右辺に式 (8.11) と式 (8.12) を代入し, 指数部分を書き出すと,

$$-\frac{1}{2}\left[\boldsymbol{x}^T\boldsymbol{\Phi}\boldsymbol{x} + (\boldsymbol{y} - \boldsymbol{H}\boldsymbol{x})^T\boldsymbol{\Lambda}(\boldsymbol{y} - \boldsymbol{H}\boldsymbol{x})\right] \tag{8.16}$$

となる. この式を $\boldsymbol{x}$ に関して整理すると,

$$-\frac{1}{2}\boldsymbol{x}^T(\boldsymbol{\Phi} + \boldsymbol{H}^T\boldsymbol{\Lambda}\boldsymbol{H})\boldsymbol{x} + \boldsymbol{x}^T\boldsymbol{H}^T\boldsymbol{\Lambda}\boldsymbol{y} + \mathcal{C}' \tag{8.17}$$

となる. $\mathcal{C}'$ も $\boldsymbol{x}$ を含まない項をまとめて表したものである. 式 (8.14) と式 (8.17) において, $\boldsymbol{x}$ の 2 次の項の係数行列と, $\boldsymbol{x}$ の 1 次の項の係数を比較して

$$\boldsymbol{\Gamma} = \boldsymbol{\Phi} + \boldsymbol{H}^T\boldsymbol{\Lambda}\boldsymbol{H} \tag{8.18}$$

$$\bar{\boldsymbol{x}} = \boldsymbol{\Gamma}^{-1}\boldsymbol{H}^T\boldsymbol{\Lambda}\boldsymbol{y} = (\boldsymbol{\Phi} + \boldsymbol{H}^T\boldsymbol{\Lambda}\boldsymbol{H})^{-1}\boldsymbol{H}^T\boldsymbol{\Lambda}\boldsymbol{y} \tag{8.19}$$

を得る. つまり, 事後分布の平均 $\bar{\boldsymbol{x}}$ と精度行列 $\boldsymbol{\Gamma}$ が式 (8.18) および式 (8.19) として求まった.

線形方程式 (8.8) に話を戻せば, われわれが結局知りたいのは未知量 $\boldsymbol{x}$ の推定解である. A.1.3 項の説明によれば, ベイズ的な意味での最適推定解, すなわち, MAP 推定解は式 (8.19) で表された $\bar{\boldsymbol{x}}$ に等しい. しかし, 式 (8.19) で示された $\bar{\boldsymbol{x}}$ は未知なるパラメータ $\boldsymbol{\Phi}$ と $\boldsymbol{\Lambda}$ を含んでいて, これらの値を知らないと計算できない. 習慣的に $\boldsymbol{\Phi}$ や $\boldsymbol{\Lambda}$ はハイパーパラメータと呼ばれる. 次にこのハイパーパラメータの推定について説明しよう. まず次節でハイパーパラメータの推定に必要な周辺分布の導出について述べる.

8.2.3　周辺分布の導出

次は, ベイズガウスモデルにおいて周辺分布 $p(\boldsymbol{y})$ を求めてみよう. 周辺分布は以下の関係式

$$p(\boldsymbol{y}) = \int p(\boldsymbol{x}, \boldsymbol{y}) d\boldsymbol{x} \tag{8.20}$$

$$p(\boldsymbol{x}, \boldsymbol{y}) = p(\boldsymbol{y}|\boldsymbol{x}) p(\boldsymbol{x}) \tag{8.21}$$

から求めることができる．すなわち，$p(\boldsymbol{y}|\boldsymbol{x})$ は式 (8.11) で，$p(\boldsymbol{x})$ は式 (8.12) で定義された正規分布であるので，これらを代入して式 (8.20) の積分を計算すれば $p(\boldsymbol{y})$ が求まる．ただ，式 (8.20) の積分は若干わずらわしい計算となるので，本節では積分を直接計算しない方法を紹介する[2)]．まず，$p(\boldsymbol{y})$ も正規分布であるので，平均を $\bar{\boldsymbol{y}}$，共分散行列を $\boldsymbol{\Sigma}_y$ とおいて

$$p(\boldsymbol{y}) = \mathcal{N}(\boldsymbol{y}|\bar{\boldsymbol{y}}, \boldsymbol{\Sigma}_y) \tag{8.22}$$

とする．問題は $\bar{\boldsymbol{y}}$ と $\boldsymbol{\Sigma}_y$ をどう求めるかである．

われわれはすでに事後分布 $p(\boldsymbol{x}|\boldsymbol{y})$ を求めているので，この事後分布をベイズ定理に用いて

$$p(\boldsymbol{y}) = \frac{p(\boldsymbol{y}|\boldsymbol{x}) p(\boldsymbol{x})}{p(\boldsymbol{x}|\boldsymbol{y})} \tag{8.23}$$

から周辺分布 $p(\boldsymbol{y})$ を求めよう．式 (8.23) 左辺の指数部分は式 (8.22) より

$$-\frac{1}{2}(\boldsymbol{y} - \bar{\boldsymbol{y}})^T \boldsymbol{\Sigma}_y^{-1} (\boldsymbol{y} - \bar{\boldsymbol{y}}) = -\frac{1}{2}\boldsymbol{y}^T \boldsymbol{\Sigma}_y^{-1} \boldsymbol{y} + \boldsymbol{y}^T \boldsymbol{\Sigma}_y^{-1} \bar{\boldsymbol{y}} + \mathcal{C}$$

である．やはり，$\boldsymbol{y}$ の 2 次の項の係数が $-\frac{1}{2}\boldsymbol{\Sigma}_y^{-1}$ であり，1 次の項の係数が $\boldsymbol{\Sigma}_y^{-1}\bar{\boldsymbol{y}}$ である．次に式 (8.23) の右辺の指数部分を $\boldsymbol{y}$ の関数と見立てて $D(\boldsymbol{y})$ とおけば

$$D(\boldsymbol{y}) = -\frac{1}{2}\left[\boldsymbol{x}^T \boldsymbol{\Phi} \boldsymbol{x} + (\boldsymbol{y} - \boldsymbol{H}\boldsymbol{x})^T \boldsymbol{\Lambda} (\boldsymbol{y} - \boldsymbol{H}\boldsymbol{x})\right] + \frac{1}{2}(\boldsymbol{x} - \bar{\boldsymbol{x}})^T \boldsymbol{\Gamma} (\boldsymbol{x} - \bar{\boldsymbol{x}}) \tag{8.24}$$

である．ここで，式 (8.19) より $\bar{\boldsymbol{x}}$ は

$$\bar{\boldsymbol{x}} = \boldsymbol{W}\boldsymbol{y} \quad \text{および} \quad \boldsymbol{W} = \boldsymbol{\Gamma}^{-1}\boldsymbol{H}^T\boldsymbol{\Lambda}$$

と表されるので，式 (8.24) は

2) この積分を行い周辺分布を導出する計算過程は参考文献 [13] を参照のこと．

$$D(\boldsymbol{y}) = -\frac{1}{2}\left[\boldsymbol{x}^T\boldsymbol{\Phi}\boldsymbol{x} + (\boldsymbol{H}\boldsymbol{x}-\boldsymbol{y})^T\boldsymbol{\Lambda}(\boldsymbol{H}\boldsymbol{x}-\boldsymbol{y})\right] + \frac{1}{2}(\boldsymbol{x}-\boldsymbol{W}\boldsymbol{y})^T\boldsymbol{\Gamma}(\boldsymbol{x}-\boldsymbol{W}\boldsymbol{y}) \tag{8.25}$$

となる．上式で $\boldsymbol{y}$ の 2 次の項は

$$-\frac{1}{2}\boldsymbol{y}^T\left[\boldsymbol{\Lambda} - \boldsymbol{W}^T\boldsymbol{\Gamma}\boldsymbol{W}\right]\boldsymbol{y} = -\frac{1}{2}\boldsymbol{y}^T\left[\boldsymbol{\Lambda} - \boldsymbol{\Lambda}\boldsymbol{H}\boldsymbol{\Gamma}^{-1}\boldsymbol{H}^T\boldsymbol{\Lambda}\right]\boldsymbol{y}$$

である．ここで，逆行列公式 (A.35) を用いれば

$$\begin{aligned}\boldsymbol{\Lambda} - \boldsymbol{\Lambda}\boldsymbol{H}\boldsymbol{\Gamma}^{-1}\boldsymbol{H}^T\boldsymbol{\Lambda} &= \boldsymbol{\Lambda} - \boldsymbol{\Lambda}\boldsymbol{H}(\boldsymbol{\Phi} + \boldsymbol{H}^T\boldsymbol{\Lambda}\boldsymbol{H})^{-1}\boldsymbol{H}^T\boldsymbol{\Lambda} \\ &= \left(\boldsymbol{\Lambda}^{-1} + \boldsymbol{H}\boldsymbol{\Phi}^{-1}\boldsymbol{H}^T\right)^{-1}\end{aligned}$$

である．したがって，周辺分布 $p(\boldsymbol{y})$ の共分散行列 $\boldsymbol{\Sigma}_y$ として，

$$\boldsymbol{\Sigma}_y = \boldsymbol{\Lambda}^{-1} + \boldsymbol{H}\boldsymbol{\Phi}^{-1}\boldsymbol{H}^T \tag{8.26}$$

を得る．この $\boldsymbol{\Sigma}_y$ は，しばしばモデルデータ共分散行列と呼ばれる．

次に周辺分布 $p(\boldsymbol{y})$ の平均 $\bar{\boldsymbol{y}}$ を求める．このためには式 (8.25) において 1 次の項に注目する．1 次の項は

$$\frac{1}{2}\left[2\boldsymbol{y}^T\boldsymbol{\Lambda}\boldsymbol{H}\boldsymbol{x} - 2\boldsymbol{y}^T\boldsymbol{W}^T\boldsymbol{\Gamma}\boldsymbol{x}\right] = \boldsymbol{y}^T(\boldsymbol{\Lambda}\boldsymbol{H} - \boldsymbol{W}^T\boldsymbol{\Gamma})\boldsymbol{x}$$

である．ところが，$\boldsymbol{\Lambda}\boldsymbol{H} - \boldsymbol{W}^T\boldsymbol{\Gamma} = \boldsymbol{\Lambda}\boldsymbol{H} - (\boldsymbol{\Gamma}^{-1}\boldsymbol{H}^T\boldsymbol{\Lambda})^T\boldsymbol{\Gamma} = \boldsymbol{0}$ であるので，結局，$\bar{\boldsymbol{y}} = \boldsymbol{0}$ を得る．

ところで，正規分布の規格化定数は式 (8.23) より，

$$\frac{|\boldsymbol{\Lambda}|^{1/2}(2\pi)^{-M/2}|\boldsymbol{\Phi}|^{1/2}(2\pi)^{-N/2}}{|\boldsymbol{\Gamma}|^{1/2}(2\pi)^{-N/2}} = \frac{|\boldsymbol{\Lambda}|^{1/2}|\boldsymbol{\Phi}|^{1/2}}{|\boldsymbol{\Gamma}|^{1/2}}(2\pi)^{-M/2}$$

である．行列式に関する公式 (A.38) より，

$$\frac{|\boldsymbol{\Lambda}|^{1/2}|\boldsymbol{\Phi}|^{1/2}}{|\boldsymbol{\Gamma}|^{1/2}} = |\boldsymbol{\Sigma}_y|^{-1/2} \tag{8.27}$$

を示すことができるので[3)]，結局，周辺分布 $p(\boldsymbol{y})$ として

---

3) 公式 (A.38) より

$$|\boldsymbol{\Phi}||\boldsymbol{\Lambda}^{-1}\boldsymbol{H}\boldsymbol{\Phi}^{-1}\boldsymbol{H}^T| = |\boldsymbol{\Lambda}^{-1}||\boldsymbol{\Phi} + \boldsymbol{H}^T\boldsymbol{\Lambda}\boldsymbol{H}|$$

を得ることができる．詳しくは参考文献 [13] p.53–55 を参照のこと．

$$p(\boldsymbol{y}) = \frac{1}{|\boldsymbol{\Sigma}_y|^{1/2}(2\pi)^{M/2}} \exp\left[-\frac{1}{2}\boldsymbol{y}^T\boldsymbol{\Sigma}_y^{-1}\boldsymbol{y}\right] \tag{8.28}$$

を得る．

8.2.4 ハイパーパラメータの学習

ベイズミニマムノルム解

本節ではハイパーパラメータ $\boldsymbol{\Phi}$ と $\boldsymbol{\Lambda}$ の推定を議論する．ここで，これらを

$$\boldsymbol{\Phi} = \alpha\boldsymbol{I} \tag{8.29}$$

$$\boldsymbol{\Lambda} = \beta\boldsymbol{I} \tag{8.30}$$

と仮定することにより少し問題を簡素化しよう．式 (8.29) は，事前分布において「信号 $x_1, \ldots, x_N$ のパワーはすべて α^{-1} である」と仮定したことに対応し，式 (8.30) は，「ノイズ $\varepsilon_1, \ldots, \varepsilon_M$ のパワーはすべて β^{-1} である」と仮定したことに対応する．すると，推定すべきハイパーパラメータはスカラー α と β となる．式 (8.29) および式 (8.30) の仮定のもとで，式 (8.18) の事後分布の精度行列は

$$\boldsymbol{\Gamma} = \alpha\boldsymbol{I} + \beta\boldsymbol{H}^T\boldsymbol{H} \tag{8.31}$$

であり，式 (8.19) の MAP 推定解 $\bar{\boldsymbol{x}}$ は

$$\begin{aligned} \bar{\boldsymbol{x}} &= (\alpha\boldsymbol{I} + \beta\boldsymbol{H}^T\boldsymbol{H})^{-1}\boldsymbol{H}^T(\beta\boldsymbol{I})\boldsymbol{y} \\ &= \left(\boldsymbol{H}^T\boldsymbol{H} + \frac{\alpha}{\beta}\boldsymbol{I}\right)^{-1}\boldsymbol{H}^T\boldsymbol{y} = \boldsymbol{H}^T\left(\boldsymbol{H}\boldsymbol{H}^T + \frac{\alpha}{\beta}\boldsymbol{I}\right)^{-1}\boldsymbol{y} \end{aligned} \tag{8.32}$$

となる．上式における式変形では逆行列の公式 (A.36) を用いた．

式 (8.32) を式 (4.38) と比較すれば，この場合の MAP 推定解 $\bar{\boldsymbol{x}}$ は正則化付きミニマムノルム解に等しいことがわかる．すなわち，ベイズガウス確率モデルから式 (8.29) および式 (8.30) の仮定をおくことにより，正則化付きミニマムノルム解を導出できる．式 (8.32) に示す解をベイズミニマムノルム解 (Bayesian minimum-norm solution) と呼ぶ．ベイズミニマムノルム解においては，正則化定数 τ がハイパーパラメータ α/β で表されている．し

たがって，今から述べるハイパーパラメータの推定を行うことにより，最適な正則化定数を決定することができる．

周辺尤度の最大化

ここで，α と β の推定について説明する．周辺分布 $p(\boldsymbol{y})$ はこれらハイパーパラメータの値に依存しており，依存性がわかるように表記すれば，α と β を条件とする条件付き確率分布として，

$$p(\boldsymbol{y}|\alpha, \beta) = \frac{1}{|\boldsymbol{\Sigma}_y|^{1/2}(2\pi)^{M/2}} \exp\left[-\frac{1}{2}\boldsymbol{y}^T \boldsymbol{\Sigma}_y^{-1} \boldsymbol{y}\right] \tag{8.33}$$

と書くことができる．ここで，モデルデータ共分散行列 $\boldsymbol{\Sigma}_y$ は

$$\boldsymbol{\Sigma}_y = \beta^{-1}\boldsymbol{I} + \alpha^{-1}\boldsymbol{H}\boldsymbol{H}^T \tag{8.34}$$

である．$\log p(\boldsymbol{y}|\alpha, \beta)$ は周辺尤度と呼ばれ，この $p(\boldsymbol{y}|\alpha, \beta)$ を最大とする α と β，すなわち

$$\widehat{\alpha} = \underset{\alpha}{\operatorname{argmax}} \log p(\boldsymbol{y}|\alpha, \beta) \tag{8.35}$$

$$\widehat{\beta} = \underset{\beta}{\operatorname{argmax}} \log p(\boldsymbol{y}|\alpha, \beta) \tag{8.36}$$

がこれらハイパーパラメータの推定値である．

それでは，周辺尤度を最大とする $\widehat{\alpha}$ と $\widehat{\beta}$ を求める式を導いてみよう．$\log p(\boldsymbol{y}|\alpha, \beta)$ を α で微分すれば

$$\frac{\partial}{\partial \alpha} \log p(\boldsymbol{y}|\alpha, \beta) = -\frac{1}{2}\frac{\partial}{\partial \alpha} \log |\boldsymbol{\Sigma}_y| - \frac{1}{2}\frac{\partial}{\partial \alpha} \boldsymbol{y}^T \boldsymbol{\Sigma}_y^{-1} \boldsymbol{y} \tag{8.37}$$

である．右辺第 1 項は式 (8.27) より，

$$\begin{aligned} \frac{\partial}{\partial \alpha} \log |\boldsymbol{\Sigma}_y| &= \frac{\partial}{\partial \alpha}\left[-M \log \beta - N \log \alpha + \log |\boldsymbol{\Gamma}|\right] = -N\alpha^{-1} + \frac{\partial}{\partial \alpha} \log |\boldsymbol{\Gamma}| \\ &= -N\alpha^{-1} + \operatorname{tr}\left[\boldsymbol{\Gamma}^{-1}\frac{\partial \boldsymbol{\Gamma}}{\partial \alpha}\right] = -N\alpha^{-1} + \operatorname{tr}(\boldsymbol{\Gamma}^{-1}) \end{aligned} \tag{8.38}$$

となる．ここで，$\partial \boldsymbol{\Gamma}/\partial \alpha = \boldsymbol{I}$ を用いた．式 (8.37) の右辺第 2 項は，関係式 [問題 **8.1**]

$$\boldsymbol{y}^T \boldsymbol{\Sigma}_y^{-1} \boldsymbol{y} = \beta(\boldsymbol{y} - \boldsymbol{H}\bar{\boldsymbol{x}})^T(\boldsymbol{y} - \boldsymbol{H}\bar{\boldsymbol{x}}) + \alpha \bar{\boldsymbol{x}}^T \bar{\boldsymbol{x}} \tag{8.39}$$

を用いれば,

$$\frac{\partial}{\partial \alpha} \boldsymbol{y}^T \boldsymbol{\Sigma}_y^{-1} \boldsymbol{y} = \frac{\partial}{\partial \alpha} \left(\beta(\boldsymbol{y} - \boldsymbol{H}\bar{\boldsymbol{x}})^T(\boldsymbol{y} - \boldsymbol{H}\bar{\boldsymbol{x}}) + \alpha \bar{\boldsymbol{x}}^T \bar{\boldsymbol{x}} \right) = \bar{\boldsymbol{x}}^T \bar{\boldsymbol{x}} = \|\bar{\boldsymbol{x}}\|^2 \tag{8.40}$$

を得る．したがって，式 (8.37) から式 (8.40) を用いれば

$$\frac{\partial}{\partial \alpha} \log p(\boldsymbol{y}|\alpha, \beta) = -\frac{1}{2} \left(-N\alpha^{-1} + \mathrm{tr}(\boldsymbol{\Gamma}^{-1}) + \|\bar{\boldsymbol{x}}\|^2 \right) \tag{8.41}$$

を得るので，右辺をゼロとおいて

$$\widehat{\alpha}^{-1} = \frac{1}{N} \left(\mathrm{tr}(\boldsymbol{\Gamma}^{-1}) + \|\bar{\boldsymbol{x}}\|^2 \right) \tag{8.42}$$

がハイパーパラメータ α の推定値である．

全く同様に β に関しては,

$$\frac{\partial}{\partial \beta} \log p(\boldsymbol{y}|\alpha, \beta) = -\frac{1}{2} \frac{\partial}{\partial \beta} \log |\boldsymbol{\Sigma}_y| - \frac{1}{2} \frac{\partial}{\partial \beta} \boldsymbol{y}^T \boldsymbol{\Sigma}_y^{-1} \boldsymbol{y} \tag{8.43}$$

を計算する．α の場合とほとんど同じ導出を用いて

$$\widehat{\beta}^{-1} = \frac{1}{M} \left[\mathrm{tr}(\boldsymbol{H}^T \boldsymbol{H} \boldsymbol{\Gamma}^{-1}) + \|\boldsymbol{y} - \boldsymbol{H}\bar{\boldsymbol{x}}\|^2 \right] \tag{8.44}$$

を得る [**問題 8.2**]．注意すべきは α と β の推定解は事後分布のパラメータ $\boldsymbol{\Gamma}$ と $\bar{\boldsymbol{x}}$ が含まれ，これらの値を必要とする．しかし，式 (8.31) および式 (8.32) から明らかなように $\boldsymbol{\Gamma}$ と $\bar{\boldsymbol{x}}$ を求めるには α と β の値が必要である．したがって，ハイパーパラメータの推定は再帰的となる．

EM アルゴリズム

ハイパーパラメータ推定の手順をまとめると以下のようになる．

1. α と β に初期値をセットする．

2. 式 (8.31) および式 (8.32) により事後分布のパラメータ $\boldsymbol{\Gamma}$ と $\bar{\boldsymbol{x}}$ を計算する．

3. $\boldsymbol{\Gamma}$ と $\bar{\boldsymbol{x}}$ の計算結果を用いて，式 (8.42) と式 (8.44) により，α と β の

値を更新する．

4. 更新した α と β の値を用いて，式 (8.31) と式 (8.32) により $\boldsymbol{\Gamma}$ と $\bar{\boldsymbol{x}}$ を更新する．
5. 2 から 4 の手順を与えられた終了規準が満たされるまで繰り返す．

以上のアルゴリズムは EM アルゴリズム (expectation maximization algorithm) と呼ばれる．事後分布のパラメータ $\boldsymbol{\Gamma}$ と $\bar{\boldsymbol{x}}$ を計算する部分を E ステップ，ハイパーパラメータを計算する部分を M ステップと呼ぶ．さらに，このような手順でハイパーパラメータの値を更新していくことをハイパーパラメータの学習と呼ぶ．

8.2.5　スパースベイズ学習

前節の議論では事前分布の精度を $\boldsymbol{\Phi} = \alpha \boldsymbol{I}$ と仮定した．これは $x_1, \ldots,$ x_N のパワーはすべて等しく α^{-1} であると仮定したことに等しいが，一方，$x_1, \ldots, x_N$ のパワーは個々の x_j に依存するとして，

$$\boldsymbol{\Phi} = \mathrm{diag}([\alpha_1, \alpha_2, \ldots, \alpha_N]) \tag{8.45}$$

と仮定することも可能である．

事前分布の精度行列に対する仮定，式 (8.45) と式 (8.29) は全く異なる解を生じる．事前分布に対する式 (8.45) の仮定は，実は，スパースな解を生じるのである．スパースな解とは解ベクトル $\boldsymbol{x} = [x_1, \ldots, x_N]^T$ の要素においてほとんどのものがゼロとなり，わずかなものがノンゼロの値を持つような解である．精度行列を式 (8.45) のように仮定するガウス確率モデルを用いた未知量の推定法はスパースベイズ学習 (sparse Bayesian learning) と呼ばれる．

式 (8.45) の精度行列を仮定した場合，式 (8.37)-(8.42) とほとんど同じ導出を用いて，ハイパーパラメータ α_j の更新式として

$$\widehat{\alpha}_j^{-1} = [\boldsymbol{\Gamma}^{-1}]_{j,j} + \bar{x}_j^2 \tag{8.46}$$

を得る [**問題 8.3**]．上式で $[\boldsymbol{\Gamma}^{-1}]_{j,j}$ は事後分布の共分散行列の (j, j) 成分である．スパースベイズ学習は，パターン認識の分野では ARD (automated relevance determination) とも呼ばれており，解ベクトル $\boldsymbol{x}$ をスパースな解としてモデル化することが妥当な場合には非常に有効な手法である．スパースベイズ学習のより詳細な議論は参考文献 [13] を参照されたい．

8.3 混合ガウスモデルとハイパーパラメータの学習

8.3.1 混合正規分布

EM アルゴリズムによるハイパーパラメータの学習が有効である別の例として混合正規分布 (mixture of Gaussians) を用いたデータのクラス分類について説明する．平均 $\boldsymbol{\mu}_k$，共分散行列 $\boldsymbol{\Sigma}_k$ を持つ K 個の正規分布 $\mathcal{N}(\boldsymbol{x}|\boldsymbol{\mu}_k, \boldsymbol{\Sigma}_k)$ $(k = 1, \ldots, K)$ を仮定する．これら K 個の正規分布の重ね合わせで作られる確率分布 $p(\boldsymbol{x})$ を求めよう．個々の正規分布 $\mathcal{N}(\boldsymbol{x}|\boldsymbol{\mu}_k, \boldsymbol{\Sigma}_k)$ は混合正規分布の要素と呼ばれる．正規分布 $\mathcal{N}(\boldsymbol{x}|\boldsymbol{\mu}_k, \boldsymbol{\Sigma}_k)$ は k 番目の要素が選ばれた場合に確率変数の値が $\boldsymbol{x}$ である確率（密度）であるので，

$$p(\boldsymbol{x}|k) = \mathcal{N}(\boldsymbol{x}|\boldsymbol{\mu}_k, \boldsymbol{\Sigma}_k) \tag{8.47}$$

と書くことができる．第 k 要素が選ばれる事前確率を $p(k)$ とすれば，第 k 要素が選ばれて確率変数が $\boldsymbol{x}$ の値となる同時確率分布は

$$p(\boldsymbol{x}, k) = p(k)p(\boldsymbol{x}|k) = p(k)\mathcal{N}(\boldsymbol{x}|\boldsymbol{\mu}_k, \boldsymbol{\Sigma}_k)$$

である．したがって，$p(\boldsymbol{x})$ は $p(k, \boldsymbol{x})$ を k に関して周辺化を行った

$$p(\boldsymbol{x}) = \sum_{k=1}^{K} p(k)\mathcal{N}(\boldsymbol{x}|\boldsymbol{\mu}_k, \boldsymbol{\Sigma}_k) \tag{8.48}$$

と求めることができる．式 (8.48) で表される確率分布を混合正規分布と呼ぶ．

事後確率分布 $p(k|\boldsymbol{x})$ はベイズ定理より

$$p(k|\boldsymbol{x}) = \frac{p(k)\mathcal{N}(\boldsymbol{x}|\boldsymbol{\mu}_k, \boldsymbol{\Sigma}_k)}{p(\boldsymbol{x})} = \frac{p(k)\mathcal{N}(\boldsymbol{x}|\boldsymbol{\mu}_k, \boldsymbol{\Sigma}_k)}{\sum_{k=1}^{K} p(k)\mathcal{N}(\boldsymbol{x}|\boldsymbol{\mu}_k, \boldsymbol{\Sigma}_k)} \tag{8.49}$$

で与えられる．N 個の観測結果 $\boldsymbol{x}_1, \boldsymbol{x}_2, \ldots, \boldsymbol{x}_N$ が得られたとして，周辺尤度は式 (8.48) より

$$\log p(\boldsymbol{x}_1, \ldots, \boldsymbol{x}_N) = \sum_{n=1}^{N} \log p(\boldsymbol{x}_n) = \sum_{n=1}^{N} \log \left[\sum_{k=1}^{K} p(k) \mathcal{N}(\boldsymbol{x}_n | \boldsymbol{\mu}_k, \boldsymbol{\Sigma}_k) \right] \tag{8.50}$$

と表される．さらに，事前確率分布 $p(k)$ を $p(k) = \pi_k \ (0 \leq \pi_k \leq 1)$ とする．ここで，定数 $\pi_1, \ldots, \pi_K$ は事前確率分布 $p(k)$ のハイパーパラメータであるので，混合正規分布のハイパーパラメータに対する周辺尤度は，ハイパーパラメータを明示して

$$\log p(\boldsymbol{x} | \boldsymbol{\mu}, \boldsymbol{\Sigma}, \boldsymbol{\pi}) = \sum_{n=1}^{N} \log \left[\sum_{k=1}^{K} \pi_k \mathcal{N}(\boldsymbol{x}_n | \boldsymbol{\mu}_k, \boldsymbol{\Sigma}_k) \right] \tag{8.51}$$

と書き表すことができる．上式で $\boldsymbol{x}$ は $\boldsymbol{x}_1, \ldots, \boldsymbol{x}_N$ をまとめて表したもの，つまり，$\boldsymbol{x}_1, \ldots, \boldsymbol{x}_N$ と書く代わりに $\boldsymbol{x}$ と書いて $\boldsymbol{x}_1, \ldots, \boldsymbol{x}_N$ を意味する．$\boldsymbol{\mu}$ と $\boldsymbol{\Sigma}$，$\boldsymbol{\pi}$ についても同様で，$\boldsymbol{\mu}$ は $\boldsymbol{\mu}_1, \ldots, \boldsymbol{\mu}_K$ を，$\boldsymbol{\Sigma}$ は $\boldsymbol{\Sigma}_1, \ldots, \boldsymbol{\Sigma}_K$ を，$\boldsymbol{\pi}$ は $\pi_1, \ldots, \pi_K$ をそれぞれまとめて表したものである．

8.3.2 ハイパーパラメータの学習

それでは一群の観測データ $\boldsymbol{x}_1, \ldots, \boldsymbol{x}_N$ が与えられた場合，このデータから，これらを最もよく表す混合正規分布を導いてみよう．話を簡単にするため要素の総数 K はわかっているとする．一群の観測データ $\boldsymbol{x}_1, \ldots, \boldsymbol{x}_N$ を最もよく表す混合正規分布とは式 (8.51) の周辺尤度 $\log p(\boldsymbol{x} | \boldsymbol{\mu}, \boldsymbol{\Sigma}, \boldsymbol{\pi})$ を最大にするハイパーパラメータ $\boldsymbol{\mu}$，$\boldsymbol{\Sigma}$ および $\boldsymbol{\pi}$ を持つ混合正規分布である．これらのハイパーパラメータの学習は EM アルゴリズムにより行う．更新式は式 (8.51) の周辺尤度をそれぞれのハイパーパラメータで微分することによって導出できる．

周辺尤度 $\log p(\boldsymbol{x} | \boldsymbol{\mu}, \boldsymbol{\Sigma}, \boldsymbol{\pi})$ を $\boldsymbol{\mu}_k$ で微分すれば，

$$\frac{\partial}{\partial \boldsymbol{\mu}_k} \log p(\boldsymbol{x}|\boldsymbol{\mu}, \boldsymbol{\Sigma}, \boldsymbol{\pi}) = \sum_{n=1}^{N} \frac{\partial}{\partial \boldsymbol{\mu}_k} \log \left[\sum_{k=1}^{K} \pi_k \mathcal{N}(\boldsymbol{x}_n|\boldsymbol{\mu}_k, \boldsymbol{\Sigma}_k) \right]$$
$$= \sum_{n=1}^{N} \frac{\frac{\partial}{\partial \boldsymbol{\mu}_k} \sum_{k=1}^{K} \pi_k \mathcal{N}(\boldsymbol{x}_n|\boldsymbol{\mu}_k, \boldsymbol{\Sigma}_k)}{\left[\sum_{k=1}^{K} \pi_k \mathcal{N}(\boldsymbol{x}_n|\boldsymbol{\mu}_k, \boldsymbol{\Sigma}_k)\right]} = \sum_{n=1}^{N} \frac{\pi_k \frac{\partial}{\partial \boldsymbol{\mu}_k} \mathcal{N}(\boldsymbol{x}_n|\boldsymbol{\mu}_k, \boldsymbol{\Sigma}_k)}{\left[\sum_{k=1}^{K} \pi_k \mathcal{N}(\boldsymbol{x}_n|\boldsymbol{\mu}_k, \boldsymbol{\Sigma}_k)\right]} \tag{8.52}$$

である．ここで式 (8.3) を用いれば

$$\frac{\partial}{\partial \boldsymbol{\mu}_k} \mathcal{N}(\boldsymbol{x}_n|\boldsymbol{\mu}_k, \boldsymbol{\Sigma}_k)$$
$$= \frac{1}{(2\pi)^{N/2}|\boldsymbol{\Sigma}|^{1/2}} \frac{\partial}{\partial \boldsymbol{\mu}_k} \exp\left[-\frac{1}{2}(\boldsymbol{x}_n - \boldsymbol{\mu}_k)^T \boldsymbol{\Sigma}_k^{-1} (\boldsymbol{x}_n - \boldsymbol{\mu}_k) \right]$$
$$= -\frac{1}{2} \mathcal{N}(\boldsymbol{x}_n|\boldsymbol{\mu}_k, \boldsymbol{\Sigma}_k) \frac{\partial}{\partial \boldsymbol{\mu}_k} (\boldsymbol{x}_n - \boldsymbol{\mu}_k)^T \boldsymbol{\Sigma}_k^{-1} (\boldsymbol{x}_n - \boldsymbol{\mu}_k)$$
$$= \mathcal{N}(\boldsymbol{x}_n|\boldsymbol{\mu}_k, \boldsymbol{\Sigma}_k) \boldsymbol{\Sigma}_k^{-1} (\boldsymbol{x}_n - \boldsymbol{\mu}_k) \tag{8.53}$$

となる．上式で最後の行への変形は式 (A.25) を用いて行った．したがって，$\frac{\partial}{\partial \boldsymbol{\mu}_k} \log p(\boldsymbol{x}|\boldsymbol{\mu}, \boldsymbol{\Sigma}, \boldsymbol{\pi}) = 0$ とおくことにより，（事後分布 $p(k|\boldsymbol{x}_n)$ は式 (8.49) で与えられるので）

$$\sum_{n=1}^{N} \frac{\pi_k \mathcal{N}(\boldsymbol{x}_n|\boldsymbol{\mu}_k, \boldsymbol{\Sigma}_k)}{\left[\sum_{k=1}^{K} \pi_k \mathcal{N}(\boldsymbol{x}_n|\boldsymbol{\mu}_k, \boldsymbol{\Sigma}_k)\right]} \boldsymbol{\Sigma}_k^{-1} (\boldsymbol{x}_n - \boldsymbol{\mu}_k)$$
$$= \boldsymbol{\Sigma}_k^{-1} \sum_{n=1}^{N} p(k|\boldsymbol{x}_n)(\boldsymbol{x}_n - \boldsymbol{\mu}_k) = 0 \tag{8.54}$$

を得る．上式より $\boldsymbol{\mu}_k$ の更新式として，

$$\widehat{\boldsymbol{\mu}}_k = \frac{1}{\sum_{n=1}^{N} p(k|\boldsymbol{x}_n)} \sum_{n=1}^{N} p(k|\boldsymbol{x}_n)\boldsymbol{x}_n = \frac{1}{\Omega_k} \sum_{n=1}^{N} p(k|\boldsymbol{x}_n)\boldsymbol{x}_n \tag{8.55}$$

を導くことができる．ここで，$\Omega_k = \sum_{n=1}^{N} p(k|\boldsymbol{x}_n)$ とした．同様の導出を用いて，$\boldsymbol{\Sigma}_k$ の更新式として

$$\widehat{\boldsymbol{\Sigma}}_k = \frac{1}{\Omega_k} \sum_{n=1}^{N} p(k|\boldsymbol{x}_n)(\boldsymbol{x}_n - \boldsymbol{\mu}_k)(\boldsymbol{x}_n - \boldsymbol{\mu}_k)^T \tag{8.56}$$

を導出できる [**問題 8.4**].

次にハイパーパラメータ π_k に関する更新式を導こう．π_k に関しては，$\sum_{k=1}^{K} \pi_k = 1$ を満たすことを制約条件とした制約付き最適化になるので，ラグランジュ乗数を γ として，ラグランジアン $\mathbb{L}(\boldsymbol{\pi}, \gamma)$ を

$$\mathbb{L}(\boldsymbol{\pi}, \gamma) = \log p(\boldsymbol{x}|\boldsymbol{\mu}, \boldsymbol{\Sigma}, \boldsymbol{\pi}) + \gamma \left(\sum_{k=1}^{K} \pi_k - 1 \right) \tag{8.57}$$

と定義し，$\mathbb{L}(\boldsymbol{\pi}, \gamma)$ を π_k と γ に関して最大化する．式 (8.57) を π_k で微分してゼロとおけば

$$\sum_{n=1}^{N} \frac{\mathcal{N}(\boldsymbol{x}_n|\boldsymbol{\mu}_k, \boldsymbol{\Sigma}_k)}{\left[\sum_{j=1}^{K} \pi_k \mathcal{N}(\boldsymbol{x}_n|\boldsymbol{\mu}_j, \boldsymbol{\Sigma}_j) \right]} + \gamma = 0 \tag{8.58}$$

を得る．上式に π_k を乗じれば

$$\sum_{n=1}^{N} \frac{\pi_k \mathcal{N}(\boldsymbol{x}_n|\boldsymbol{\mu}_k, \boldsymbol{\Sigma}_k)}{\left[\sum_{j=1}^{K} \pi_k \mathcal{N}(\boldsymbol{x}_n|\boldsymbol{\mu}_j, \boldsymbol{\Sigma}_j) \right]} = -\gamma \pi_k \tag{8.59}$$

を得る．さらに k に関して和をとれば

$$\sum_{n=1}^{N} \frac{\sum_{k=1}^{K} \pi_k \mathcal{N}(\boldsymbol{x}_n|\boldsymbol{\mu}_k, \boldsymbol{\Sigma}_k)}{\left[\sum_{j=1}^{K} \pi_k \mathcal{N}(\boldsymbol{x}_n|\boldsymbol{\mu}_j, \boldsymbol{\Sigma}_j) \right]} = -\gamma \sum_{k=1}^{K} \pi_k \tag{8.60}$$

である．上式の左辺の和記号の中は 1 であり，右辺において制約条件 $\sum_{k=1}^{K} \pi_k = 1$ を考慮すれば，結局，$\gamma = -N$ を得る．式 (8.59) にこれを代入すれば，π_k の更新式として

$$\widehat{\pi}_k = \frac{1}{N} \sum_{n=1}^{N} \frac{\pi_k \mathcal{N}(\boldsymbol{x}_n|\boldsymbol{\mu}_k, \boldsymbol{\Sigma}_k)}{\left[\sum_{j=1}^{K} \pi_k \mathcal{N}(\boldsymbol{x}_n|\boldsymbol{\mu}_j, \boldsymbol{\Sigma}_j) \right]} = \frac{1}{N} \sum_{n=1}^{N} p(k|\boldsymbol{x}_n) = \frac{\Omega_k}{N} \tag{8.61}$$

を得る．

EM アルゴリズムによるハイパーパラメータの学習をまとめると以下のようになる．

1. ハイパーパラメータ $\boldsymbol{\mu}$, $\boldsymbol{\Sigma}$ および $\boldsymbol{\pi}$ に適当な初期値をセットする.

2. 式 (8.49) で与えられる事後分布 $p(k|\boldsymbol{x}_n)$ を計算する.

3. 計算した事後分布 $p(k|\boldsymbol{x}_n)$ を用いて式 (8.55), 式 (8.56) および式 (8.61) により, ハイパーパラメータ $\boldsymbol{\mu}$, $\boldsymbol{\Sigma}$ および $\boldsymbol{\pi}$ の値を更新する.

4. 更新した $\boldsymbol{\mu}$, $\boldsymbol{\Sigma}$ および $\boldsymbol{\pi}$ の値を用いて, 式 (8.49) で与えられる事後分布 $p(k|\boldsymbol{x}_n)$ を更新する.

5. 2 から 4 の手順を与えられた規準が満たされるまで繰り返す.

学習したハイパーパラメータからデータ $\boldsymbol{x}_n$ がどの要素由来であるかを推定すると, データのクラス分類が可能となる. クラス分類のためには, EM アルゴリズム終了時点での事後分布 $p(k|\boldsymbol{x}_n)$ を用い, 個々のデータ $\boldsymbol{x}_n$ に対して事後分布を最大にする k が, データ $\boldsymbol{x}_n$ が属するクラスであるとする. 混合ガウスモデルを用いたデータクラス分類のコンピュータシミュレーションを 9.7 節で紹介する.

問　題

8.1 式 (8.39) を導出せよ.

8.2 式 (8.44) を導出せよ.

8.3 式 (8.46) を導出せよ.

8.4 式 (8.56) を導出せよ.

第 9 章　数値実験

本章では，第 5 章から第 8 章までで述べてきたアルゴリズムについて数値実験（コンピュータシミュレーション）を行い，これらの方法の有効性を読者が直観的・視覚的に把握できる結果を提示する．数値実験を実施するための Matlab 言語[1)]によるコードは共立出版のホームページ (https://www.kyoritsu-pub.co.jp/bookdetail/9784320086494) からダウンロードすることができ，読者が自身の PC で実験を再現したり，さらに，諸パラメータや実験条件を変えて再実験してみたりすることも可能である．

9.1　コンピュータシミュレーションの設定

図 **9.1** に示す計測系を仮定し，2 次元のコンピュータシミュレーションを行う．このシミュレーションでは，X 軸上（$Y=0$ の直線上）に 2 つの信号源（音や電波などの発生源）を仮定する．信号源からの信号の強度は距離の 2 乗で減衰すると仮定した．まず，妨害信号源とリファレンスセンサーは考慮せずにデータ発生を行う（これらは 9.3 節のコンピュータシミュレーションで使用する）．信号源 S_1 の時刻 t における強度を $s_1(t)$，信号源 S_2 の時刻 t における強度を $s_2(t)$ と書く．$Y=d$ の直線上に，これらの信号源から発生した波動を検出する多数のセンサーが配置されているとする．ここで，j 番目のセンサーで検出される信号強度 $y_j^S(t)$ は

$$y_j^S(t) = \frac{s_1(t)}{r_{1,j}^2} + \frac{s_2(t)}{r_{2,j}^2}$$

で与えられるとする．上式で $r_{1,j}$ および $r_{2,j}$ は信号源 S_1 および S_2 から j 番目のセンサーまでの距離である．

このシミュレーションで仮定した $s_1(t)$ および $s_2(t)$ のタイムコースを

1) Matlab 言語に関しては https://jp.mathworks.com/ を参照されたい．

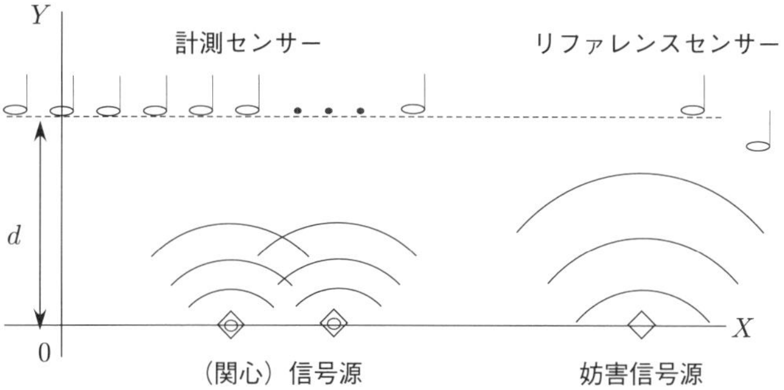

図 **9.1**　本章で行う 2 次元コンピュータシミュレーションのシナリオを示す．X 軸上に 2 つの信号源を仮定する．妨害信号源とリファレンスセンサーは 9.3 節のコンピュータシミュレーションで使用する．

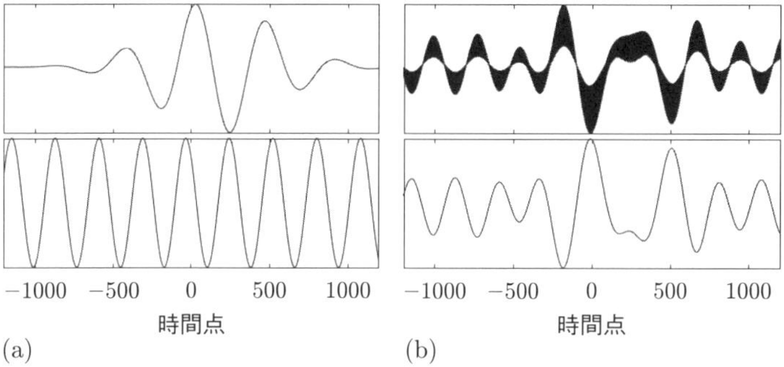

図 **9.2**　(a) シミュレーションで仮定した信号源 S_1 のタイムコース $s_1(t)$（上段）および信号源 S_2 のタイムコース $s_2(t)$（下段）．(b) 2 個の信号源を仮定し計算した全センサーの出力波形 $\boldsymbol{y}_S(t)$（上段）および 76 番目のセンサー出力のみの表示（下段）．

図 **9.2**(a) に示す．2400 時間点を仮定した．同図に示されるように，$s_1(t)$ には指数関数で振幅変調のかかった正弦波，$s_2(t)$ には $s_1(t)$ とは周波数の異なる正弦波を仮定した．センサーが $-1000 \leq X \leq 2000$ の範囲に，間隔 20 で 151 個配置されているとする．ここで，j 番目のセンサー座標 (X_j^D, Y_j^D) は $X_j^D = -1000 + 20(j-1)$ および $Y_j^D = d$ で与えられる．ここで $d = 1000$ とした．

2 個の信号源の位置を (300, 0) および (700, 0) として，全センサーの出力波形 $\boldsymbol{y}_S(t)$ を計算した結果を図 9.2(b) の上段パネルに示す．この図は 151 個のセンサーのすべての出力時間波形を重ねて表示したもので，少々わかりにくいため，すべてのセンサーではなく（中央の）76 番目のセンサー出力

$y_j^S(t)$ $(j = 76)$ のみを表示したものを図 9.2(b) の下段パネルに示す．

9.2　ノイズ除去実験

図 9.2(b) に示す信号波形 $\boldsymbol{y}_S(t)$ に SN 比（信号対雑音比）が 1 となるようにノイズを正規乱数を用いて発生し，加えたものを計測データ $\boldsymbol{y}(t)$ とする．ここで，SN 比は（信号行列のフロベニウスノルム）/（ノイズ行列のフロベニウスノルム）で定義した．この $\boldsymbol{y}(t)$ を図 **9.3**(a) に示す．上段が 151 個のセンサーのすべての時間波形を重ねて表示したもので，下段が第 76 番目のセンサー出力のみを表示したものである．かなり大きなノイズが計測データに重畳していることがわかる．

このデータに対し，5.4 節で述べた SVD フィルターの手法を適用し，ノイズを除去した結果を図 9.3(b) に示す．上段が 151 個のセンサーのすべての時間波形を重ねて表示したもので，下段が 76 番目のセンサー出力のみを表示したものである．5.4 節で述べたように，ノイズ除去には信号部分空間の次元の推定が必要である．図 **9.4** にこの計測データのデータ行列から計算した特異値スペクトルを示す．このデータではノイズフロアーに対して顕著に大きな 2 個の特異値を観測できるので，このデータにおける信号部分空間の次元は 2 であるとしてノイズ除去を行った．

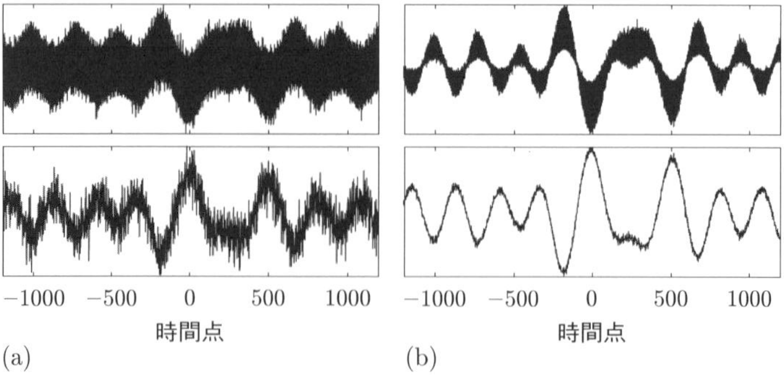

図 **9.3**　(a) 図 9.2(b) に示す信号波形 $\boldsymbol{y}_S(t)$ に SN 比が 1 となるようにノイズを正規乱数を用いて発生し，加えた波形．この波形を計測データ $\boldsymbol{y}(t)$ としてノイズ除去実験を行う．(b) SVD フィルターの手法を適用しセンサーノイズを除去した結果．全センサーの出力波形（上段）および 76 番目のセンサー出力のみの表示（下段）．

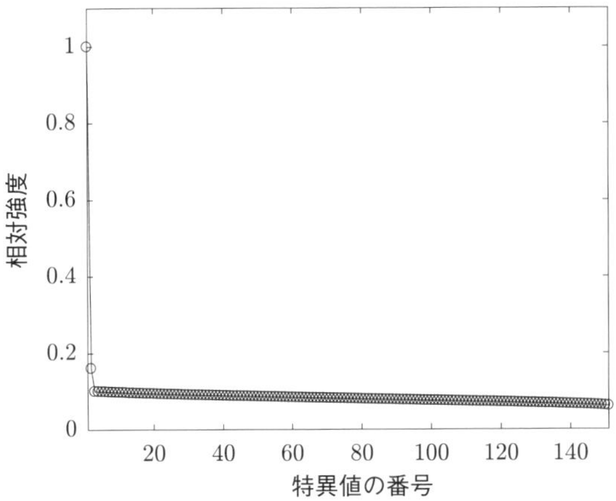

図 9.4 計測データのデータ行列から計算した特異値スペクトル．ノイズフロアーに対して顕著に大きな 2 個の特異値を観測できる．

9.3 妨害信号除去

9.3.1 空間的な信号部分空間投影による妨害信号除去

次に，図 9.1 に示す構成で，空間的な信号部分空間投影による妨害信号除去のコンピュータシミュレーションを行った．2 個の信号源に加えて 1 個の妨害信号源を $(1000, 0)$ の位置に追加した．妨害信号源の強度を $\xi(t)$ と書けば j 番目のセンサーで検出される妨害信号強度は

$$y_j^I(t) = \frac{\xi(t)}{r_j^2}$$

で計算する．ここで，r_j は妨害信号源と j 番目のセンサーとの距離である．ここで，妨害信号源タイムコース $\xi(t)$ は，正規乱数を用いて発生した乱数列を時系列データと見立てて，これを低域通過フィルターを通すことにより発生した．この妨害信号 $y_j^I(t)$ を先に発生した関心信号 $y_j^S(t)$ に加え，さらに正規乱数 ε を加えたものを計測データ $y_j(t)$ とした．すなわち，

$$y_j(t) = y_j^S(t) + a y_j^I(t) + \varepsilon \tag{9.1}$$

であり，SI 比（信号対妨害信号比：signal-to-interference ratio）は（信号行列のフロベニウスノルム）/（妨害信号行列のフロベニウスノルム）で定

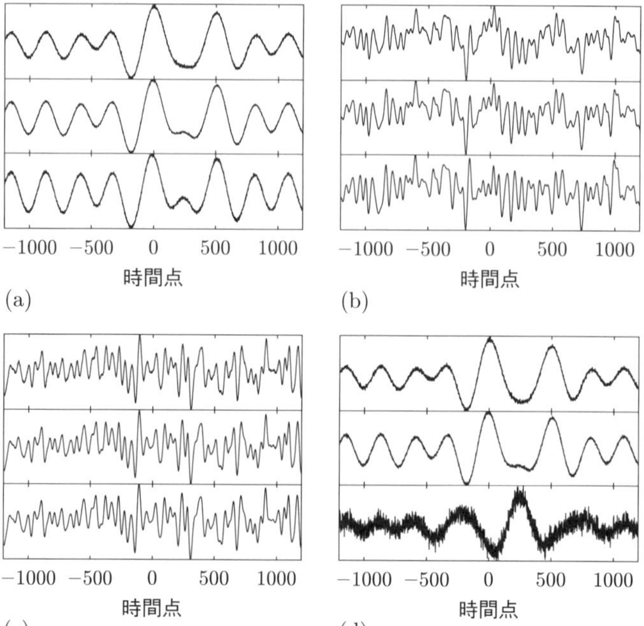

図 9.5　空間的な信号部分空間投影による妨害信号除去のコンピュータシミュレーション結果．(a) 関心信号データ $y_j^S(t)$．(b) 妨害信号が重畳した計測データ $y_j(t)$．(c) コントロールデータ $\bar{y}_j(t)$．(d) 信号部分空間投影による妨害信号除去結果．上段，中段，下段はそれぞれ 36 番目，76 番目，116 番目のセンサーデータを示す．

義して 0.25 となるように重みパラメータ a を調節した[2)]．また，正規乱数 ε の大きさは SN 比が 16 となるよう調節した．

コンピュータシミュレーションの結果を図 **9.5** に示す．同図は (a), (b), (c), (d) とも上段が 36 番目のセンサーデータ，中段が 76 番目のセンサーデータ，下段が 116 番目のセンサーデータを示している．同図 (a) に信号 $y_j^S(t)$，(b) に計測データ $y_j(t)$ を示す．ここで，SI 比が 0.25 となるような大きな妨害信号が重畳しているため，(b) の計測データは妨害信号が支配的になっている．

空間的な信号部分空間投影を用いて妨害信号除去を行うには，妨害信号が含まれ，（関心）信号が含まれていないコントロール（ベースライン）区間

[2)] すなわち，rms (root-mean square) 値で 4 倍の妨害信号を重畳させた．

が必要である．この区間の計測データを

$$\bar{y}_j(t) = y_j^I(t) + \varepsilon$$

により発生した結果を同図 (c) に示す．妨害信号は別の時間区間で取得されると仮定しているので，妨害信号の波形が (b) と (c) で異なっている点に注意されたい．コントロールデータの SN 比は計測データと同じ 16 となるよう設定した．

この (c) に示すデータを用いて妨害信号部分空間の基底ベクトルを推定し，5.4.2 項で述べた信号部分空間投影を行い妨害信号除去を試みた．結果を (d) に示す．(d) の結果を (a) と比較し，36 番目のセンサーと 76 番目のセンサーでは，ほぼ完璧に妨害信号が除去されていることがわかる．しかしながら，116 番目のセンサーでは，信号強度が低下し信号波形が歪んでしまっている．これは，5.4.2 項で議論したように，信号部分空間と妨害信号部分空間が直交していないことにより（式 (5.52) の右辺第 2 項がゼロとならないことにより）信号波形の一部が取り除かれてしまったことを示している．

9.3.2　時間的な信号部分空間投影による妨害信号除去

次に時間的な信号部分空間投影を利用した方法のコンピュータシミュレーションを行う．図 9.1 に示す構成を用いて，前節と全く同じ条件で，ただし今回はリファレンスセンサーまで含めてデータ発生を行った．ここでは 3 個のリファレンスセンサーを仮定し，j 番目のリファレンスセンサーの座標 (X_j^R, Y_j^R) は $X_j^R = 3100 + 200(j-1)$ および $Y_j^R = d - 300(j-1)$ とした ($j = 1, 2, 3,\ d = 1000$)．発生したデータの信号成分 $y_j^S(t)$ と計測データ $y_j(t)$ は，それぞれ，図 9.5(a) と (b) に示されているのと同じものを用いた．

同時計測されたリファレンスセンサーデータは図 **9.6**(a) に示す．このリファレンスセンサーデータを用いて 6.3 節で述べた適応ノイズ除去を行った結果を図 9.6(b) に示す．同図において，SN 比の低下が認められるものの，妨害信号が除去され図 9.5(a) に示す信号 $y_j^S(t)$ に近いものが再現されていることがわかる．

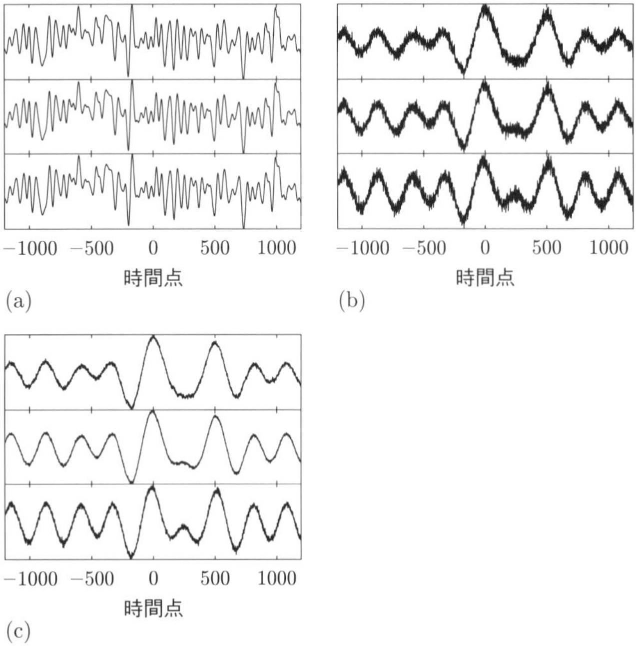

図 9.6　時間的な信号部分空間投影による妨害信号除去結果．(a) 3 個のリファレンスセンサーで計測された波形．(b) 適応ノイズ除去を行った結果．(c) 共通部分空間投影を行った結果．(b) と (c) における上段，中段，下段はそれぞれ 36 番目，76 番目，116 番目のセンサーデータを示す．

空間的な信号部分空間を用いた妨害信号除去では，妨害信号部分空間と信号部分空間が完全に分離していないことが波形の歪みにつながったが，ここで述べている時間的な信号部分空間を用いた妨害信号除去では，信号成分への影響がほとんどない結果を得ることができている．これは，関心信号と妨害信号の時間波形が全く異なるため，信号部分空間と妨害信号部分空間が時間領域では近似的に直交しているためと考えられる．

図 9.6(c) に 6.4 節で述べた共通部分空間投影を用いた妨害信号除去の結果を示す．この結果では SN 比の低下もほとんどなく，さらに良好な結果を得ている．これは，適応ノイズ除去が妨害信号部分空間の近似的な推定結果を用いるのに対して，共通部分空間投影では妨害信号部分空間をさらに精度よく推定できるためと考えられる．

9.4　信号源推定

次に信号源推定の実験を行った．図 9.1 に示す構成に戻り，9.2 節で発生したデータを用いて実験を行う．この実験では妨害信号は仮定せず，SN 比が 10 となるセンサーノイズを仮定した．このデータに対して第 7 章で述べたアルゴリズムを用いて信号源推定を行った．そのため，X 軸上（$Y = 0$ の直線上）の $-1000 \le X \le 2000$ の領域に間隔 10 でボクセルを仮定した．j 番目のボクセルの座標 (X_j^V, Y_j^V) は $X_j^V = -1000 + (j-1)10$ および $Y_j^V = 0$ である．すると，j 番目のボクセル位置でのセンサー応答ベクトル $\boldsymbol{h}(\boldsymbol{r}_j)$ の m 番目の要素 $h_m(\boldsymbol{r}_j)$ は

$$h_m(\boldsymbol{r}_j) = \frac{1}{[(X_m^D - X_j^V)^2 + d^2]} \quad (m = 1, \ldots, M)$$

で与えられる．ここで，センサー数 M はやはり $M = 151$ であり，ボクセル数は $N = 301$ である．

まず 7.2 節で述べた非線形最小二乗法を用いた方法の実験を行った．この方法を実行するには信号源の数（このシミュレーションでは 2 個）が既知でなければならない．信号源が 2 個であることが既知として，2 次元コスト関数

$$F(x_1, x_2) = \| (\boldsymbol{I} - \boldsymbol{P}_C(x_1, x_2))\, \boldsymbol{y}(t) \|^2 \tag{9.2}$$

をボクセル空間 $(-1000 \le x_1, x_2 \le 2000)$ で計算し，コスト関数を最小とする x_1 と x_2 を求めた．ここで

$$\boldsymbol{P}_C(x_1, x_2) = \boldsymbol{H}(\boldsymbol{H}^T\boldsymbol{H})^{-1}\boldsymbol{H}^T \quad \text{および} \quad \boldsymbol{H} = [\boldsymbol{h}(x_1), \boldsymbol{h}(x_2)]$$

である．式 (9.2) のコスト関数 $F(x_1, x_2)$ を計算した結果を図 **9.7** に示す．図に示されるように，このコスト関数の谷底は比較的フラットであり，最小値を決めるときに誤差が入り込みやすい．実際，このシミュレーションにおいてもこのコスト関数最小を与える x 座標は $x_1 = 310$, $x_2 = 680$ であった．正解 $x_1 = 300$, $x_2 = 700$ と比べて若干の誤差を生じている．

次に同じデータに対して 7.3.2 項で述べた MUSIC アルゴリズムを適用した．その結果を図 **9.8**(a) に示す．図は式 (7.24) に示す MUSIC メトリック

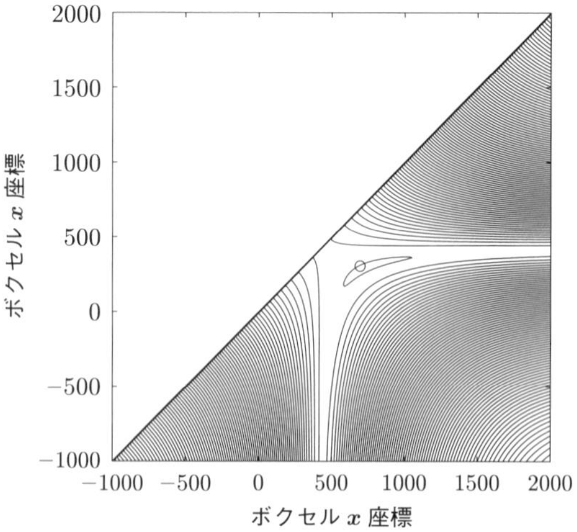

図 9.7　7.2 節で述べた非線形最小二乗法を用いた方法による 2 次元コスト関数 $F(x_1, x_2)$（式 (9.2)）のプロット．変数 x_1 は $-1000 \leq x_1 \leq 2000$ を，変数 x_2 は $x_1 \leq x_2 \leq 2000$ を探査してコスト関数を計算したため，下三角形の領域のみの値が求まっている．図中の○印は，仮定した 2 つの信号源位置 (700, 300) を示す．

$J(x)$ を各ボクセルで計算し，プロットしたものである．2 個の信号源を仮定した位置 $x = 300$ および $x = 700$ にピークを生じている．同図 (b) は式 (7.58) に示すビームフォーマーの出力パワー $\langle \hat{s}^2(x,t) \rangle$ のプロットである．このビームフォーマーの出力パワーも位置 $x = 300$ および $x = 700$ にピークを持つ．(a) の MUSIC メトリック関数のプロットと類似した結果となっている．

同図 (c) はミニマムノルム法の出力パワー（式 (7.42)）のプロットである．MUSIC メトリック関数およびビームフォーマー出力パワープロットと比較して空間分解能が劣っており，位置 $x = 300$ と $x = 700$ に仮定した信号源を分離できていない．

次に，ビームフォーマーによる信号源タイムコースの推定結果を図 **9.9** に示す．図 9.8(b) における 2 つのピーク位置に対応したボクセルにおけるビームフォーマー出力 $\hat{s}(\boldsymbol{r}, t)$ をプロットしたものである．同図 (a) がビームフォーマーの結果であり，同図 (b) が信号部分空間投影ビームフォーマー（式 (7.82)）による結果である．

同図 (a) および (b) の結果とも，信号源 S_1 および S_2 の波形が分離して推

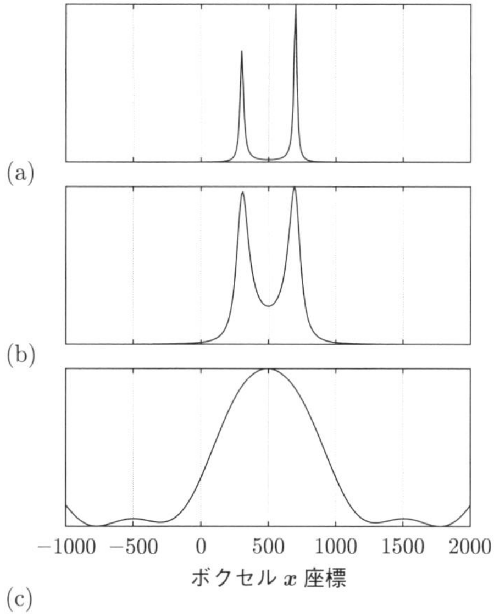

図 **9.8** MUSIC アルゴリズム，ビームフォーマー，ミニマムノルム法による信号源推定結果. (a) MUSIC メトリック $J(x)$ のプロット. (b) ビームフォーマーの出力パワー（式 (7.58)）のプロット. (c) ミニマムノルム法の出力パワー（式 (7.42)）のプロット.

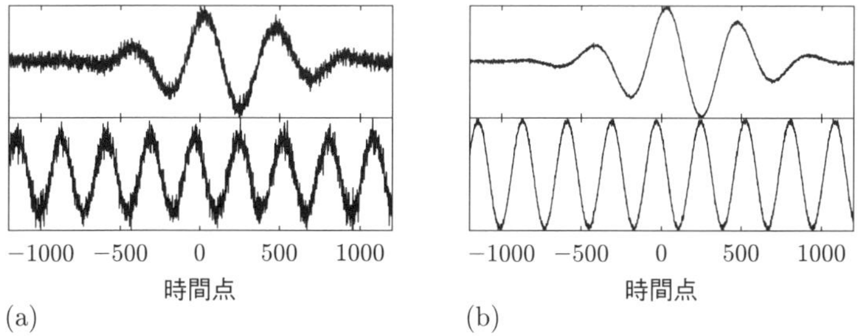

図 **9.9** ビームフォーマーによる信号源タイムコースの推定結果. 図 9.8(b) における 2 つのピーク位置に対応したボクセルにおけるビームフォーマー出力のプロットを上段と下段に示す. (a) 式 (7.48) の重みベクトルを使用. (b) 信号部分空間に投影した重みベクトル（式 (7.82)）を使用.

定できており，ビームフォーマーの重みベクトルがポイントしている場所以外からの信号を効果的にブロックすることが確認できる. なお，同図 (a) の結果において SN 比が低下しているのは 7.4.7 項で説明したアレイミスマッチの問題によると考えられる. 同図 (b) の結果ではこの SN 比の劣化が回避できていて，重みベクトルを信号部分空間に投影することの有効性が示されている.

9.5　スパースベイズ学習に関するコンピュータシミュレーション

8.2.5 項で述べたスパースベイズ学習に関するコンピュータシミュレーションを，前節で用いたシミュレーションのシナリオを用いて行った．ただし時系列データは発生せず，時間変動を伴わないデータを発生し，正規ノイズを加えて計測データとした．すなわち，j 番目のセンサーデータ y_j は

$$y_j = \frac{s_0}{r_{1,j}^2} + \frac{s_0}{r_{2,j}^2} + \varepsilon$$

として発生した．ε はセンサーノイズをシミュレートする正規乱数であり，s_0 は固定の定数を表し，計測データ y_j の SN 比が 16 となるように調節した．

スパースベイズ学習による信号源推定の結果を図 **9.10** に示す．この実験では，事前分布における精度行列の仮定（式 (8.45) と式 (8.29)）がどのような違いをもたらすかを明確に見るために，ノイズの精度パラメータ β はデータ発生に用いたノイズ分散の逆数に固定して信号の精度パラメータ $\boldsymbol{\alpha}$ のみを学習し，スパースベイズ学習（α_j を式 (8.46) により更新した結果）を，ベイズミニマムノルム解（α を式 (8.42) により更新した結果）と比較

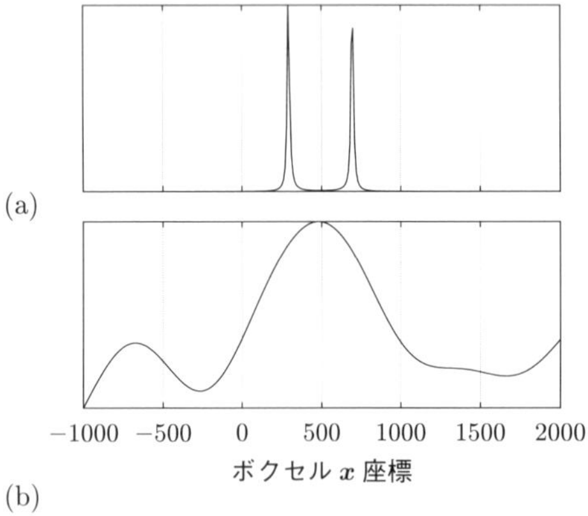

図 **9.10**　(a) スパースベイズ学習（式 (8.46) によりハイパーパラメータ α_j を更新）による結果. (b) ベイズミニマムノルム解（式 (8.42) によりハイパーパラメータ α を更新）による結果.

した．図 9.10(a) にスパースベイズ学習の結果を，(b) にベイズミニマムノルム解の結果を示す．

ベイズミニマムノルム解では 2 個の信号源を分離できていないが，スパースベイズ学習では $x = 300$ と $x = 700$ に仮定した 2 個の信号源を明瞭に分離しており，このコンピュータシミュレーションのような，ほとんどのボクセルは値がゼロと仮定できるシナリオにおいては，スパースベイズ学習による信号源推定が効果的であることがわかる．

9.6　到来方向推定

多数のアンテナで飛来する平面波を計測し，その到来方向を推定する問題についてコンピュータシミュレーションを行う．この問題は到来方向推定問題 (direction of arrival estimation[3)]) と呼ばれ，レーダーやソナー，あるいは移動体無線通信における代表的な問題である．本節では，直線状に同一のアンテナを配列したアレイを考える．このようなアンテナアレイはユニフォームリニアアレイ (uniform linear array) と呼ばれる．ユニフォームリニアアレイに θ 方向から平面波が入力している様子を図 **9.11** に示す．DOA 問題とはアンテナへの入力信号からこの平面波の到来角度 θ を求める問題であり，平面波の到来方向が信号源位置を表すパラメータであるので，計測データから（平面波の到来方向という）信号源位置を求める信号源推定問題である．

ユニフォームリニアアレイのセンサー応答ベクトルを求めてみよう．1 番目のアンテナに単位強度で周波数 ω の平面波が入力したとする．このとき，1 番目のアンテナから M 番目のアンテナまでの出力は，

$$e^{i\omega t},\ e^{i\omega t-\phi},\ldots,\ e^{i\omega t-(M-1)\phi}$$

となる．ここで，ϕ が隣のアンテナに対する位相遅れで，アンテナの間隔を d とすると，図 9.11 に示すように隣のアンテナに対して波は $d\sin\theta$ の距離を余分に通過するため，アンテナ間での信号の位相差 ϕ は $\phi = \omega(d\sin\theta/c) = d\sin\theta/\lambda$ となる．ここで，c は波の速度で λ は波長である．

---

3) DOA 推定問題と略されることもある．

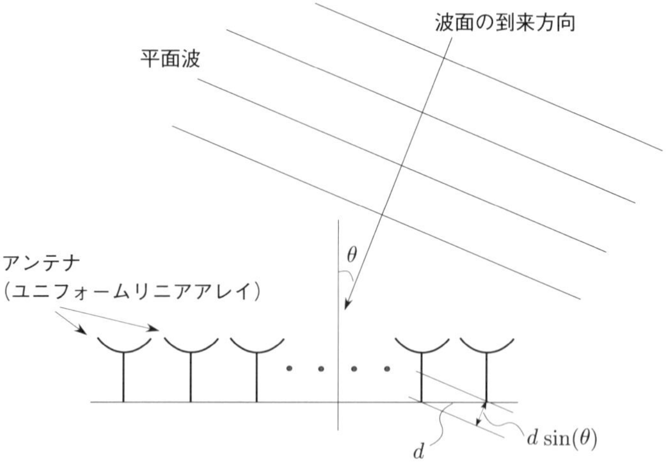

図 **9.11**　直線状に配列したアンテナ（ユニフォームリニアアレイ）に θ 方向から平面波が入力している様子を示す．到来方向推定問題とはアンテナアレイへの入力信号からこの平面波の到来方向 θ を求める問題である．

アンテナでは直交位相検波 (quadrature phase detection) が用いられると仮定すれば，搬送波周波数 ω は検波で除去されるため，アンテナ数 M の URL の到来方向 θ に対するセンサー応答ベクトルは複素正弦波を用いて，

$$\boldsymbol{h}(\theta) = [1, e^{-i\phi}, e^{-i2\phi}, \ldots, e^{-i(M-1)\phi}]^T \quad (\phi = d \sin\theta/\lambda) \tag{9.3}$$

となる．このベクトルはしばしば，アレイ応答ベクトル (array response vector) あるいはアレイベクトルと呼ばれる．

ここで，式 (9.3) に示されるようにアレイベクトル（DOA 推定問題におけるセンサー応答ベクトル）は複素量である．一方，本書ではここまですべての変数は実数として議論を行ってきている．本節では，前章までで実数を仮定して導出された公式において，転置を計算する部分をエルミート転置[4]に置き換えて計算を行う．

[4] 実数を仮定して得られた公式を複素数に対して用いる場合には転置を計算するときに転置プラス複素共役としなければならない．すなわち，行列 $\boldsymbol{A}$ およびベクトル $\boldsymbol{a}$ に対して，

$$\boldsymbol{A}^T \rightarrow \boldsymbol{A}^{T*}, \quad \boldsymbol{a}^T \rightarrow \boldsymbol{a}^{T*}$$

とする．ここで，$*$ は複素共役をとることを意味する．この転置と複素共役の組合せをエルミート転置と呼ぶ．

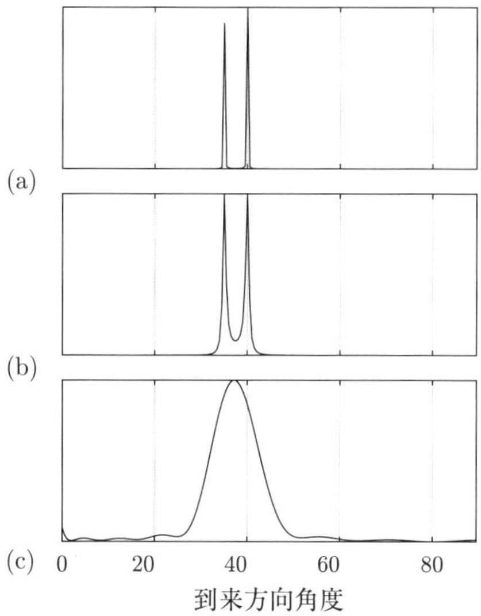

図 **9.12** MUSIC アルゴリズム，ビームフォーマー，ミニマムノルム法による到来方向の推定結果．(a) MUSIC メトリック $J(\theta)$ のプロット．(b) ビームフォーマーの出力パワー（式 (7.58)）のプロット．(c) ミニマムノルム法の出力パワー（式 (7.42)）のプロット．到来角度を θ として $0 \leq \theta \leq 90$ 度の範囲をプロットした．

2 つの信号源を $\theta_1 = 35$ 度と $\theta_2 = 40$ 度に仮定しデータ発生を行う．おのおのの信号源のタイムコースは図 9.2(a) に示す $s_1(t)$ および $s_2(t)$ を仮定した．したがって，これら 2 つの信号源が発する波動をアンテナアレイで直交検波した後のアンテナアレイの出力，すなわち，計測ベクトル $\boldsymbol{y}(t)$ は，$\boldsymbol{h}(\theta)$ に式 (9.3) を用いて

$$\boldsymbol{y}(t) = s_1(t)\boldsymbol{h}(\theta_1) + s_2(t)\boldsymbol{h}(\theta_2) + \boldsymbol{\varepsilon} \tag{9.4}$$

で与えられる．$\boldsymbol{\varepsilon}$ はセンサーノイズを表す正規乱数である．本節の数値実験では SN 比 10 で正規乱数を与えた．

到来方向の推定は，信号源空間（すなわち波が到来する可能性のある角度の範囲）を -90 度 $\leq \theta \leq 90$ 度として，1 度間隔で 180 個のボクセルを仮定した．推定結果の 0 度 $\leq \theta \leq 90$ 度の範囲でのプロットを図 **9.12** に示す．同図は上段から MUSIC アルゴリズム，ビームフォーマー，ミニマムノルム法の結果である．

ここで，ミニマムノルム法は式 (7.40) でフィルター重みを計算するので

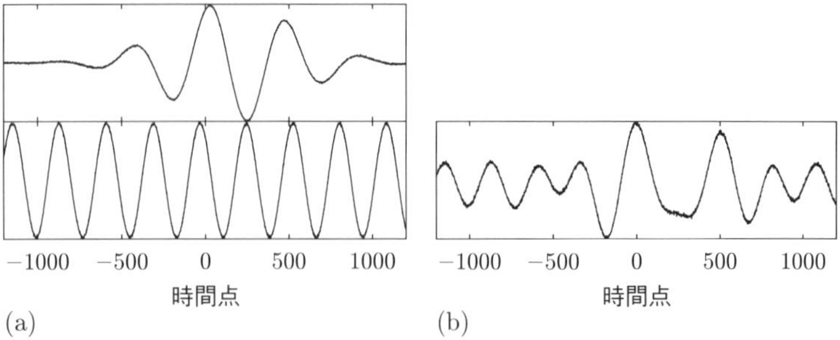

図 9.13　ビームフォーマー（式 (7.82)）による信号源タイムコースの推定結果．図 9.12(b) のプロットで示されている 2 つのピーク位置に対応したボクセルにおけるビームフォーマーの出力波形．(b) delay-and-sum beamformer（ミニマムノルム法）による信号源タイムコースの推定結果．図 9.12(c) のプロットのピーク位置に対応したボクセルにおけるフィルター出力波形．

あるが，ユニフォームリニアアレイのアレイベクトルは異なる方向に対してほぼ直交するので，グラム行列は単位行列で近似できる．結局，ミニマムノルムフィルターの重みは

$$\boldsymbol{w}(\theta) = (\boldsymbol{G} + \tau \boldsymbol{I})^{-1} \boldsymbol{h}(\theta) \approx \boldsymbol{h}(\theta) \tag{9.5}$$

となり，フィルター重みはアレイベクトルに等しくなる．アレイベクトルそのものをフィルター重みとして用いる空間フィルターは delay-and-sum beamformer あるいは conventional beamformer とも呼ばれ，レーダーなどの分野では古くから知られているものである．図 9.12 の結果は，MUSIC 法やビームフォーマーが 5 度離れた 2 つの平面波の到来方向を分離して推定できるのに対して，delay-and-sum beamformer（ミニマムノルム法）ではこの 2 つの平面波を分離できないことを示している．

図 9.13 はビームフォーマーにより推定された信号源のタイムコースを示す．同図 (a) はビームフォーマーの結果で，(b) はミニマムノルム法の結果である．ビームフォーマーが 2 つの信号源の波形 $s_1(t)$ と $s_2(t)$ を分離して推定することができているが，delay-and-sum beamformer（ミニマムノルム法）ではそもそも 2 つの平面波を空間的に分離できないため，（当然ながら）2 つの信号源の活動波形を分離できない．

9.7 混合ガウスモデルを用いたクラスター分離

8.3 節で述べた混合正規分布によるデータのクラス分類に関するコンピュータシミュレーションを行う．まず，2 つの正規分布を用いて 500 個の 2 次元データを発生した．8.3 節で定義した表記法に従えば $K = 2$ であり，2 つの 2 次元正規分布を要素とする混合正規分布を計算した．要素となる正規分布は，確率変数 $\boldsymbol{x}$ ($\boldsymbol{x} \in \mathbb{R}^{2\times 1}$) を用いて $\mathcal{N}(\boldsymbol{x}|\boldsymbol{\mu}_1, \boldsymbol{\Sigma}_1)$ および $\mathcal{N}(\boldsymbol{x}|\boldsymbol{\mu}_2, \boldsymbol{\Sigma}_2)$ であり，分布のパラメータは

$$\boldsymbol{\mu}_1 = \begin{bmatrix} 2 \\ 3 \end{bmatrix} \qquad \boldsymbol{\mu}_2 = \begin{bmatrix} 4 \\ -2 \end{bmatrix}$$

$$\boldsymbol{\Sigma}_1 = \begin{bmatrix} 1 & 0.7 \\ 0.7 & 2 \end{bmatrix} \quad \boldsymbol{\Sigma}_2 = \begin{bmatrix} 3 & 0.2 \\ 0.2 & 1 \end{bmatrix}$$

と設定した．クラス分類の事前分布は $p(1) = 0.3$, $p(2) = 0.7$ として，式 (8.48) を用いて 500 点の 2 次元データ $\boldsymbol{x}_1, \boldsymbol{x}_2, \ldots, \boldsymbol{x}_{500}$ を発生した．結果を図 **9.14**(a) に示す．

次に発生したデータから，混合正規分布のパラメータを 8.3.2 項で述べたアルゴリズムを用いて学習し，個々のデータ $\boldsymbol{x}_n$ が第 1 要素由来か，第

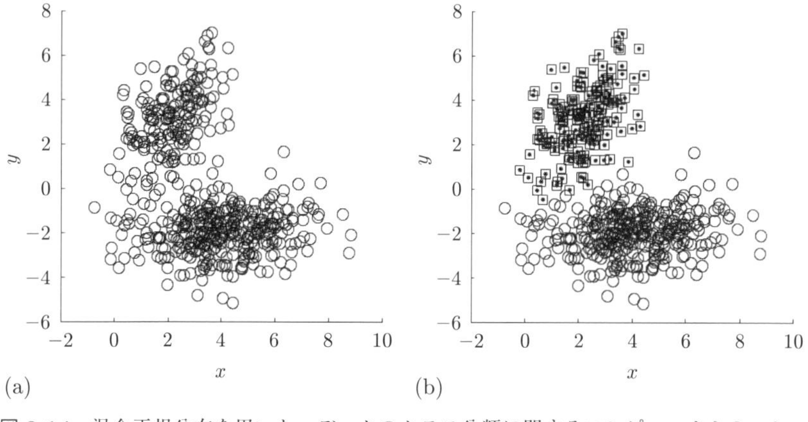

図 9.14 混合正規分布を用いた，データのクラス分類に関するコンピュータシミュレーション．(a) 発生した 500 個の 2 次元データの位置を示す．(b) クラス分類の結果を示す．中央に黒点のある 4 角形でプロットされたデータは第 1 要素由来と分類されたデータで，○印でプロットされたデータは第 2 要素由来と分類されたデータである．

2 要素由来かのクラス分類を行った．ここで，EM アルゴリズムの繰り返し回数は 100 回に設定した．クラス分類は推定したハイパーパラメータを式 (8.49) に用いて，データ $\boldsymbol{x}_n$ に対して事後分布 $p(1|\boldsymbol{x}_n)$ と $p(2|\boldsymbol{x}_n)$ を計算し，$p(1|\boldsymbol{x}_n) > p(2|\boldsymbol{x}_n)$ であれば $\boldsymbol{x}_n$ を第 1 要素由来と判定し，$p(1|\boldsymbol{x}_n) < p(2|\boldsymbol{x}_n)$ であれば第 2 要素由来と判定した．結果を図 9.14(b) に示す．図で中央に黒点のある 4 角形でプロットされたデータは第 1 要素由来と判別されたデータであり，○印でプロットされたデータは第 2 要素由来と判定されたデータである．このシミュレーションにおける正解率は 99.6% であった．

9.8　ベイズ線形回帰のコンピュータシミュレーション

8.2 節で述べたガウスモデルによるベイズ線形回帰に関するコンピュータシミュレーションを行う．変数 x の [0, 1] の値域に対して，多項式 $y = -40x^3 + 10x^2 + 30x$ により，間隔 0.002 で 500 点のデータを発生し，計算結果に対してさらに，SN 比 20 で正規乱数をノイズとして加えた．結果を図 **9.15**(a) および (b) に実線で示す．この実線が推定したい「正解」波形であり，この波形の推定を行うのに，発生した 500 点を使うのではなく 85 点間隔の 5 点のデータのみが計測されたとして，5 点のデータでこの曲線を回帰することを試みる．この 5 点のデータを図中に丸印で示す．

5 点のデータの組を (x_j, y_j) $(j = 1, \ldots, 5)$ とすれば，計測ベクトル $\boldsymbol{y}$ は，$\boldsymbol{y} = [y_1, y_2, \ldots, y_5]^T$ である．また，回帰する曲線が n 次曲線であるとすれば，行列 $\boldsymbol{H}$ $(\boldsymbol{H} \in \mathbb{R}^{5\times(n+1)})$ は

$$\boldsymbol{H} = \begin{bmatrix} x_1^n & x_1^{n-1} & \cdots & 1 \\ x_2^n & x_2^{n-1} & \cdots & 1 \\ \vdots & \vdots & \vdots & \vdots \\ x_5^n & x_5^{n-1} & \cdots & 1 \end{bmatrix} \tag{9.6}$$

として計算する．j 次の項の回帰係数を c_j として，解ベクトルを $\boldsymbol{x} = [c_n, c_{n-1}, \ldots, c_0]^T$ と定義し，8.2 節で述べたベイズ線形回帰を用いて $\boldsymbol{x}$ を推定し，結果をミニマムノルム法（式 (4.22)）を用いた結果と比較した．

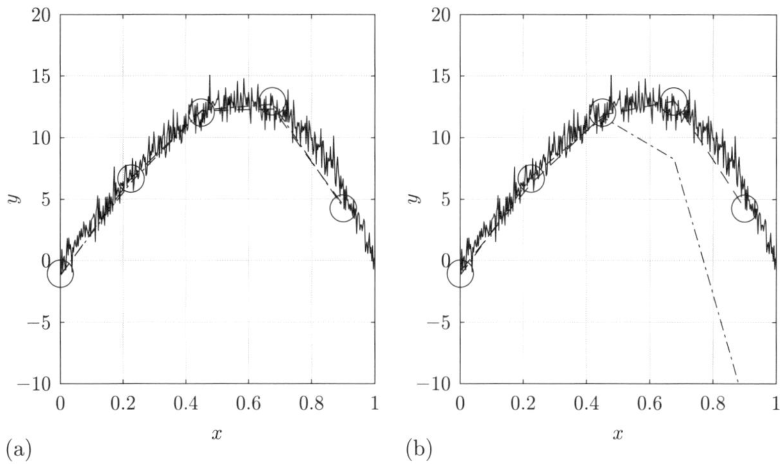

図 9.15　ベイズ線形回帰のコンピュータシミュレーション結果．(a) は回帰曲線の次数を $n = 3$ と設定した場合（データ発生の際の次数に等しく設定した場合），(b) は $n = 6$ に設定した場合（真の次数はわからないと仮定し大きめに与えた場合）の結果である．(a) および (b) とも，ノイズの重畳した実線のプロットが推定したい「正解」波形，一点鎖線がミニマムノルム法による回帰結果で，破線が 8.2 節で述べたベイズ線形回帰による結果である．

回帰する直線の次数 n は未知であるのでユーザーが与えなければならないとした．ここでは $n = 3$ とした場合（すなわちデータの真の次数を与えた場合）と，$n = 6$ とした場合（次数を大きめに与えた場合）の 2 つの場合についてコンピュータシミュレーションを行った．

結果を図 9.15 に示す．同図で (a) は $n = 3$ の場合，(b) は $n = 6$ の場合の結果である．(a) および (b) とも，破線がベイズ線形回帰を用いた場合の結果，1 点鎖線がミニマムノルム法を用いた場合の結果である．(a) の $n = 3$ の場合では，両方の場合ともほとんど差はなく妥当な結果を得ている（2 つの結果は重なっていて区別できない）．これに対して，$n = 6$ とした場合では，ミニマムノルム法は回帰曲線が実線のプロットから大きくずれた結果となっているのに対して，ベイズ線形回帰の結果では実線のプロットを近似した妥当な結果を得ている．

付録　数学的補足

A.1　確率と統計についての補足

A.1.1　確率分布・期待値・分散

変数がとる各値に対し確率が与えられている変数を確率変数 (random variable) と呼ぶ．確率変数 x が連続値をとり，その値が $a \leq x \leq b$ である確率を $P(a \leq x \leq b)$ と書くことにする．

$$P(a \leq x \leq b) = \int_a^b p(x)dx \tag{A.1}$$

なる $p(x)$ が存在するとき，$p(x)$ は x の確率密度分布 (probability density distribution) と呼ばれる[1)]．確率変数 x に対し，確率変数 x の期待値 $E(x)$ を

$$E(x) = \int_{-\infty}^{\infty} xp(x)dx \tag{A.2}$$

と定義する．また，確率変数 x の分散 $V(x)$ を，$\mu = E(x)$ として，

$$V(x) = E\left[(x-\mu)^2\right] \tag{A.3}$$

と定義する．

確率変数 x および y に対して，

$$P(a \leq x \leq b,\, c \leq y \leq d) = \int_c^d \int_a^b p(x,y)dxdy \tag{A.4}$$

が成り立つとき，$p(x,y)$ を確率変数 x および y に対する同時確率密度分布 (joint probability density distribution) と呼ぶ．同時確率分布から一方の確率変数を積分消去して，もう一方のみの確率分布とすることを周辺化 (marginalization) と呼ぶ．すなわち，$p(x,y)$ を周辺化すると

[1)] 本書では連続型の確率変数しか登場しないので，確率密度分布を単に確率分布と呼ぶ．

$$g(x) = \int_{-\infty}^{\infty} p(x,y)dy \quad \text{および} \quad h(y) = \int_{-\infty}^{\infty} p(x,y)dx \tag{A.5}$$

であり，$g(x)$ および $h(y)$ は周辺分布 (marginal distribution) と呼ばれ，それぞれ確率変数 x および y のみの確率分布になる．

確率変数 x と y に対して，

$$E\left[(x-\mu_x)(y-\mu_y)\right] \tag{A.6}$$

を共分散と呼ぶ．ただし，μ_x および μ_y は確率変数 x と y についての期待値である．2つの確率変数 x および y に対してその同時確率分布を

$$p(x,y) = p_1(x)p_2(y) \tag{A.7}$$

と書くことができるとき，確率変数 x および y は独立であるという．確率変数 x と y が独立な場合，

$$E(xy) = E(x)E(y) \tag{A.8}$$

$$E\left[(x-\mu_x)(y-\mu_y)\right] = 0 \tag{A.9}$$

$$V(x+y) = V(x) + V(y) \tag{A.10}$$

が成り立つ．

A.1.2　最尤推定法

N 回の観測によって $x_1, x_2, \ldots, x_N$ の観測値が得られる場合を考える．この観測値 $x_1, x_2, \ldots, x_N$ から未知量 θ を推定する場合，「得られた観測結果 $x_1, x_2, \ldots, x_N$ は確率最大のものが実現した」つまり「最も起こりやすいことが起きた結果」と考えることにより，未知量 θ を推定する方法を最尤推定法と呼び，この考え方を最尤原理 (principle of maximum likelihood) と呼ぶ．最尤推定法を用いるためには観測結果 $x_1, x_2, \ldots, x_N$ に対する確率分布が必要である．観測結果 $x_1, x_2, \ldots, x_N$ が実現する確率が，確率分布 $p(x_1, x_2, \ldots, x_N)$ に従うとする．この確率分布は未知量 θ をパラメータとして含むので $p(x_1, x_2, \ldots, x_N)$ を確率変数ではなく未知量 θ の関数と見た

$$\mathcal{L}(\theta) = p(x_1, x_2, \ldots, x_N) \tag{A.11}$$

を尤度関数 (likelihood function) と呼び，この $\mathcal{L}(\theta)$ を最大とする θ を未知量 θ の最尤推定解と呼ぶ．一般的には，（正規分布のように指数を含む確率分布の場合）尤度関数の最大値を計算するよりも尤度関数の対数をとった対数尤度関数 (log-likelihood function) を最大とする θ を求めることが行われる．つまり，

$$\widehat{\theta} = \operatorname*{argmax}_{\theta} \log \mathcal{L}(\theta) \tag{A.12}$$

として最尤推定解 $\widehat{\theta}$ を求める．

最尤推定解の例として，第 4 章で説明したノイズ（誤差）が重畳した線形方程式

$$\boldsymbol{y} = \boldsymbol{H}\boldsymbol{x} + \boldsymbol{\varepsilon} \tag{A.13}$$

を解く問題を考える．式 (A.13) において，$\boldsymbol{y}$ $(\boldsymbol{y} \in \mathbb{R}^M)$ が観測データからなる定数ベクトル，$\boldsymbol{x}$ $(\boldsymbol{x} \in \mathbb{R}^N)$ がこれから推定すべき未知パラメータからなるベクトル，$\boldsymbol{H}$ $(\boldsymbol{H} \in \mathbb{R}^{M \times N})$ が係数行列であり，$\boldsymbol{\varepsilon}$ $(\boldsymbol{\varepsilon} \in \mathbb{R}^M)$ が観測データに加法的に重畳するノイズである．今，ノイズの確率分布に正規分布

$$p(\boldsymbol{\varepsilon}) = \mathcal{N}(\boldsymbol{\varepsilon}|\boldsymbol{0}, \sigma^2 \boldsymbol{I}) \tag{A.14}$$

を仮定すれば，観測データ $\boldsymbol{y}$ の確率分布は

$$p(\boldsymbol{y}) = \frac{1}{(2\pi\sigma^2)^{M/2}} \exp\left[-\frac{1}{2\sigma^2}\|\boldsymbol{y} - \boldsymbol{H}\boldsymbol{x}\|^2\right] \tag{A.15}$$

となる．したがって，対数尤度関数は

$$\mathcal{L}(\boldsymbol{x}) = \log p(\boldsymbol{y}) = -\frac{1}{2\sigma^2}\|\boldsymbol{y} - \boldsymbol{H}\boldsymbol{x}\|^2 \tag{A.16}$$

となり，最尤推定解は

$$\widehat{\boldsymbol{x}} = \operatorname*{argmax}_{\boldsymbol{x}} \log \mathcal{L}(\boldsymbol{x}) = \operatorname*{argmin}_{\boldsymbol{x}} \|\boldsymbol{y} - \boldsymbol{H}\boldsymbol{x}\|^2 \tag{A.17}$$

と求まるので，最尤推定解は最小二乗解と一致する．すなわち，4.1 節で議論した最小二乗法の統計学的な根拠はノイズに式 (A.14) の正規分布を仮定した場合の最尤原理にある．

A.1.3　ベイズ推定

最尤原理ではなく，ベイズ定理を基にして未知な量を推定する方法論の体系をベイズ推定あるいはベイズ推論 (Bayesian inference) と呼ぶ．式 (A.13) に示す線形方程式をベイズ推定の考え方で解くことを考える．ベイズ推定の最尤推定との大きな違いは未知量 $\boldsymbol{x}$ も確率変数と考えることである．ベイズ推定では次の 3 つの確率分布が重要な役割を果たす．

1. $p(\boldsymbol{x})$：未知量 $\boldsymbol{x}$ についての確率分布．事前（確率）分布 (prior probability distribution) と呼ぶ．
2. $p(\boldsymbol{y}|\boldsymbol{x})$：$\boldsymbol{x}$ を与えた場合に $\boldsymbol{y}$ を得る確率分布．これは最尤推定法の尤度に等しい．最尤推定においては未知量 $\boldsymbol{x}$ を確率変数とは考えず確率的でない量としたため，$p(\boldsymbol{y}|\boldsymbol{x})$ は $p(\boldsymbol{y})$ と表したが，ベイズ推定では $\boldsymbol{x}$ は確率変数とみなすため，$\boldsymbol{x}$ を与えた場合の $\boldsymbol{y}$ の条件付き確率分布 $p(\boldsymbol{y}|\boldsymbol{x})$ で表す．
3. $p(\boldsymbol{x}|\boldsymbol{y})$：$\boldsymbol{y}$ を与えた場合の $\boldsymbol{x}$ を得る条件付き確率分布．ベイズ推定ではこの確率を基にして $\boldsymbol{x}$ を推定する．事後（確率）分布 (posterior probability distribution) と呼ばれる．

ベイズ推定では，事前確率分布 $p(\boldsymbol{x})$ と尤度 $p(\boldsymbol{y}|\boldsymbol{x})$ から，ベイズ定理

$$p(\boldsymbol{x}|\boldsymbol{y}) = \frac{p(\boldsymbol{y}|\boldsymbol{x})p(\boldsymbol{x})}{p(\boldsymbol{y})} = \frac{p(\boldsymbol{y}|\boldsymbol{x})p(\boldsymbol{x})}{\int p(\boldsymbol{y}|\boldsymbol{x})p(\boldsymbol{x})d\boldsymbol{x}} \tag{A.18}$$

により，事後分布 $p(\boldsymbol{x}|\boldsymbol{y})$ を求める．ただ，上式に示されるように，ベイズ定理の右辺の分母は $\int p(\boldsymbol{x}|\boldsymbol{y})d\boldsymbol{x} = 1$ を成立させるための規格化定数となっている．したがって，事後分布の確率分布をすでに知っていて，分布のパラメータのみを求めたい場合などは[2)]，式 (A.18) の分母を無視した

$$p(\boldsymbol{x}|\boldsymbol{y}) \propto p(\boldsymbol{y}|\boldsymbol{x})p(\boldsymbol{x}) \tag{A.19}$$

をベイズ定理として用いる．ここで，記号 $\propto$ は「左辺と右辺は定数倍を除いて等しい」の意味である．

ベイズ推定を用いる場合，事前分布 $p(\boldsymbol{x})$ をどう決めるかが問題となる．

[2)] 本節の 8.2.2 項の議論はまさにこの場合である．

一般的な方策としては，未知量 $\boldsymbol{x}$ に関してあらかじめ知られている事柄（先験情報）を事前分布に反映させて決めるのであるが，もし，$\boldsymbol{x}$ に関して何も先験情報がない場合には $p(\boldsymbol{x})$ = 定数とせざるを得ず，この場合式（A.19）から，

$$p(\boldsymbol{x}|\boldsymbol{y}) \propto p(\boldsymbol{y}|\boldsymbol{x}) \tag{A.20}$$

となり，事後確率分布 $p(\boldsymbol{x}|\boldsymbol{y})$ は尤度 $p(\boldsymbol{y}|\boldsymbol{x})$ と等しくなり，ベイズ推定は最尤推定に等しくなる．この $p(\boldsymbol{x})$ = 定数 である事前分布を無情報事前分布 (non-informative prior distribution) と呼ぶ．

未知量 $\boldsymbol{x}$ に関して何かの先験情報が存在する場合でも，分布の形まで正確に決める情報があることはまれであるので，通常は分布の形は計算しやすいように決める．ある種の確率分布は，尤度 $p(\boldsymbol{y}|\boldsymbol{x})$ の確率分布に対して，事後分布が事前分布と同じ形になる．このような分布を共役事前分布と呼ぶ．正規分布の場合には事前分布が正規分布で，尤度も正規分布なら，事後分布も正規分布となる．

ベイズ推定においては事後確率分布 $p(\boldsymbol{x}|\boldsymbol{y})$ を基にして $\boldsymbol{x}$ の推定解を求める．事後分布 $p(\boldsymbol{x}|\boldsymbol{y})$ が求まったとして，未知量 $\boldsymbol{x}$ を求める最も一般的な考え方は，事後分布を最大とする $\boldsymbol{x}$ を最も妥当な推定解とすることである．すなわち，

$$\boldsymbol{x}\text{ の最良推定解} = \underset{\boldsymbol{x}}{\operatorname{argmax}}\, p(\boldsymbol{x}|\boldsymbol{y}) \tag{A.21}$$

である．この推定解は maximum a posteriori 推定解，略して MAP 推定解と呼ばれる．事後分布が正規分布の場合には，正規分布は期待値で最大となるため，MAP 推定解は事後分布の期待値に等しい．

A.2　逆行列と微分の公式

A.2.1　スカラーの行列・ベクトルでの微分

線形代数の応用において，ベクトルや行列を変数とするスカラー関数の最大値を求めたり，その最大値を与えるベクトルや行列を求めることがしばしば必要となる．そのため，スカラー関数をベクトルや行列で微分することが

行われる．本節はベクトルと行列の微分についてよく用いられる公式を紹介する．

列ベクトル $\boldsymbol{x}$ の j 番目の要素を x_j とする．あるスカラー変数 F を列ベクトル $\boldsymbol{x}$ で微分するとは，j 番目の要素が

$$\frac{\partial F}{\partial x_j}$$

の列ベクトルを作ることである．$\boldsymbol{a}$ を列ベクトル，$\boldsymbol{A}$ を行列として以下の関係がしばしば用いられる．

$$\frac{\partial \boldsymbol{x}^T\boldsymbol{a}}{\partial \boldsymbol{x}} = \frac{\partial \boldsymbol{a}^T\boldsymbol{x}}{\partial \boldsymbol{x}} = \boldsymbol{a} \tag{A.22}$$

$$\frac{\partial \boldsymbol{x}^T\boldsymbol{A}\boldsymbol{x}}{\partial \boldsymbol{x}} = (\boldsymbol{A} + \boldsymbol{A}^T)\boldsymbol{x} \tag{A.23}$$

$$\frac{\partial\,\mathrm{tr}(\boldsymbol{x}\boldsymbol{a}^T)}{\partial \boldsymbol{x}} = \frac{\partial\,\mathrm{tr}(\boldsymbol{a}\boldsymbol{x}^T)}{\partial \boldsymbol{x}} = \boldsymbol{a} \tag{A.24}$$

以下の公式も用いられる．

$$\frac{\partial}{\partial \boldsymbol{x}}(\boldsymbol{a} - \boldsymbol{A}\boldsymbol{x})^T\boldsymbol{B}(\boldsymbol{a} - \boldsymbol{A}\boldsymbol{x}) = -2\boldsymbol{A}^T\boldsymbol{B}(\boldsymbol{a} - \boldsymbol{A}\boldsymbol{x}) \tag{A.25}$$

ここで，$\boldsymbol{B}$ は対称行列である．

行列 $\boldsymbol{X}$ の (i,j) 番目の要素を $X_{i,j}$ とすれば，スカラー変数 F を行列 $\boldsymbol{X}$ で微分するとは，(i,j) 要素が

$$\frac{\partial F}{\partial X_{i,j}}$$

の行列を作ることである．以下の関係式がよく用いられる．ここで，$\boldsymbol{x}$，$\boldsymbol{y}$ は列ベクトルであり，$\boldsymbol{X}$ と $\boldsymbol{B}$ は行列とする．

$$\frac{\partial \boldsymbol{x}^T\boldsymbol{X}\boldsymbol{y}}{\partial \boldsymbol{X}} = \boldsymbol{x}\boldsymbol{y}^T \tag{A.26}$$

$$\frac{\partial \boldsymbol{x}^T\boldsymbol{X}^{-1}\boldsymbol{y}}{\partial \boldsymbol{X}} = -\boldsymbol{X}^{-1}\boldsymbol{x}\boldsymbol{y}^T\boldsymbol{X}^{-1} \tag{A.27}$$

$$\frac{\partial \log|\boldsymbol{X}|}{\partial \boldsymbol{X}} = (\boldsymbol{X}^{-1})^T \tag{A.28}$$

$$\frac{\partial\,\mathrm{tr}(\boldsymbol{X})}{\partial \boldsymbol{X}} = \boldsymbol{I} \tag{A.29}$$

$$\frac{\partial\,\mathrm{tr}(\boldsymbol{X}\boldsymbol{B})}{\partial \boldsymbol{X}} = \boldsymbol{B}^T \tag{A.30}$$

$$\frac{\partial \operatorname{tr}(\boldsymbol{X}^T\boldsymbol{B})}{\partial \boldsymbol{X}} = \boldsymbol{B} \tag{A.31}$$

$$\frac{\partial \operatorname{tr}(\boldsymbol{X}\boldsymbol{B}\boldsymbol{B}^T)}{\partial \boldsymbol{X}} = \boldsymbol{X}(\boldsymbol{B}+\boldsymbol{B}^T) \tag{A.32}$$

$$\frac{\partial}{\partial x}\log|\boldsymbol{X}| = \operatorname{tr}\left[\boldsymbol{X}^{-1}\frac{\partial \boldsymbol{X}}{\partial x}\right] \tag{A.33}$$

$|\boldsymbol{X}|$ は $\boldsymbol{X}$ の行列式を表す．またスカラー y が行列 $\boldsymbol{X}$ の関数 $y = f(\boldsymbol{X})$ で表されている場合，y の関数 $g(y)$ の行列 $\boldsymbol{X}$ での微分は

$$\frac{\partial g(y)}{\partial \boldsymbol{X}} = \frac{\partial g(y)}{\partial y}\frac{\partial f(\boldsymbol{X})}{\partial \boldsymbol{X}} \tag{A.34}$$

で与えられる．

A.2.2　行列に関するいくつかの公式

逆行列計算に関して，以下の公式がよく用いられる．

$$(\boldsymbol{A}+\boldsymbol{B}\boldsymbol{D}^{-1}\boldsymbol{C})^{-1} = \boldsymbol{A}^{-1} - \boldsymbol{A}^{-1}\boldsymbol{B}(\boldsymbol{D}+\boldsymbol{C}\boldsymbol{A}^{-1}\boldsymbol{B})^{-1}\boldsymbol{C}\boldsymbol{A}^{-1} \tag{A.35}$$

$$(\boldsymbol{A}^{-1}+\boldsymbol{B}^T\boldsymbol{C}^{-1}\boldsymbol{B})^{-1}\boldsymbol{B}^T\boldsymbol{C}^{-1} = \boldsymbol{A}\boldsymbol{B}^T(\boldsymbol{B}\boldsymbol{A}\boldsymbol{B}^T+\boldsymbol{C})^{-1} \tag{A.36}$$

また，

$$\begin{bmatrix} \boldsymbol{A} & \boldsymbol{B} \\ \boldsymbol{C} & \boldsymbol{D} \end{bmatrix}^{-1} = \begin{bmatrix} \boldsymbol{M} & -\boldsymbol{M}\boldsymbol{B}\boldsymbol{D}^{-1} \\ -\boldsymbol{D}^{-1}\boldsymbol{C}\boldsymbol{M} & \boldsymbol{D}^{-1}+\boldsymbol{D}^{-1}\boldsymbol{C}\boldsymbol{M}\boldsymbol{B}\boldsymbol{D}^{-1} \end{bmatrix} \tag{A.37}$$

ここで，

$$\boldsymbol{M} = (\boldsymbol{A}-\boldsymbol{B}\boldsymbol{D}^{-1}\boldsymbol{C})^{-1}$$

である．また，行列式に関しては，

$$\begin{vmatrix} \boldsymbol{A} & \boldsymbol{B} \\ \boldsymbol{C} & \boldsymbol{D} \end{vmatrix} = |\boldsymbol{A}||\boldsymbol{D}-\boldsymbol{C}\boldsymbol{A}^{-1}\boldsymbol{B}| = |\boldsymbol{D}||\boldsymbol{A}-\boldsymbol{B}\boldsymbol{D}^{-1}\boldsymbol{C}| \tag{A.38}$$

がよく用いられる．

問題の解答

第 1 章

1.1 もし，$\boldsymbol{X}$ が特異行列であれば，1.1.5 項の項目 1 から，あるベクトル $\boldsymbol{x}$ ($\boldsymbol{x} \neq \boldsymbol{0}$) が存在し $\boldsymbol{X}\boldsymbol{x} = \boldsymbol{0}$ を満たす．この両辺に $\boldsymbol{A}$ を乗じれば $\boldsymbol{A}\boldsymbol{X}\boldsymbol{x} = \boldsymbol{0}$ となる．ここで $\boldsymbol{A}\boldsymbol{X} = \boldsymbol{I}$ であるので，結局 $\boldsymbol{x} = \boldsymbol{0}$ となる．これは $\boldsymbol{x} \neq \boldsymbol{0}$ に反する．したがって，$\boldsymbol{X}$ は非特異行列である．

1.2 $\boldsymbol{X}$ も非特異行列であるので，逆行列 $\boldsymbol{X}^{-1}$ が存在する．$\boldsymbol{A}\boldsymbol{X} = \boldsymbol{I}$ に右から $\boldsymbol{X}^{-1}$ を乗じて $\boldsymbol{A}\boldsymbol{X}\boldsymbol{X}^{-1} = \boldsymbol{X}^{-1}$，すなわち，$\boldsymbol{A} = \boldsymbol{X}^{-1}$ を得る．この式に，ふたたび $\boldsymbol{X}$ を左から掛ければ，$\boldsymbol{X}\boldsymbol{A} = \boldsymbol{X}\boldsymbol{X}^{-1} = \boldsymbol{I}$ が成り立つ．

1.3 もし，$\boldsymbol{X}_1$ と $\boldsymbol{X}_2$ の 2 つの正方行列がともに正方行列 $\boldsymbol{A}$ の逆行列であるとすると，

$$\boldsymbol{X}_1 = \boldsymbol{X}_1\boldsymbol{I} = \boldsymbol{X}_1(\boldsymbol{A}\boldsymbol{X}_2) = (\boldsymbol{X}_1\boldsymbol{A})\boldsymbol{X}_2 = \boldsymbol{I}\boldsymbol{X}_2 = \boldsymbol{X}_2$$

であるので，$\boldsymbol{X}_1 = \boldsymbol{X}_2$ を得る．

1.4 証明は背理法で行う．まず前半を証明する．$\boldsymbol{x} \neq \boldsymbol{0}$ であり $\boldsymbol{A}$ が非特異行列であっても $\boldsymbol{A}\boldsymbol{x} = \boldsymbol{0}$ であるとする．項目 1 より $\boldsymbol{A}$ が非特異行列であるので逆行列 $\boldsymbol{A}^{-1}$ が存在する．したがって，$\boldsymbol{A}^{-1}\boldsymbol{A}\boldsymbol{x} = \boldsymbol{A}^{-1}\boldsymbol{0}$ が成り立ち，結局 $\boldsymbol{x} = \boldsymbol{0}$ を得る．これは仮定 $\boldsymbol{x} \neq \boldsymbol{0}$ と矛盾する．次に後半を証明する．$\boldsymbol{A}\boldsymbol{x} = \boldsymbol{0}$ であって，$\boldsymbol{A}$ が非特異行列であっても $\boldsymbol{x} \neq \boldsymbol{0}$ であるとする．$\boldsymbol{A}$ は非特異行列であるので逆行列 $\boldsymbol{A}^{-1}$ が存在する．$\boldsymbol{A}\boldsymbol{x} = \boldsymbol{0}$ の両辺に左側から $\boldsymbol{A}^{-1}$ を乗じれば，$\boldsymbol{A}^{-1}\boldsymbol{A}\boldsymbol{x} = \boldsymbol{x} = \boldsymbol{0}$ であるので，結局 $\boldsymbol{x} = \boldsymbol{0}$ となり，仮定 $\boldsymbol{x} \neq \boldsymbol{0}$ に矛盾する．したがって $\boldsymbol{x} = \boldsymbol{0}$ である．

1.5 正方行列 $\boldsymbol{A}$ に対して，$\boldsymbol{A}^T\boldsymbol{A} = \boldsymbol{I}$ が成立する．$\boldsymbol{A}$ は非特異行列なので逆行列が存在する．逆行列を $\boldsymbol{A}^{-1}$ とおけば，$\boldsymbol{A}^T\boldsymbol{A}\boldsymbol{A}^{-1} = \boldsymbol{I}\boldsymbol{A}^{-1}$ であり，$\boldsymbol{A}^T = \boldsymbol{A}^{-1}$ を得る．したがって，$\boldsymbol{A}\boldsymbol{A}^T = \boldsymbol{A}\boldsymbol{A}^{-1} = \boldsymbol{I}$ である．

1.6 単位行列 $\boldsymbol{I} = [\boldsymbol{e}_1, \ldots, \boldsymbol{e}_N]$ に対して，$\boldsymbol{I} = \boldsymbol{I}\boldsymbol{I}^T$ であるので

$$\boldsymbol{I} = [\boldsymbol{e}_1, \ldots, \boldsymbol{e}_N][\boldsymbol{e}_1, \ldots, \boldsymbol{e}_N]^T = \boldsymbol{e}_1\boldsymbol{e}_1^T + \cdots + \boldsymbol{e}_N\boldsymbol{e}_N^T$$

である．

第 **2** 章

2.1 $\boldsymbol{x}$ が行列 $\boldsymbol{A}$ の固有ベクトルであれば，$\boldsymbol{A}\boldsymbol{x} = \lambda\boldsymbol{x}$ が成り立つ．したがって，両辺を c 倍した $c\boldsymbol{A}\boldsymbol{x} = c\lambda\boldsymbol{x}$，つまり，$\boldsymbol{A}(c\boldsymbol{x}) = \lambda(c\boldsymbol{x})$ も成り立つ．この式はベクトル $c\boldsymbol{x}$ も $\boldsymbol{A}$ の固有値 λ に対応した固有ベクトルであることを示している．

2.2 1.2.2 項にある行列式の持つ特性 1 を用いる．行列 $\boldsymbol{A}$ の固有値 λ は特性方程式 $\det(\boldsymbol{A} - \lambda\boldsymbol{I}) = 0$ の根である．ここで，行列式は転置に対して値を変えないので，$\det(\boldsymbol{A} - \lambda\boldsymbol{I}) = 0$ を満たす λ は $\det(\boldsymbol{A}^T - \lambda\boldsymbol{I}) = 0$ も満たす．したがって，行列 $\boldsymbol{A}$ の固有値 λ は同時に $\boldsymbol{A}^T$ の固有値でもある．

2.3 三角行列を $\boldsymbol{T}$ とすれば，行列 $\boldsymbol{T} - \lambda\boldsymbol{I}$ は

$$\boldsymbol{T} - \lambda\boldsymbol{I} = \begin{bmatrix} T_{11} - \lambda & \cdots & \cdots & T_{1M} \\ 0 & \ddots & & \vdots \\ \vdots & \ddots & \ddots & \vdots \\ 0 & \cdots & 0 & T_{MM} - \lambda \end{bmatrix} \tag{A.39}$$

である．行列 $\boldsymbol{T} - \lambda\boldsymbol{I}$ の行列式を考えると，定義式 (1.15) の右辺の和で唯一のノンゼロの項は対角成分の積となる項である．したがって，$\boldsymbol{T}$ の特性方程式は

$$\det(\boldsymbol{T} - \lambda\boldsymbol{I}) = (T_{11} - \lambda)\cdots(T_{MM} - \lambda) \tag{A.40}$$

となるので，$\boldsymbol{T}$ の固有値は対角成分 $T_{11}, \ldots, T_{MM}$ に等しい．対角行列 $\boldsymbol{D}$ についても全く同じ議論が成り立つ．$\boldsymbol{D} = \mathrm{diag}([d_{11}, \ldots, d_{MM}])$ とすれば，行列 $\boldsymbol{D} - \lambda\boldsymbol{I}$ は

$$\boldsymbol{D}-\lambda\boldsymbol{I}=\begin{bmatrix} d_{11}-\lambda & \cdots & \cdots & 0 \\ 0 & \ddots & & \vdots \\ \vdots & \ddots & \ddots & \vdots \\ 0 & \cdots & 0 & d_{MM}-\lambda \end{bmatrix} \tag{A.41}$$

であるので，$\boldsymbol{D}$ の特性方程式は

$$\det(\boldsymbol{D}-\lambda\boldsymbol{I})=(d_{11}-\lambda)\cdots(d_{MM}-\lambda) \tag{A.42}$$

となり，$\boldsymbol{D}$ の固有値は対角成分 $d_{11},\ldots,d_{MM}$ に等しい．

2.4 2 つの行列を $\boldsymbol{B}$ ($\boldsymbol{B}\in\mathbb{R}^{M\times N}$) と $\boldsymbol{C}$ ($\boldsymbol{C}\in\mathbb{R}^{N\times M}$) として，行列 $\boldsymbol{BC}$ と $\boldsymbol{CB}$ のノンゼロの固有値は等しいことを示す．$\boldsymbol{A}=\lambda\boldsymbol{I}_M$, $\boldsymbol{D}=\lambda\boldsymbol{I}_N$ として（および $\boldsymbol{B}\to\lambda\boldsymbol{B}$ として），行列式に対する恒等式 (A.38) を用いれば，

$$\lambda^M\det(\lambda\boldsymbol{I}_N-\boldsymbol{CB})=\lambda^N\det(\lambda\boldsymbol{I}_M-\boldsymbol{BC})$$

を得る．$M>N$ を仮定すれば，結局

$$(-\lambda)^{M-N}\det(\boldsymbol{CB}-\lambda\boldsymbol{I}_N)=\det(\boldsymbol{BC}-\lambda\boldsymbol{I}_M) \tag{A.43}$$

を得る．上式は，$(-\lambda)^{M-N}$ の項を除けば $\boldsymbol{BC}$ と $\boldsymbol{CB}$ の特性方程式は等しいことを意味している．したがって，$\boldsymbol{BC}$ の方が $M-N$ 個のゼロ固有値を余分に持つことを除けば，他の固有値は一致している．以上の議論において，$\boldsymbol{F}\to\boldsymbol{B}$, $\boldsymbol{F}^T\to\boldsymbol{C}$ とすれば，$\boldsymbol{FF}^T$ と $\boldsymbol{F}^T\boldsymbol{F}$ の固有値が等しいことが証明できる．

2.5 式 (2.26) より，

$$\boldsymbol{U}^T\boldsymbol{z}_j=\begin{bmatrix} \boldsymbol{z}_1^T \\ \vdots \\ \boldsymbol{z}_r^T \\ \boldsymbol{u}_{r+1}^T \\ \vdots \\ \boldsymbol{u}_M^T \end{bmatrix}\boldsymbol{z}_j$$

ここで，$\boldsymbol{z}_i^T \boldsymbol{u}_j = 0$ $(i = 1, \ldots, r, j = r+1, \ldots, M)$ および $\boldsymbol{z}_i^T \boldsymbol{z}_j = I_{i,j}$ $(i, j = 1, \ldots, r)$ であるので[3]，$\boldsymbol{U}^T \boldsymbol{z}_j$ は j 番目 $(j \leq r)$ の要素のみ 1 で他の要素は 0 の列ベクトルである．

2.6 $\boldsymbol{A}$ の特性多項式は

$$\det(\boldsymbol{A} - \lambda \boldsymbol{I}) = (\lambda_1 - \lambda)(\lambda_2 - \lambda) \cdots (\lambda_M - \lambda) \tag{A.44}$$

と書くことができる．式 (A.44) の両辺で $\lambda = 0$ とすれば，

$$\det(\boldsymbol{A}) = \lambda_1 \lambda_2 \cdots \lambda_M \tag{A.45}$$

を得る．

2.7 $\boldsymbol{A}$ の特性多項式（式 (A.44)）の右辺を展開すると，

$$\begin{aligned}\det(\boldsymbol{A} - \lambda \boldsymbol{I}) &= (\lambda_1 - \lambda)(\lambda_2 - \lambda) \cdots (\lambda_M - \lambda) \\ &= (-\lambda)^M + (\lambda_1 + \lambda_2 + \cdots + \lambda_M)(-\lambda)^{M-1} + \cdots + \lambda_1 \lambda_2 \cdots \lambda_M\end{aligned} \tag{A.46}$$

となる．ところで，式 (1.15) の右辺の項 $\pm a_{1p_1} a_{2p_2} \cdots a_{Mp_M}$ において $p_1, p_2, \ldots, p_M$ は $1, 2, \ldots, M$ の並べ替えの結果である．したがって，行列 $\boldsymbol{A} - \lambda \boldsymbol{I}$ のすべての対角成分が入る項は（並べ替えなしの）

$$(a_{11} - \lambda)(a_{22} - \lambda) \cdots (a_{MM} - \lambda) \tag{A.47}$$

の項のみである．さらに，他の項は対角成分 $a_{jj} - \lambda$ を最も多くても $M-2$ 個含むのみであるので，$(-\lambda)^{M-1}$ の項の係数は式 (A.47) に示す項のみから決まる．したがって，特性多項式は

$$\det(\boldsymbol{A} - \lambda \boldsymbol{I}) = (-\lambda)^M + (a_{11} + a_{22} + \cdots + a_{MM})(-\lambda)^{M-1} + \cdots$$

と書くことができて，上式と式 (A.46) における $(-\lambda)^{M-1}$ の項の係数を比較して

[3] $I_{i,j}$ は単位行列の i, j 要素であり，$i = j$ なら $I_{i,j} = 1$，$i \neq j$ なら $I_{i,j} = 0$ である．

$$\mathrm{tr}(\boldsymbol{A}) = \sum_{j=1}^{M} \lambda_j$$

となる．

2.8 1.2.2 項で挙げた行列式の特性を用いる．$\boldsymbol{B} = \boldsymbol{P}^{-1}\boldsymbol{A}\boldsymbol{P}$ を用いて，行列 $\boldsymbol{A}$ の特性多項式は

$$\begin{aligned}\det(\boldsymbol{A} - \lambda\boldsymbol{I}) &= \det(\boldsymbol{P}\boldsymbol{B}\boldsymbol{P}^{-1} - \lambda\boldsymbol{I}) = \det\left[\boldsymbol{P}(\boldsymbol{B} - \lambda\boldsymbol{I})\boldsymbol{P}^{-1}\right] \\ &= \det(\boldsymbol{P})^{-1}\det(\boldsymbol{B} - \lambda\boldsymbol{I})\det(\boldsymbol{P}) = \det(\boldsymbol{B} - \lambda\boldsymbol{I})\end{aligned} \tag{A.48}$$

と書くことができる．したがって，相似変換により特性方程式は変化せず $\boldsymbol{A}$ と $\boldsymbol{B}$ は同じ固有値を持つ．

2.9 行列 $\boldsymbol{A}$ のフロベニウスノルムは $\|\boldsymbol{A}\|_F = \sqrt{\mathrm{tr}(\boldsymbol{A}^T\boldsymbol{A})}$ で与えられる．$\boldsymbol{A} = \boldsymbol{U}_r\boldsymbol{\Sigma}_r\boldsymbol{V}_r^T$ とすれば，

$$\begin{aligned}\|\boldsymbol{A}\|_F^2 &= \|\boldsymbol{U}_r\boldsymbol{\Sigma}_r\boldsymbol{V}_r^T\|_F^2 = \mathrm{tr}\left[[\boldsymbol{U}_r\boldsymbol{\Sigma}_r\boldsymbol{V}_r^T]^T[\boldsymbol{U}_r\boldsymbol{\Sigma}_r\boldsymbol{V}_r^T]\right] \\ &= \mathrm{tr}\left[[\boldsymbol{\Sigma}_r\boldsymbol{V}_r^T]^T\boldsymbol{U}_r^T\boldsymbol{U}_r[\boldsymbol{\Sigma}\boldsymbol{V}_r^T]\right] = \mathrm{tr}\left[[\boldsymbol{\Sigma}_r\boldsymbol{V}_r^T]^T[\boldsymbol{\Sigma}_r\boldsymbol{V}_r^T]\right] \\ &= \mathrm{tr}\left[[\boldsymbol{\Sigma}_r\boldsymbol{V}_r^T][\boldsymbol{\Sigma}_r\boldsymbol{V}_r^T]^T\right] = \mathrm{tr}\left[\boldsymbol{\Sigma}_r\boldsymbol{V}_r^T\boldsymbol{V}_r\boldsymbol{\Sigma}_r\right] = \mathrm{tr}\left[\boldsymbol{\Sigma}_r\boldsymbol{\Sigma}_r\right] \\ &= \|\boldsymbol{\Sigma}_r\|_F^2 = \sum_{j=1}^{r} \gamma_j^2\end{aligned} \tag{A.49}$$

が成り立つ．上式においてトレースに関する恒等式 (1.45) を用いた．

2.10 行列 $\boldsymbol{Q} = [\boldsymbol{x}, \boldsymbol{y}_2, \ldots, \boldsymbol{y}_M]$ は直交行列であり，$\boldsymbol{x}$ のみが $\boldsymbol{A}$ の固有値 λ に対する固有ベクトルである．したがって，

$$\begin{aligned}\boldsymbol{Q}^T\boldsymbol{A}\boldsymbol{Q} &= \boldsymbol{Q}^T[\boldsymbol{A}\boldsymbol{x}, \boldsymbol{A}\boldsymbol{y}_2, \ldots, \boldsymbol{A}\boldsymbol{y}_M] = \boldsymbol{Q}^T[\lambda\boldsymbol{x}, \boldsymbol{A}\boldsymbol{y}_2, \ldots, \boldsymbol{A}\boldsymbol{y}_M] \\ &= [\lambda\boldsymbol{Q}^T\boldsymbol{x}, \boldsymbol{Q}^T\boldsymbol{A}\boldsymbol{y}_2, \ldots, \boldsymbol{Q}^T\boldsymbol{A}\boldsymbol{y}_M]\end{aligned} \tag{A.50}$$

であり，ここで，左辺第 1 列目の $\boldsymbol{Q}^T\boldsymbol{x}$ は

$$\boldsymbol{Q}^T\boldsymbol{x} = \begin{bmatrix} \boldsymbol{x}^T\boldsymbol{x} \\ \boldsymbol{y}_2^T\boldsymbol{x} \\ \vdots \\ \boldsymbol{y}_M^T\boldsymbol{x} \end{bmatrix} = \begin{bmatrix} 1 \\ 0 \\ \vdots \\ 0 \end{bmatrix} \tag{A.51}$$

である．したがって，式 (2.65) を示すことができた．

第 3 章

3.1 $\boldsymbol{x} \in span\{\mathcal{S}\}, \boldsymbol{y} \in span\{\mathcal{S}\}$ であれば $\boldsymbol{x}$ と $\boldsymbol{y}$ は $\boldsymbol{u}_1, \boldsymbol{u}_2, \ldots, \boldsymbol{u}_r$ の線形結合で表され，$\boldsymbol{x} = \sum_{j=1}^{r} c_j\boldsymbol{u}_j$ および $\boldsymbol{y} = \sum_{j=1}^{r} d_j\boldsymbol{u}_j$ と書ける．すると，$\boldsymbol{x} + \boldsymbol{y} = \sum_{j=1}^{r}(c_j + d_j)\boldsymbol{u}_j$ であるので，$\boldsymbol{x} + \boldsymbol{y} \in span\{\mathcal{S}\}$ である．また，α を定数として $\alpha\boldsymbol{x} = \sum_{j=1}^{r} \alpha c_j\boldsymbol{u}_j \in span\{\mathcal{S}\}$ であるので，$span\{\mathcal{S}\}$ は $\mathcal{A}$ の部分空間である．

3.2 2.3.3 項で述べているように，行列 $\boldsymbol{Q}$ ($\boldsymbol{Q} \in \mathbb{R}^{N\times K}$) が線形独立な行ベクトルを持てば，$rank(\boldsymbol{Q}) = rank(\boldsymbol{Q}\boldsymbol{Q}^T) = N$ である．したがって，$\boldsymbol{Q}\boldsymbol{Q}^T$ ($\in \mathbb{R}^{N\times N}$) は非特異行列であり逆行列が存在する．すると，任意のベクトル $\boldsymbol{x}$ ($\boldsymbol{x} \in \mathbb{R}^N$) に対して $\boldsymbol{y} = \boldsymbol{Q}^T(\boldsymbol{Q}\boldsymbol{Q}^T)^{-1}\boldsymbol{x}$ なるベクトルが存在し，$\boldsymbol{x} = \boldsymbol{Q}\boldsymbol{y}$ を満たす．なぜなら $\boldsymbol{Q}\boldsymbol{y} = \boldsymbol{Q}\boldsymbol{Q}^T(\boldsymbol{Q}\boldsymbol{Q}^T)^{-1}\boldsymbol{x} = \boldsymbol{x}$ となるからである．

3.3 項目 3 の $\boldsymbol{A}\boldsymbol{Q} = \boldsymbol{B}$ の両辺の転置をとって，$\boldsymbol{Q}^T\boldsymbol{A}^T = \boldsymbol{B}^T$ を得る．ここで $\boldsymbol{A}^T \to \boldsymbol{A}$, $\boldsymbol{B}^T \to \boldsymbol{B}$, $\boldsymbol{Q}^T \to \boldsymbol{P}$ とする．ここで，$\boldsymbol{Q}^T$ すなわち $\boldsymbol{P}$ は線形独立な行を持つ行列であるので，項目 3 の結果を用いれば $\mathcal{C}(\boldsymbol{A}^T) = \mathcal{C}(\boldsymbol{B}^T)$ を得る．したがって，$\mathcal{R}(\boldsymbol{A}) = \mathcal{R}(\boldsymbol{B})$ である．

3.4 $\boldsymbol{A}\boldsymbol{Q} = \boldsymbol{B}$ の両辺の転置をとると，$\boldsymbol{Q}^T\boldsymbol{A}^T = \boldsymbol{B}^T$ となる．ここで，$\boldsymbol{Q}^T$ の列ベクトルは線形独立な列を持つので，項目 3 の結果より，$\mathcal{N}(\boldsymbol{A}^T) = \mathcal{N}(\boldsymbol{B}^T)$ が成り立つ．したがって，$\mathcal{L}(\boldsymbol{A}) = \mathcal{L}(\boldsymbol{B})$ が成り立つ．

3.5 もし，$\boldsymbol{b} \in \mathcal{C}(\boldsymbol{B})$ であれば，$\boldsymbol{b} = \boldsymbol{B}\boldsymbol{x}$ を満たす $\boldsymbol{x}$ が存在する．この式の両辺に $\boldsymbol{Y}^T$ を乗じると，$\boldsymbol{Y}^T\boldsymbol{b} = \boldsymbol{Y}^T\boldsymbol{B}\boldsymbol{x}$ となるが，$\boldsymbol{Y}^T\boldsymbol{B} = \boldsymbol{0}$ であるので，$\boldsymbol{Y}^T\boldsymbol{b} = \boldsymbol{0}$ を得る．したがって，$\boldsymbol{b} \in \mathcal{N}(\boldsymbol{Y}^T)$ が成り立つ．一方，もし $\boldsymbol{b} \in \mathcal{N}(\boldsymbol{Y}^T)$ であれば，$\boldsymbol{Y}^T\boldsymbol{b} = \boldsymbol{0}$ が成り立つ．ここで，$\boldsymbol{b} =$

$\boldsymbol{A}\boldsymbol{A}^{-1}\boldsymbol{b} = \boldsymbol{B}\boldsymbol{X}^T\boldsymbol{b} + \boldsymbol{C}\boldsymbol{Y}^T\boldsymbol{b}$ から，$\boldsymbol{b} = \boldsymbol{B}\boldsymbol{X}^T\boldsymbol{b} = \boldsymbol{B}\boldsymbol{d}$（ここで，$\boldsymbol{d} = \boldsymbol{X}^T\boldsymbol{b}$）が成り立つ．したがって，$\boldsymbol{b} \in \mathcal{C}(\boldsymbol{B})$ が成り立つ．両方向の包含関係が成り立つので，結局，項目 2 が成り立つ．

3.6 $\boldsymbol{A}^T$ $(\boldsymbol{A} \in \mathbb{R}^{M\times N})$ の列ベクトルを $\boldsymbol{a}_1, \boldsymbol{a}_2, \ldots, \boldsymbol{a}_N$ とする．これらベクトルが線形独立であるとすれば，$c_1\boldsymbol{a}_1 + c_2\boldsymbol{a}_2 + \cdots c_N\boldsymbol{a}_N = \boldsymbol{0}$ が成り立つのは $c_1 = c_2 = \cdots = c_N = 0$ の場合のみである．これはつまり $\mathcal{N}(\boldsymbol{A}^T) = \mathcal{L}(\boldsymbol{A}) = \{\boldsymbol{0}\}$ と等価である．また，3.5.2 項の項目 4 より，$\mathcal{N}(\boldsymbol{A}^T) = \mathcal{L}(\boldsymbol{A}) = \mathcal{C}(\boldsymbol{U}_{M-r})$ であるが，$rank(\boldsymbol{A}) = M$ の場合には $\mathcal{C}(\boldsymbol{U}_{M-r}) = \{\boldsymbol{0}\}$ である．したがって，$rank(\boldsymbol{A}) = M$ であれば $\mathcal{L}(\boldsymbol{A}) = \{\boldsymbol{0}\}$ である．また，逆に，$\mathcal{L}(\boldsymbol{A}) = \{\boldsymbol{0}\}$ であれば，$\mathcal{C}(\boldsymbol{U}_{M-r}) = \{\boldsymbol{0}\}$ であるので，$rank(\boldsymbol{A}) = M$ である．

3.7 $\mathcal{N}(\boldsymbol{A}) = \mathcal{C}(\boldsymbol{V}_{N-r})$ であり，$\boldsymbol{V}_{N-r}$ に含まれる線形独立な列ベクトルの数は $N - r$ 個である．したがって，$\dim(\mathcal{N}(\boldsymbol{A})) = N - r$ が成り立つ．同様に，$\mathcal{L}(\boldsymbol{A}) = \mathcal{C}(\boldsymbol{U}_{M-r})$ であり，$\boldsymbol{U}_{M-r}$ に含まれる線形独立な列ベクトルの数は $M - r$ 個である．したがって，$\dim(\mathcal{L}(\boldsymbol{A})) = M - r$ が成り立つ．

3.8 $\boldsymbol{u}_1 = \boldsymbol{x}_1 + \boldsymbol{y}_1 \in \mathcal{A} + \mathcal{B}$ とする．ここで，$\boldsymbol{x}_1 \in \mathcal{A}$ および $\boldsymbol{y}_1 \in \mathcal{B}$ である．さらに，$\boldsymbol{u}_2 = \boldsymbol{x}_2 + \boldsymbol{y}_2 \in \mathcal{A} + \mathcal{B}$ とする．ここで，$\boldsymbol{x}_2 \in \mathcal{A}$ および $\boldsymbol{y}_2 \in \mathcal{B}$ である．$\boldsymbol{u}_1 + \boldsymbol{u}_2 = \boldsymbol{x}_1 + \boldsymbol{x}_2 + \boldsymbol{y}_1 + \boldsymbol{y}_2$ と表せ，$\boldsymbol{x}_1 + \boldsymbol{x}_2 \in \mathcal{A}$ であり $\boldsymbol{y}_1 + \boldsymbol{y}_2 \in \mathcal{B}$ であるので，$\boldsymbol{u}_1 + \boldsymbol{u}_2 \in \mathcal{A} + \mathcal{B}$ である．次に，スカラー定数を c として，$c\boldsymbol{u}_1 = c\boldsymbol{x}_1 + c\boldsymbol{y}_1$ とすれば，$c\boldsymbol{x}_1 \in \mathcal{A}$ および $c\boldsymbol{y}_1 \in \mathcal{B}$ であるので，$c\boldsymbol{u}_1 \in \mathcal{A} + \mathcal{B}$ である．したがって，$\mathcal{A} + \mathcal{B}$ は部分空間である．

3.9 もし，$\boldsymbol{z} \in span(\mathcal{A} \cup \mathcal{B})$ であれば，

$$\boldsymbol{z} = \sum_{j=1}^{\mu} c_j\boldsymbol{x}_j + \sum_{j=1}^{\nu} d_j\boldsymbol{y}_j \tag{A.52}$$

と書くことができる．ここで，$\boldsymbol{a} = \sum_{j=1}^{\mu} c_j\boldsymbol{x}_j$ および $\boldsymbol{b} = \sum_{j=1}^{\nu} d_j\boldsymbol{y}_j$ とすれば，$\boldsymbol{a} \in span(\mathcal{A})$ および $\boldsymbol{b} \in span(\mathcal{B})$ であるので，$\boldsymbol{z} \in span(\mathcal{A}) + span(\mathcal{B})$ に等しい．また，$\boldsymbol{z} \in span(\mathcal{A}) + span(\mathcal{B})$ であれば，やはり式 (A.52) が成立し，$\boldsymbol{z} \in span(\mathcal{A} \cup \mathcal{B})$ がいえる．したがっ

て，$span(\mathcal{A} \cup \mathcal{B}) = span(\mathcal{A}) + span(\mathcal{B})$ が成り立つ．

3.10 $\mathcal{C}(\boldsymbol{A}) = \mathcal{C}(\boldsymbol{U}_r)$ および $\mathcal{L}(\boldsymbol{A}) = \mathcal{C}(\boldsymbol{U}_{M-r})$ である．ここで，式 (3.19) を用いれば，

$$\mathcal{C}(\boldsymbol{A}) + \mathcal{L}(\boldsymbol{A}) = \mathcal{C}(\boldsymbol{U}_r) + \mathcal{C}(\boldsymbol{U}_{M-r}) = \mathcal{C}([\boldsymbol{U}_r, \boldsymbol{U}_{M-r}]) = \mathcal{C}(\boldsymbol{U}) = \mathbb{R}^M$$

である．

3.11 問題 3.10 の解答に加えて，$rank(\boldsymbol{U}) = M$ であるので，3.9 節の項目 1 からこの場合の和空間は直和である．

第 4 章

4.1

$$\boldsymbol{H} = \sum_{j=1}^{N} \gamma_j \boldsymbol{u}_j \boldsymbol{v}_j^T \quad と \quad (\boldsymbol{H}^T \boldsymbol{H})^{-1} = \sum_{j=1}^{N} \frac{1}{\gamma_j^2} \boldsymbol{v}_j \boldsymbol{v}_j^T$$

を用いて

$$\begin{aligned}
(\boldsymbol{H}^T \boldsymbol{H})^{-1} \boldsymbol{H}^T &= \sum_{j=1}^{N} \frac{1}{\gamma_j^2} \boldsymbol{v}_j \boldsymbol{v}_j^T \left[\sum_{i=1}^{N} \gamma_i \boldsymbol{u}_i \boldsymbol{v}_i^T \right]^T \\
&= \sum_{j=1}^{N} \frac{1}{\gamma_j^2} \sum_{i=1}^{N} \gamma_i \boldsymbol{v}_j \boldsymbol{v}_j^T \boldsymbol{v}_i \boldsymbol{u}_i^T = \sum_{j=1}^{N} \frac{1}{\gamma_j^2} \sum_{i=1}^{N} \gamma_i \boldsymbol{v}_j I_{j,i} \boldsymbol{u}_i^T \\
&= \sum_{j=1}^{N} \frac{1}{\gamma_j} \boldsymbol{v}_j \boldsymbol{u}_j^T
\end{aligned}$$

となる．ここで $\boldsymbol{v}_j^T \boldsymbol{v}_i = I_{j,i}$ なる関係式を用いた．したがって，式 (4.10) を得る．

4.2 部分空間 $\mathcal{V}$ の正規直交基底を $\boldsymbol{u}_1, \ldots, \boldsymbol{u}_r$ とすれば，射影行列 $\boldsymbol{P}$ は

$$\boldsymbol{P} = [\boldsymbol{u}_1, \ldots, \boldsymbol{u}_r][\boldsymbol{u}_1, \ldots, \boldsymbol{u}_r]^T$$

で与えられる．また，ベクトル $\boldsymbol{b}_\perp$ は $\boldsymbol{u}_1, \ldots, \boldsymbol{u}_r$ で展開できて，$\boldsymbol{b}_\perp = \sum_{j=1}^{r} c_j \boldsymbol{u}_j$ と表すことができる．したがって，

$$
\begin{aligned}
\boldsymbol{P}\boldsymbol{b}_\perp &= [\boldsymbol{u}_1, \ldots, \boldsymbol{u}_r][\boldsymbol{u}_1, \ldots, \boldsymbol{u}_r]^T \sum_{j=1}^{r} c_j \boldsymbol{u}_j \\
&= \sum_{j=1}^{r} c_j [\boldsymbol{u}_1, \ldots, \boldsymbol{u}_r][\boldsymbol{u}_1, \ldots, \boldsymbol{u}_r]^T \boldsymbol{u}_j = \sum_{j=1}^{r} c_j \boldsymbol{u}_j = \boldsymbol{b}_\perp
\end{aligned}
$$

である.

4.3 Gram-Schmidt 法により線形独立なベクトル $\boldsymbol{a}_1, \ldots, \boldsymbol{a}_N$ を正規直交系 $\boldsymbol{q}_1, \ldots, \boldsymbol{q}_N$ に変換するのは,

$$
\boldsymbol{q}_1 = \boldsymbol{a}_1 / \nu_1
$$

および, $k = 2, \ldots, N$ に対して以下を計算する.

$$
\boldsymbol{q}_k = \frac{\boldsymbol{a}_k - \sum_{j=1}^{k-1} (\boldsymbol{q}_j^T \boldsymbol{a}_k) \boldsymbol{q}_j}{\nu_k}
$$

ここで, $\nu_1 = \|\boldsymbol{a}_1\|$ であり $\nu_k = \|\boldsymbol{a}_k - \sum_{j=1}^{k-1} (\boldsymbol{q}_j^T \boldsymbol{a}_k) \boldsymbol{q}_j\|$ $(k = 2, \ldots, N)$ である. 上式を変形すれば,

$$
\begin{aligned}
\boldsymbol{a}_1 &= \nu_1 \boldsymbol{q}_1 \\
\boldsymbol{a}_2 &= \nu_2 \boldsymbol{q}_2 + (\boldsymbol{q}_1^T \boldsymbol{a}_2) \boldsymbol{q}_1 \\
\boldsymbol{a}_3 &= \nu_3 \boldsymbol{q}_3 + (\boldsymbol{q}_2^T \boldsymbol{a}_3) \boldsymbol{q}_2 + (\boldsymbol{q}_1^T \boldsymbol{a}_3) \boldsymbol{q}_1 \\
&\ \vdots \\
\boldsymbol{a}_N &= \nu_N \boldsymbol{q}_N + (\boldsymbol{q}_{(N-1)}^T \boldsymbol{a}_N) \boldsymbol{q}_{(N-1)} + \cdots + (\boldsymbol{q}_1^T \boldsymbol{a}_N) \boldsymbol{q}_1
\end{aligned}
$$

である. したがって, これらの式を行列を用いてまとめると

$$
\begin{aligned}
&[\boldsymbol{a}_1, \boldsymbol{a}_2, \ldots, \boldsymbol{a}_N] \\
&= [\boldsymbol{q}_1, \boldsymbol{q}_2, \ldots, \boldsymbol{q}_N]
\begin{bmatrix}
\nu_1 & \boldsymbol{q}_1^T \boldsymbol{a}_2 & \boldsymbol{q}_1^T \boldsymbol{a}_3 & \cdots & \boldsymbol{q}_1^T \boldsymbol{a}_N \\
0 & \nu_2 & \boldsymbol{q}_2^T \boldsymbol{a}_3 & \cdots & \boldsymbol{q}_2^T \boldsymbol{a}_N \\
0 & 0 & \nu_3 & \cdots & \boldsymbol{q}_3^T \boldsymbol{a}_N \\
\vdots & \vdots & \vdots & \ddots & \vdots \\
0 & 0 & 0 & \cdots & \nu_N
\end{bmatrix}
\end{aligned}
\tag{A.53}
$$

を得る. 上式は線形独立な列を持つ行列 $\boldsymbol{A}$ が直交行列と上三角行列の

積で表されることを示している．

4.4 最小二乗解の場合を証明する．ミニマムノルム解の場合も全く同様である．

$$\boldsymbol{H}^T\boldsymbol{H}+\tau\boldsymbol{I}=\sum_{j=1}^{N}(\gamma_j^2+\tau)\boldsymbol{v}_j\boldsymbol{v}_j^T \quad \text{および} \quad \boldsymbol{H}^T=\sum_{k=1}^{N}\gamma_k\boldsymbol{v}_k\boldsymbol{u}_k^T$$

を用いれば

$$\begin{aligned}\sum_{j=1}^{N}\frac{1}{\gamma_j^2+\tau}\boldsymbol{v}_j\boldsymbol{v}_j^T\sum_{k=1}^{N}\gamma_k\boldsymbol{v}_k\boldsymbol{u}_k^T &= \sum_{j=1}^{N}\sum_{k=1}^{N}\frac{1}{\gamma_j^2+\tau}\boldsymbol{v}_j\boldsymbol{v}_j^T\gamma_k\boldsymbol{v}_k\boldsymbol{u}_k^T \\ &= \sum_{j=1}^{N}\sum_{k=1}^{N}\frac{\gamma_k}{\gamma_j^2+\tau}\boldsymbol{v}_j I_{j,k}\boldsymbol{u}_k^T \\ &= \sum_{j=1}^{N}\frac{\gamma_j}{\gamma_j^2+\tau}\boldsymbol{v}_j\boldsymbol{u}_j^T\end{aligned}$$

であり，式 (4.39) を得る．

第 5 章

5.1 式 (5.44) を用いて

$$\begin{aligned}(\boldsymbol{I}-\boldsymbol{P}_I)\boldsymbol{y}_I(t) &= \boldsymbol{y}_I(t)-\boldsymbol{P}_I\boldsymbol{y}_I(t)=\boldsymbol{y}_I(t)-\boldsymbol{P}_I\sum_{p=1}^{P}\sigma_p(t)\boldsymbol{\xi}_p \\ &= \boldsymbol{y}_I(t)-\boldsymbol{H}_I\left(\boldsymbol{H}_I^T\boldsymbol{H}_I\right)^{-1}\boldsymbol{H}_I^T\boldsymbol{H}_I\begin{bmatrix}\sigma_1(t)\\ \vdots \\ \sigma_P(t)\end{bmatrix} \\ &= \boldsymbol{y}_I(t)-\sum_{p=1}^{P}\sigma_p(t)\boldsymbol{\xi}_p=0 \end{aligned} \qquad \text{(A.54)}$$

5.2 行列 $\boldsymbol{B}\boldsymbol{B}^T$ は半正定値行列であり，$\boldsymbol{B}$ の特異値と左側特異値ベクトルを用いて，

$$\boldsymbol{B}\boldsymbol{B}^T=\sum_{j=1}^{M}\tilde{\gamma}_j^2\boldsymbol{u}_j\boldsymbol{u}_j^T$$

と表すことができる．$\boldsymbol{P}_A$ をベクトル $\boldsymbol{y}$ ($\boldsymbol{y} \in \mathbb{R}^M$) を任意の $M-Q$ 次元の部分空間へ投影する射影演算子とする．$\mathbb{R}^M$ の $M-Q$ 次元部分空間の選び方は M 個の基底 $\boldsymbol{u}_1, \boldsymbol{u}_2, \ldots, \boldsymbol{u}_M$ から $M-Q$ 個を選ぶ選び方の数だけ存在する．そのうちのある 1 つの選び方による $\boldsymbol{P}_A$ は

$$\boldsymbol{P}_A = [\boldsymbol{u}_{*1}, \boldsymbol{u}_{*2}, \ldots, \boldsymbol{u}_{*(M-Q)}][\boldsymbol{u}_{*1}, \boldsymbol{u}_{*2}, \ldots, \boldsymbol{u}_{*(M-Q)}]^T \tag{A.55}$$

と表すことができる．ここで，$\boldsymbol{u}_{*j}$ は選ばれた基底の中で j 番目の基底を意味する．式 (A.55) の射影演算子を用いた場合

$$\mathrm{tr}[\boldsymbol{P}_A \boldsymbol{B}\boldsymbol{B}^T] = \mathrm{tr}\left[\boldsymbol{P}_A \sum_{j=1}^{M} \tilde{\gamma}_j^2 \boldsymbol{u}_j \boldsymbol{u}_j^T\right] = \sum_{j=1}^{M-Q} \tilde{\gamma}_{*j}^2 \tag{A.56}$$

となる．特異値は $\tilde{\gamma}_1 \geq \cdots \geq \tilde{\gamma}_M \geq 0$ と大きさの順に番号付けされているので，明らかに式 (A.56) を最小とする $\boldsymbol{P}_A$ は，基底ベクトルとして番号付けられた最後の Q 個を選んだ

$$\boldsymbol{P}_A = [\boldsymbol{u}_{Q+1}, \boldsymbol{u}_{Q+2}, \ldots, \boldsymbol{u}_M][\boldsymbol{u}_{Q+1}, \boldsymbol{u}_{Q+2}, \ldots, \boldsymbol{u}_M]^T \tag{A.57}$$

であり，これはノイズ部分空間への射影演算子である．

第 6 章

6.1 データ行列 $\boldsymbol{B}$ と信号行列 $\boldsymbol{B}_S$ の m 番目の行を，それぞれ，$\boldsymbol{\beta}_m$ と $\boldsymbol{\beta}_m^S$ ($\boldsymbol{\beta}_m, \boldsymbol{\beta}_m^S \in \mathbb{R}^{1\times K}$) とする．$\boldsymbol{\beta}_m^S \in \mathcal{K}_S = span\{\boldsymbol{s}_1, \ldots, \boldsymbol{s}_Q\}$ であるので，$\boldsymbol{\beta}_m^S$ に直交する $K-Q$ 個の線形独立なベクトルが時間領域のノイズ部分空間に存在する．すなわち，線形独立な $K-Q$ 個の $\boldsymbol{\alpha}_j$ ($\boldsymbol{\alpha}_j \in \mathbb{R}^{1\times K}$) が存在し，式 (5.53) に対応した

$$\boldsymbol{\beta}_m^S \boldsymbol{\alpha}_j^T = 0 \quad (j = Q+1, \ldots, K) \tag{A.58}$$

が成り立つ．さらに，式 (5.54) に対応して，信号成分 $\boldsymbol{\beta}_m^S$ ($m = 1, \ldots, M$) に対する対数尤度関数 $\log \mathcal{L}(\boldsymbol{\beta}_1^S, \ldots, \boldsymbol{\beta}_M^S)$ は

$$\log \mathcal{L}(\boldsymbol{\beta}_1^S, \ldots, \boldsymbol{\beta}_M^S) = -\frac{1}{2\varrho^2} \sum_{m=1}^{M} (\boldsymbol{\beta}_m - \boldsymbol{\beta}_m^S)(\boldsymbol{\beta}_m - \boldsymbol{\beta}_m^S)^T \tag{A.59}$$

となる．ラグランジアンを

$$\mathbb{L} = \sum_{m=1}^{M} \left[(\boldsymbol{\beta}_m - \boldsymbol{\beta}_m^S)(\boldsymbol{\beta}_m - \boldsymbol{\beta}_m^S)^T + \sum_{j=Q+1}^{K} \kappa_j^m \boldsymbol{\beta}_m^S \boldsymbol{\alpha}_j^T \right] \tag{A.60}$$

と定義する．ここで，

$$\boldsymbol{Z} = \begin{bmatrix} \boldsymbol{\alpha}_{Q+1} \\ \vdots \\ \boldsymbol{\alpha}_K \end{bmatrix} \tag{A.61}$$

および

$$\boldsymbol{\kappa}^m = [\kappa_{Q+1}^m, \ldots, \kappa_K^m]^T \tag{A.62}$$

とおけば，ラグランジアンは式 (5.58) に対応して

$$\mathbb{L} = \sum_{m=1}^{M} \left[(\boldsymbol{\beta}_m - \boldsymbol{\beta}_m^S)(\boldsymbol{\beta}_m - \boldsymbol{\beta}_m^S)^T + \boldsymbol{\beta}_m^S \boldsymbol{Z}^T \boldsymbol{\kappa}^m \right] \tag{A.63}$$

と表される．ラグランジアンを $\boldsymbol{\beta}_m^S$ と $\boldsymbol{\kappa}^m$ で微分し，5.5 節と全く同じ導出を行うと，$\boldsymbol{\beta}_m^S$ の最尤推定解 $\widehat{\boldsymbol{\beta}}_m^S$ として，結局

$$\widehat{\boldsymbol{\beta}}_m^S = \boldsymbol{\beta}_m(\boldsymbol{I} - \boldsymbol{\Pi}_Z) \tag{A.64}$$

を得る．ここで $\boldsymbol{\Pi}_Z$ は $\boldsymbol{Z}$ の行空間，すなわち（時間領域）ノイズ部分空間への射影演算子

$$\boldsymbol{\Pi}_Z = \boldsymbol{Z}^T(\boldsymbol{Z}\boldsymbol{Z}^T)^{-1}\boldsymbol{Z}$$

である．$\boldsymbol{\Pi}_Z$ の最尤推定解を求めるには $\widehat{\boldsymbol{\beta}}_m^S$ を尤度関数（式 (A.59)）に代入して，対数尤度の残差を求め，この残差を最大とする $\boldsymbol{\Pi}_Z$ を求める．式 (A.64) の $\widehat{\boldsymbol{\beta}}_m^S$ を式 (A.59) に代入すれば，尤度関数の残差は

$$\log \mathcal{L}(\boldsymbol{\Pi}_Z) = -\frac{1}{2\varrho^2} \sum_{m=1}^{M} \boldsymbol{\beta}_m \boldsymbol{\Pi}_Z \boldsymbol{\beta}_m^T = -\frac{1}{2\varrho^2} \operatorname{tr}[\boldsymbol{B}^T \boldsymbol{B} \boldsymbol{\Pi}_Z] \tag{A.65}$$

で与えられる．問題 5.2 の解答と全く同じ議論を用いれば，残差

$\log \mathcal{L}(\boldsymbol{\Pi}_Z)$ は上限

$$\log \mathcal{L}(\boldsymbol{\Pi}_Z) = -\frac{1}{2\varrho^2}\,\mathrm{tr}[\boldsymbol{B}^T\boldsymbol{B}\boldsymbol{\Pi}_Z] \le -\frac{1}{2\varrho^2}\sum_{j=Q+1}^{M}\tilde{\gamma}_j^2 \tag{A.66}$$

を持ち，上限は $\boldsymbol{\Pi}_Z$ が

$$\boldsymbol{\Pi}_Z = [\tilde{\boldsymbol{v}}_{Q+1},\ldots,\tilde{\boldsymbol{v}}_K][\tilde{\boldsymbol{v}}_{Q+1},\ldots,\tilde{\boldsymbol{v}}_K]^T \tag{A.67}$$

であるとき達成されることがわかる．ここで $\tilde{\gamma}_j^2$ と $\tilde{\boldsymbol{v}}_j$ は $\boldsymbol{B}$ の j 番目の特異値と右側特異値ベクトルである．$\boldsymbol{\Pi}_Z$ は時間領域のノイズ部分空間への射影演算子の最尤推定解であるので，$\tilde{\boldsymbol{v}}_{Q+1},\ldots,\tilde{\boldsymbol{v}}_K$ が時間領域のノイズ部分空間の正規直交基底の最尤推定解であり，$\tilde{\boldsymbol{v}}_1,\ldots,\tilde{\boldsymbol{v}}_Q$ が時間領域の信号部分空間の正規直交基底の最尤推定解である．

6.2 時間領域における妨害信号部分空間 $\mathcal{K}_I$ への射影演算子 $\boldsymbol{\Pi}_I$ は，$\mathcal{K}_I$ の次元を P とすれば $\boldsymbol{B}_I$ の P 番目までの右側特異値ベクトル $\boldsymbol{f}_1, \boldsymbol{f}_2, \ldots, \boldsymbol{f}_P$ を用いて，

$$\boldsymbol{\Pi}_I = [\boldsymbol{f}_1,\ldots,\boldsymbol{f}_P][\boldsymbol{f}_1,\ldots,\boldsymbol{f}_P]^T \tag{A.68}$$

として求めることができる．妨害信号行列 $\boldsymbol{B}_I$ に対して射影演算子 $\boldsymbol{\Pi}_I$ を右側から乗ずると，$\boldsymbol{B}_I$ の特異値展開を $\boldsymbol{B}_I = \sum_{j=1}^{P}\eta_j\boldsymbol{e}_j\boldsymbol{f}_j^T$ とすれば，

$$\begin{aligned}\boldsymbol{B}_I\boldsymbol{\Pi}_I &= \left[\sum_{j=1}^{P}\eta_j\boldsymbol{e}_j\boldsymbol{f}_j^T\right][\boldsymbol{f}_1,\ldots,\boldsymbol{f}_P][\boldsymbol{f}_1,\ldots,\boldsymbol{f}_P]^T \\ &= \sum_{j=1}^{P}\eta_j\boldsymbol{e}_j\boldsymbol{f}_j^T = \boldsymbol{B}_I \end{aligned}\tag{A.69}$$

であるので，$\boldsymbol{B}_I(\boldsymbol{I}-\boldsymbol{\Pi}_I) = \boldsymbol{B}_I - \boldsymbol{B}_I = \boldsymbol{0}$ となる．

6.3 式 (6.23) の最小二乗法を解いて係数行列を求める．コスト関数を $F = \langle\|\boldsymbol{y}(t) - \boldsymbol{Z}\boldsymbol{y}_R(t)\|^2\rangle$ とおいてこれを行列 $\boldsymbol{Z}$ で微分してゼロとおけば（時間表記 (t) を省略して）

$$\begin{aligned}
&\frac{\partial}{\partial \boldsymbol{Z}}\langle\|\boldsymbol{y}-\boldsymbol{Z}\boldsymbol{y}_R\|^2\rangle \\
&\quad=\frac{\partial}{\partial \boldsymbol{Z}}\langle(\boldsymbol{y}^T-\boldsymbol{y}_R^T\boldsymbol{Z}^T)(\boldsymbol{y}-\boldsymbol{Z}\boldsymbol{y}_R)\rangle \\
&\quad=\left\langle\frac{\partial}{\partial \boldsymbol{Z}}\left(\boldsymbol{y}^T\boldsymbol{y}-\boldsymbol{y}_R^T\boldsymbol{Z}^T\boldsymbol{y}-\boldsymbol{y}^T\boldsymbol{Z}\boldsymbol{y}_R+\boldsymbol{y}_R^T\boldsymbol{Z}^T\boldsymbol{Z}\boldsymbol{y}_R\right)\right\rangle \\
&\quad=-2\langle\boldsymbol{y}\boldsymbol{y}_R^T\rangle+2\boldsymbol{Z}\langle\boldsymbol{y}_R\boldsymbol{y}_R^T\rangle=0
\end{aligned} \tag{A.70}$$

であるので，$\hat{\boldsymbol{Z}}=\langle\boldsymbol{y}\boldsymbol{y}_R^T\rangle[\langle\boldsymbol{y}_R\boldsymbol{y}_R^T\rangle]^{-1}$ を得る．これを用いて残差を計算すれば式 (6.24) を得る．式 (A.70) の導出には A.2.1 項に記載の行列の微分公式を用いた．

6.4 残差 $\boldsymbol{d}(t)$ とリファレンスセンサーデータ $\boldsymbol{y}_R^T(t)$ の相関 $\langle\boldsymbol{d}(t)\boldsymbol{y}_R^T(t)\rangle$ に式 (6.24) を代入して計算する．時間表記 (t) を省略して，

$$\begin{aligned}
\langle\boldsymbol{d}\,\boldsymbol{y}_R^T\rangle&=\left\langle\left(\boldsymbol{y}-\hat{\boldsymbol{Z}}\boldsymbol{y}_R\right)\boldsymbol{y}_R^T\right\rangle \\
&=\langle\boldsymbol{y}\,\boldsymbol{y}_R^T\rangle-\langle\boldsymbol{y}\,\boldsymbol{y}_R^T\rangle\left[\langle\boldsymbol{y}_R\,\boldsymbol{y}_R^T\rangle\right]^{-1}\langle\boldsymbol{y}_R\,\boldsymbol{y}_R^T\rangle=0
\end{aligned} \tag{A.71}$$

を得る．

6.5 センサー出力 $y(t)$ と $y_R(t)$ から信号 $s(t)$ を推定する問題を考える．ゲインがわかっていて $G=1$ であれば話は簡単で，$y_1(t)-y_2(t)$ を計算すればよい．G が未知の場合にどうすればよいだろうか．この場合，$y(t)$ を $y_R(t)$ で回帰して残差を求める．つまり，

$$y(t)=\alpha y_R(t)+v(t) \tag{A.72}$$

とする．ここで乗数 α は以下のコスト関数 F：

$$F=\langle(y(t)-\alpha y_R(t))^2\rangle \tag{A.73}$$

を最小とする α として求める．ここで，$\langle\cdot\rangle$ はある時間間隔で平均を計算することを意味する．実際に計算を行うと，F を最小とする α は

$$\alpha=\frac{\langle y(t)y_R(t)\rangle}{\langle y_R^2(t)\rangle} \tag{A.74}$$

として求まる．このとき，残差信号 $v(t)$ は $y(t)$ から $y_R(t)$ と相関する成分をすべて取り除いた信号である．実際，関心信号と妨害信号は無相関，すなわち $\langle s(t)\phi(t)\rangle=0$ を仮定して計算すれば

$$\alpha = \frac{G\langle\phi(t)^2\rangle}{G^2\langle\phi(t)^2\rangle} = \frac{1}{G} \tag{A.75}$$

を得るので，残差 $v(t)$ は

$$v(t) = y(t) - \alpha y_R(t) = s(t) + \phi(t) - \frac{1}{G}G\phi(t) = s(t) \tag{A.76}$$

となり，残差 $v(t)$ が信号 $s(t)$ に等しい．

6.6 残差を表す式 (A.76) に式 (6.52) および式 (6.53) を代入すれば，

$$\begin{aligned} v(t) &= y(t) - \alpha y_R(t) = s(t) + \phi(t) + \varepsilon_1 - \frac{1}{G}\left(G\phi(t) + \varepsilon_2\right) \\ &= s(t) + \varepsilon_1 - \frac{\varepsilon_2}{G} \end{aligned} \tag{A.77}$$

である．ノイズの分散を $V(\varepsilon_1) = \sigma_1^2$, $V(\varepsilon_2) = \sigma_2^2$ として，残差信号の分散を計算すれば，

$$V(v(t)) = V\left(s(t) + \varepsilon_1 - \frac{\varepsilon_2}{G}\right) = V(\varepsilon_1) + V\left(\frac{\varepsilon_2}{G}\right) = \sigma_1^2 + \frac{\sigma_2^2}{G^2} \tag{A.78}$$

である，すなわち，残差信号 $v(t)$ に含まれるノイズの分散は計測センサーのノイズの分散と，$1/G^2$ 倍増幅されたリファレンスセンサーのノイズの分散の和になる．リファレンスセンサーが計測センサーと同じゲイン $(G = 1)$ で妨害信号を検出した場合でも，妨害信号除去後の SN 比は $\sigma_1^2 + \sigma_2^2$ で劣化する．リファレンスセンサーの妨害信号に対するゲインが計測センサーの妨害信号に対するゲインよりも小さな場合 $(G < 1)$ には妨害信号除去後の SN 比はさらに大きく劣化する．したがって，リファレンスセンサーは妨害信号源になるべく近づけて設置する必要がある．

第 7 章

7.1 信号部分空間 $\mathcal{E}_S$ は Q 個の線形独立な列ベクトル $\boldsymbol{h}(\boldsymbol{r}_j)$, $j = 1, \ldots, Q$ によって張られる空間であり Q 次元である．したがって，これら列ベクトルに線形独立なベクトル，例えば信号源位置以外のセンサー応答ベクトル $\boldsymbol{h}(\boldsymbol{r})$ はノイズ部分空間に存在する．つまり，

$$\boldsymbol{h}(\boldsymbol{r}) \in span\{\boldsymbol{e}_1, \ldots, \boldsymbol{e}_{M-Q}\}, \quad \boldsymbol{r} \neq \boldsymbol{r}_1, \ldots, \boldsymbol{r}_Q$$

であるので，$\boldsymbol{h}(\boldsymbol{r})$ は $\boldsymbol{e}_1, \ldots, \boldsymbol{e}_{M-Q}$ に対して線形従属であり，したがって式 (7.23) が成立する．

7.2 式 (7.47) からスタートする．ラグランジェ乗数を用いて制約付き最適化を制約なしの最適化問題に変換する．ラグランジェ乗数を κ として，ラグランジアン $\mathbb{L}$ を

$$\mathbb{L}(\boldsymbol{w}, \kappa) = \boldsymbol{w}^T \boldsymbol{R} \boldsymbol{w} + \kappa(\boldsymbol{w}^T \boldsymbol{h}(\boldsymbol{r}) - 1) \tag{A.79}$$

と表す（簡便さのため重みベクトルから $(\boldsymbol{r})$ の表記を省略した）．重みベクトル $\boldsymbol{w}$ は式 (A.79) の $\mathbb{L}(\boldsymbol{w}, \kappa)$ を制約なしで最小化する $\boldsymbol{w}$ として求まる．まず，$\mathbb{L}(\boldsymbol{w}, \kappa)$ を $\boldsymbol{w}$ で微分すれば，

$$\frac{\partial \mathbb{L}(\boldsymbol{w}, \kappa)}{\partial \boldsymbol{w}} = 2\boldsymbol{R}\boldsymbol{w} + \kappa \boldsymbol{h}(\boldsymbol{r}) \tag{A.80}$$

が求まり，右辺をゼロとして

$$\boldsymbol{w} = -\kappa \boldsymbol{R}^{-1} \boldsymbol{h}(\boldsymbol{r})/2 \tag{A.81}$$

を得る．上式を制約条件 $\boldsymbol{w}^T \boldsymbol{h}(\boldsymbol{r}) = 1$ に代入して，$\kappa = -2/[\boldsymbol{h}^T(\boldsymbol{r}) \boldsymbol{R}^{-1} \boldsymbol{h}(\boldsymbol{r})]$ を得るので，この κ を再び式 (A.81) に代入すれば，式 (7.48) が求まる．

7.3 ランク Q の行列 $\boldsymbol{A}$ $(\boldsymbol{A} \in \mathbb{R}^{M \times N}, M \leq N)$ の特異値展開を $\boldsymbol{A} = \sum_{j=1}^{M} \gamma_j \boldsymbol{u}_j \boldsymbol{v}_j^T$ とすれば，擬似逆行列は $\boldsymbol{A}^+ = \sum_{j=1}^{Q} (1/\gamma_j) \boldsymbol{u}_j \boldsymbol{v}_j^T$ と表される．この擬似逆行列の転置をとると

$$(\boldsymbol{A}^+)^T = \left(\sum_{j=1}^{Q} \frac{1}{\gamma_j} \boldsymbol{u}_j \boldsymbol{v}_j^T \right)^T = \sum_{j=1}^{Q} \frac{1}{\gamma_j} \boldsymbol{v}_j \boldsymbol{u}_j^T$$

である．一方，$\boldsymbol{A}^T = \sum_{j=1}^{M} \gamma_j \boldsymbol{v}_j \boldsymbol{u}_j^T$ であり，$\boldsymbol{A}^T$ の擬似逆行列は

$$(\boldsymbol{A}^T)^+ = \sum_{j=1}^{Q} \frac{1}{\gamma_j} \boldsymbol{v}_j \boldsymbol{u}_j^T$$

であるので，$(\boldsymbol{A}^+)^T = (\boldsymbol{A}^T)^+$ である．

7.4 センサー応答ベクトル $\boldsymbol{h}(\boldsymbol{r}_1), \boldsymbol{h}(\boldsymbol{r}_2), \ldots, \boldsymbol{h}(\boldsymbol{r}_Q)$ は線形独立であると仮定しているので，線形結合

$$c_1\boldsymbol{h}(\boldsymbol{r}_1)+c_2\boldsymbol{h}(\boldsymbol{r}_2)+\cdots+c_Q\boldsymbol{h}(\boldsymbol{r}_Q)=\boldsymbol{0}$$

が成立するのは $c_1=\cdots=c_Q=0$ の場合のみである．一方，ビームフォーマーの重みベクトルとセンサー応答ベクトルは

$$\boldsymbol{w}(\boldsymbol{r}_j)=\xi(\boldsymbol{r}_j)\boldsymbol{R}^{-1}\boldsymbol{h}(\boldsymbol{r}_j)=\xi_j\boldsymbol{R}^{-1}\boldsymbol{h}(\boldsymbol{r}_j)$$

の関係がある．ここで，$\xi(\boldsymbol{r}_j)=\xi_j$ は位置に依存したある定数である．したがって，線形結合を考えると

$$\begin{aligned}&d_1\boldsymbol{w}(\boldsymbol{r}_1)+\cdots+d_Q\boldsymbol{w}(\boldsymbol{r}_Q)\\&=\left(\frac{d_1}{\xi_1}\right)\boldsymbol{R}^{-1}\boldsymbol{h}(\boldsymbol{r}_1)+\cdots+\left(\frac{d_P}{\xi_Q}\right)\boldsymbol{R}^{-1}\boldsymbol{h}(\boldsymbol{r}_Q)=\boldsymbol{0}\end{aligned}$$

となり，両辺に $\boldsymbol{R}$ を乗じて，結局

$$\left(\frac{d_1}{\xi_1}\right)\boldsymbol{h}(\boldsymbol{r}_1)+\cdots+\left(\frac{d_Q}{\xi_Q}\right)\boldsymbol{h}(\boldsymbol{r}_Q)=\boldsymbol{0}$$

を得る．センサー応答ベクトルの線形独立性から上式が成立するのは $d_1=\cdots=d_Q=0$ の場合のみであり，したがって，重みベクトル $\boldsymbol{w}(\boldsymbol{r}_1),\ldots,\boldsymbol{w}(\boldsymbol{r}_Q)$ は線形独立である．

7.5 共分散行列が式 (7.74) で与えられるとき，逆行列は

$$\boldsymbol{R}^{-1}=\frac{1}{\varrho^2}\left(\boldsymbol{I}-\frac{\alpha}{1+\alpha}\frac{\boldsymbol{f}\boldsymbol{f}^T}{\|\boldsymbol{f}\|^2}\right)\tag{A.82}$$

で与えられ，逆行列の 2 乗は

$$\boldsymbol{R}^{-2}=\frac{1}{\varrho^4}\left(\boldsymbol{I}-\frac{(2+\alpha)\alpha}{(1+\alpha)^2}\frac{\boldsymbol{f}\boldsymbol{f}^T}{\|\boldsymbol{f}\|^2}\right)\tag{A.83}$$

で与えられる．ここで，α は式 (7.71) で与えられる入力 SN 比である．したがって，

$$\boldsymbol{f}^T\boldsymbol{R}^{-1}\boldsymbol{f}=\frac{\|\boldsymbol{f}\|^2}{\varrho^2}\frac{1}{1+\alpha}\tag{A.84}$$

$$\boldsymbol{f}^T\boldsymbol{R}^{-2}\boldsymbol{f}=\frac{\|\boldsymbol{f}\|^2}{\varrho^4}\frac{1}{(1+\alpha)^2}\tag{A.85}$$

を得る．これらを式 (7.73) に代入すれば $\Theta=1$ を得る．

7.6 式 (7.40) で与えられるミニマムノルムフィルターの重みを式 (7.72) に代入すれば，

$$\Theta = \frac{[\boldsymbol{f}^T(\boldsymbol{G}+\tau\boldsymbol{I})^{-1}\boldsymbol{f}]^2}{\|\boldsymbol{f}\|^2\|(\boldsymbol{G}+\tau\boldsymbol{I})^{-1}\boldsymbol{f}\|^2}$$

を得る．シュワルツの不等式[4)]を考慮すれば，

$$[\boldsymbol{f}^T(\boldsymbol{G}+\tau\boldsymbol{I})^{-1}\boldsymbol{f}]^2 < \|\boldsymbol{f}\|^2\|(\boldsymbol{G}+\tau\boldsymbol{I})^{-1}\boldsymbol{f}\|^2$$

であるので，ミニマムノルムフィルターの重みは $\Theta < 1$ を与える．

7.7 式 (7.79) に，$\boldsymbol{U}_N^T\boldsymbol{f} = \boldsymbol{0}$ と $\boldsymbol{f}_e = \boldsymbol{f} + \Delta\boldsymbol{f}$ を考慮して

$$\boldsymbol{f}_e^T(\boldsymbol{U}_S\boldsymbol{\Lambda}_S^{-1}\boldsymbol{U}_S^T)\boldsymbol{f} = \sum_{j=1}^{Q}\frac{[\boldsymbol{f}_e^T\boldsymbol{u}_j][\boldsymbol{f}^T\boldsymbol{u}_j]}{\lambda_j} \approx \sum_{j=1}^{Q}\frac{[\boldsymbol{f}^T\boldsymbol{u}_j]^2}{\lambda_j} \tag{A.86}$$

$$\boldsymbol{f}_e^T(\boldsymbol{U}_S\boldsymbol{\Lambda}_S^{-2}\boldsymbol{U}_S^T)\boldsymbol{f}_e = \sum_{j=1}^{Q}\frac{[\boldsymbol{f}_e^T\boldsymbol{u}_j]^2}{\lambda_j^2} \approx \sum_{j=1}^{Q}\frac{[\boldsymbol{f}^T\boldsymbol{u}_j]^2}{\lambda_j^2} \tag{A.87}$$

$$\Delta\boldsymbol{f}^T(\boldsymbol{U}_N\boldsymbol{\Lambda}_N^{-2}\boldsymbol{U}_N^T)\Delta\boldsymbol{f} = \sum_{j=Q+1}^{M}\frac{[\Delta\boldsymbol{f}^T\boldsymbol{u}_j]^2}{\lambda_j^2} \tag{A.88}$$

を代入すれば，式 (7.80) を得る．ここで $\boldsymbol{f}_e \approx \boldsymbol{f}$ を仮定した．

7.8 式 (7.82) の重みベクトルを式 (7.72) に代入すれば，Θ に対する式として

$$\Theta = \frac{[\boldsymbol{f}_e^T[\boldsymbol{U}_S\boldsymbol{\Lambda}_S^{-1}\boldsymbol{U}_S^T]\boldsymbol{f}]^2}{\|\boldsymbol{f}\|^2[\boldsymbol{f}_e^T[\boldsymbol{U}_S\boldsymbol{\Lambda}_S^{-2}\boldsymbol{U}_S^T]\boldsymbol{f}_e]} \tag{A.89}$$

を得る．式 (A.86)，式 (A.87) を式 (A.89) 代入すれば式 (7.83) を得る．ここでやはり $\boldsymbol{f}_e \approx \boldsymbol{f}$ を仮定した．

第 **8** 章

8.1

$$\begin{aligned}&\beta(\boldsymbol{y}-\boldsymbol{H}\bar{\boldsymbol{x}})^T(\boldsymbol{y}-\boldsymbol{H}\bar{\boldsymbol{x}}) + \alpha\bar{\boldsymbol{x}}^T\bar{\boldsymbol{x}}\\ &\quad = \beta\boldsymbol{y}^T\boldsymbol{y} - 2\beta\bar{\boldsymbol{x}}^T\boldsymbol{H}^T\boldsymbol{y} + \beta\bar{\boldsymbol{x}}^T\boldsymbol{H}^T\boldsymbol{H}\bar{\boldsymbol{x}} + \alpha\bar{\boldsymbol{x}}^T\bar{\boldsymbol{x}}\end{aligned}$$

[4)] 2 つの列ベクトル $\boldsymbol{a}$ と $\boldsymbol{b}$ に対して，$(\boldsymbol{a}^T\boldsymbol{b})^2 \le \|\boldsymbol{a}\|^2\|\boldsymbol{b}\|^2$ が成立する．等号成立は $\boldsymbol{a}$ と $\boldsymbol{b}$ が平行（$\boldsymbol{a}$ が $\boldsymbol{b}$ の定数倍で与えられる）の場合のみである．

$$
\begin{aligned}
&= \beta \boldsymbol{y}^T \boldsymbol{y} - 2\beta \bar{\boldsymbol{x}}^T \boldsymbol{H}^T \boldsymbol{y} + \bar{\boldsymbol{x}}^T \left(\beta \boldsymbol{H}^T \boldsymbol{H} + \alpha \boldsymbol{I} \right) \bar{\boldsymbol{x}} \\
&= \beta \boldsymbol{y}^T \boldsymbol{y} - 2 \bar{\boldsymbol{x}}^T \boldsymbol{\Gamma} \bar{\boldsymbol{x}} + \bar{\boldsymbol{x}}^T \boldsymbol{\Gamma} \bar{\boldsymbol{x}} = \beta \boldsymbol{y}^T \boldsymbol{y} - \bar{\boldsymbol{x}}^T \boldsymbol{\Gamma} \bar{\boldsymbol{x}}
\end{aligned}
$$

である．最終行の変形は $\beta \boldsymbol{H}^T \boldsymbol{y} = \boldsymbol{\Gamma} \bar{\boldsymbol{x}}$ を用いた．さらに，

$$
\begin{aligned}
\beta \boldsymbol{y}^T \boldsymbol{y} - \bar{\boldsymbol{x}}^T \boldsymbol{\Gamma} \bar{\boldsymbol{x}} &= \beta \boldsymbol{y}^T \boldsymbol{y} - [\beta \boldsymbol{\Gamma}^{-1} \boldsymbol{H}^T \boldsymbol{y}]^T \boldsymbol{\Gamma} [\beta \boldsymbol{\Gamma}^{-1} \boldsymbol{H}^T \boldsymbol{y}] \\
&= \boldsymbol{y}^T \left[\beta \boldsymbol{I} - \beta \boldsymbol{H} (\boldsymbol{\alpha} \boldsymbol{I} + \beta \boldsymbol{H}^T \boldsymbol{H})^{-1} \boldsymbol{H}^T \beta \right] \boldsymbol{y} \\
&= \boldsymbol{y}^T \left[\beta^{-1} \boldsymbol{I} + \alpha^{-1} \boldsymbol{H} \boldsymbol{H}^T \right]^{-1} \boldsymbol{y} = \boldsymbol{y}^T \boldsymbol{\Sigma}_y^{-1} \boldsymbol{y}
\end{aligned}
$$

を得る．最終行への変形は逆行列公式 (A.35) を用いた．

8.2

$$
\begin{aligned}
\frac{\partial}{\partial \beta} \log |\boldsymbol{\Sigma}_y| &= \frac{\partial}{\partial \beta} \left[-M \log \beta - N \log \alpha + \log |\boldsymbol{\Gamma}| \right] \\
&= -M\beta^{-1} + \frac{\partial}{\partial \beta} \log |\boldsymbol{\Gamma}| = -M\beta^{-1} + \mathrm{tr} \left[\boldsymbol{\Gamma}^{-1} \frac{\partial \boldsymbol{\Gamma}}{\partial \beta} \right] \\
&= -M\beta^{-1} + \mathrm{tr}(\boldsymbol{H}^T \boldsymbol{H} \boldsymbol{\Gamma}^{-1})
\end{aligned}
$$

である．さらに，

$$
\begin{aligned}
\frac{\partial}{\partial \beta} \boldsymbol{y}^T \boldsymbol{\Sigma}_y^{-1} \boldsymbol{y} &= \frac{\partial}{\partial \beta} \left(\beta (\boldsymbol{y} - \boldsymbol{H} \bar{\boldsymbol{x}})^T (\boldsymbol{y} - \boldsymbol{H} \bar{\boldsymbol{x}}) + \alpha \bar{\boldsymbol{x}}^T \bar{\boldsymbol{x}} \right) \\
&= (\boldsymbol{y} - \boldsymbol{H} \bar{\boldsymbol{x}})^T (\boldsymbol{y} - \boldsymbol{H} \bar{\boldsymbol{x}}) = \| \boldsymbol{y} - \boldsymbol{H} \bar{\boldsymbol{x}} \|^2
\end{aligned}
$$

であるので，

$$
\begin{aligned}
\frac{\partial}{\partial \beta} \log p(\boldsymbol{y} | \alpha, \beta) &= -\frac{1}{2} \left(-M\beta^{-1} + \mathrm{tr}(\boldsymbol{H}^T \boldsymbol{H} \boldsymbol{\Gamma}^{-1}) + \| \boldsymbol{y} - \boldsymbol{H} \bar{\boldsymbol{x}} \|^2 \right) \\
&= 0
\end{aligned}
\tag{A.90}
$$

より，式 (8.44) を得る．

8.3

$$
\frac{\partial}{\partial \alpha_j} \log |\boldsymbol{\Sigma}_y| = \frac{\partial}{\partial \alpha_j} \left[-M \log \beta - \sum_{j=1}^{N} \log \alpha_j + \log |\boldsymbol{\Gamma}| \right]
$$

$$= -\alpha_j^{-1} + [\boldsymbol{\Gamma}^{-1}]_{j,j} \tag{A.91}$$

であり，

$$\frac{\partial}{\partial \alpha_j}\boldsymbol{y}^T\boldsymbol{\Sigma}_y^{-1}\boldsymbol{y} = \frac{\partial}{\partial \alpha_j}\left[\beta(\boldsymbol{y}-\boldsymbol{H}\bar{\boldsymbol{x}})^T(\boldsymbol{y}-\boldsymbol{H}\bar{\boldsymbol{x}}) + \sum_{j=1}^{N}\alpha_j\bar{x}_j^2\right] = \bar{x}_j^2 \tag{A.92}$$

であるので，式 (8.46) を得る．

8.4 式 (8.51) の尤度 $\log p(\boldsymbol{x}_n|\boldsymbol{\mu},\boldsymbol{\Sigma},\boldsymbol{\pi})$ を $\boldsymbol{\Sigma}_k$ で微分すれば，

$$\begin{aligned}\frac{\partial}{\partial \boldsymbol{\Sigma}_k}\log p(\boldsymbol{x}|\boldsymbol{\mu},\boldsymbol{\Sigma},\boldsymbol{\pi}) &= \sum_{n=1}^{N}\frac{\partial}{\partial \boldsymbol{\Sigma}_k}\log\left[\sum_{k=1}^{K}\pi_k\mathcal{N}(\boldsymbol{x}_n|\boldsymbol{\mu}_k,\boldsymbol{\Sigma}_k)\right] \\ &= \sum_{n=1}^{N}\frac{\pi_k\frac{\partial}{\partial \boldsymbol{\Sigma}_k}\mathcal{N}(\boldsymbol{x}_n|\boldsymbol{\mu}_k,\boldsymbol{\Sigma}_k)}{\left[\sum_{k=1}^{K}\pi_k\mathcal{N}(\boldsymbol{x}_n|\boldsymbol{\mu}_k,\boldsymbol{\Sigma}_k)\right]}\end{aligned} \tag{A.93}$$

である．ここで，$\frac{\partial}{\partial \boldsymbol{\Sigma}_k}\mathcal{N}(\boldsymbol{x}_n|\boldsymbol{\mu}_k,\boldsymbol{\Sigma}_k)$ を直接計算するのは大変なので，

$$\frac{\partial}{\partial \boldsymbol{\Sigma}_k}\mathcal{N}(\boldsymbol{x}_n|\boldsymbol{\mu}_k,\boldsymbol{\Sigma}_k) = \mathcal{N}(\boldsymbol{x}_n|\boldsymbol{\mu}_k,\boldsymbol{\Sigma}_k)\frac{\partial}{\partial \boldsymbol{\Sigma}_k}\log\mathcal{N}(\boldsymbol{x}_n|\boldsymbol{\mu}_k,\boldsymbol{\Sigma}_k)$$

を用いる．行列の微分公式 (A.27) および式 (A.28) を用いれば

$$\begin{aligned}&\frac{\partial}{\partial \boldsymbol{\Sigma}_k}\log\mathcal{N}(\boldsymbol{x}_n|\boldsymbol{\mu}_k,\boldsymbol{\Sigma}_k) \\ &\qquad = \frac{\partial}{\partial \boldsymbol{\Sigma}_k}\frac{1}{2}\left[-\log|\boldsymbol{\Sigma}_k| - (\boldsymbol{x}_n-\boldsymbol{\mu}_k)^T\boldsymbol{\Sigma}_k^{-1}(\boldsymbol{x}_n-\boldsymbol{\mu}_k)\right] \\ &\qquad = \frac{1}{2}\left[-\boldsymbol{\Sigma}_k^{-1} + \boldsymbol{\Sigma}_k^{-1}(\boldsymbol{x}_n-\boldsymbol{\mu}_k)(\boldsymbol{x}_n-\boldsymbol{\mu}_k)^T\boldsymbol{\Sigma}_k^{-1}\right]\end{aligned} \tag{A.94}$$

であるので，$\frac{\partial}{\partial \boldsymbol{\Sigma}_k}\log p(\boldsymbol{x}|\boldsymbol{\mu},\boldsymbol{\Sigma},\boldsymbol{\pi}) = 0$ より

$$\sum_{n=1}^{N}\frac{\pi_k\frac{\partial}{\partial \boldsymbol{\Sigma}_k}\mathcal{N}(\boldsymbol{x}_n|\boldsymbol{\mu}_k,\boldsymbol{\Sigma}_k)}{\left[\sum_{k=1}^{K}\pi_k\mathcal{N}(\boldsymbol{x}_n|\boldsymbol{\mu}_k,\boldsymbol{\Sigma}_k)\right]}$$

$$= \frac{1}{2}\sum_{n=1}^{N} \frac{\pi_k \mathcal{N}(\boldsymbol{x}_n|\boldsymbol{\mu}_k, \boldsymbol{\Sigma}_k)}{\left[\sum_{k=1}^{K} \pi_k \mathcal{N}(\boldsymbol{x}_n|\boldsymbol{\mu}_k, \boldsymbol{\Sigma}_k)\right]} \left[-\boldsymbol{\Sigma}_k^{-1} \right.$$
$$\left. + \boldsymbol{\Sigma}_k^{-1}(\boldsymbol{x}_n - \boldsymbol{\mu}_k)(\boldsymbol{x}_n - \boldsymbol{\mu}_k)^T \boldsymbol{\Sigma}_k^{-1}\right]$$
$$= \frac{1}{2}\sum_{n=1}^{N} p(k|\boldsymbol{x}_n)\left[-\boldsymbol{\Sigma}_k^{-1} + \boldsymbol{\Sigma}_k^{-1}(\boldsymbol{x}_n - \boldsymbol{\mu}_k)(\boldsymbol{x}_n - \boldsymbol{\mu}_k)^T \boldsymbol{\Sigma}_k^{-1}\right] = 0 \tag{A.95}$$

を得る．したがって，

$$\left[\sum_{n=1}^{N} p(k|\boldsymbol{x}_n)\right] \boldsymbol{\Sigma}_k = \sum_{n=1}^{N} p(k|\boldsymbol{x}_n)(\boldsymbol{x}_n - \boldsymbol{\mu}_k)(\boldsymbol{x}_n - \boldsymbol{\mu}_k)^T \tag{A.96}$$

を得るので，$\sum_{n=1}^{N} p(k|\boldsymbol{x}_n) = \Omega_k$ を用いれば式 (8.56) を得る．

参考文献

本書の執筆に際しては以下の文献を参考にした.

[1] Ipsen, Ilse CF. *Numerical Matrix Analysis: Linear Systems and Least Squares.* Vol. 113. Siam, 2009.

[2] Meyer, Carl D. *Matrix Analysis and Applied Linear Algebra.* Vol. 71. Siam, 2000.

[3] Goldberg, Jack Leonard. *Matrix Theory with Applications.* McGraw-Hill College, 1991.

[4] Golub, Gene H. and Charles F. Van Loan. *Matrix Computations.* Vol. 3. The Johns Hopkins University Press, 1996.

[5] Strang, Gilbert, *Introduction to Linear Algebra.* Vol. 4. Wellesley, MA: Wellesley-Cambridge Press, 2009.

[6] Johnson, Don H. and Dan E. Dudgeon. *Array Signal Processing: Concepts and Techniques.* Englewood Cliffs: PTR Prentice Hall, 1993.

[7] Sekihara, Kensuke and Srikatan S. Nagarajan. *Adaptive Spatial Filters for Electromagnetic Brain Imaging.* Springer Science, 2008.

[8] Scharf, Louis L. *Statistical Signal Processing: Detection, Estimation, and Time Series Analysis.* Reading, MA: Addison-Wesley, 1991.

[9] Sekihara, Kensuke and Srikantan S. Nagarajan. *Electromagnetic Brain Imaging: A Bayesian Perspective.* Springer, 2015.

[10] Bishop, Christopher M. *Pattern Recognition and Machine Learning.* New York: Springer, 2006.

[11] Sekihara, Kensuke and Srikantan S. Nagarajan. Subspace-based interference removal methods for a multichannel biomagnetic sensor array. *Journal of Neural Engineering* 14.5, 2017.

[12] 関原謙介, 統計的信号処理, 共立出版, 2011.

[13] 関原謙介，ベイズ信号処理，共立出版，2015.

[14] MacKay, David JC. *Information Theory, Inference and Learning Algorithms.* Cambridge University Press, 2003.

[15] Xiang, Hua. “A note on the minimax representation for the subspace distance and singular values.” Linear algebra and its applications 414, 470–473, 2006.

索　引

■は行

■ま行

■や行

■ら行

■わ行

〈著者紹介〉

関原 謙介（せきはら けんすけ）

首都大学東京名誉教授，工学博士
1976 年東京工業大学物理情報工学修士課程卒業後，日立製作所中央研究所メディカルシステム部にて X 線 CT や MRI，生体磁気イメージング等の画像診断機器の研究・開発に従事する．1996 年より 2000 年まで科学技術振興事業団「心表象」プロジェクトにおいて認知グループ研究リーダー．同プロジェクトにおいて脳機能イメージングの研究を行う．2015 年まで首都大学東京システムデザイン学部教授．2015 年 4 月より東京医科歯科大学ジョイントリサーチ講座客員教授．株式会社シグナルアナリシス代表．
IEEE fellow, ISFSI (International Society of Functional Source Imaging) fellow.

専門：逆問題，信号源再構成法．特に脳や心臓，脊髄等からの生体磁場信号の計測と処理の研究．

著書：『統計的信号処理—信号・ノイズ・推定を理解する—』（共立出版，2011）
『ベイズ信号処理—信号・ノイズ・推定をベイズ的に考える—』（共立出版，2015）
"Adaptive Spatial Filters for Electromagnetic Brain Imaging" (Springer, 2008)
"Electromagnetic Brain Imaging: A Bayesian Perspective" (Springer, 2015)

信号処理のための線形代数入門
—特異値解析から機械学習への応用まで—
Linear Algebra for Multivariate Signal Processing and Machine Learning

2019 年 11 月 20 日　初版 1 刷発行
2024 年 9 月 10 日　初版 3 刷発行

著　者　関原謙介　© 2019
発行者　南條光章
発行所　**共立出版株式会社**
東京都文京区小日向 4-6-19
電話　03-3947-2511（代表）
郵便番号　112-0006
振替口座　00110-2-57035
URL www.kyoritsu-pub.co.jp

印　刷　大日本法令印刷
製　本　加藤製本

一般社団法人
自然科学書協会
会員

検印廃止
NDC 547.1, 501.1

ISBN 978-4-320-08649-4

Printed in Japan